U0159518

著名哲学家和解构主义者雅克·德里达（Jacques Derrida）在他的著作《差异与重复》中曾经指出了一个方向，他认为意义并不来自空间的差异，而是产生空间差异的动机和操作，以及在时间中意义流变的踪迹。因此，空间形式的任意性以及其差异所能传递的意义被深深地质疑。那么，新的意义如何在宏大的历史文本中定位时间的"延"和空间的"异"，如何产生与历史语境的接驳和回应，这些都成为摆在我们面前的问题。我们别无选择，必须以思考和行为回应与解答这些问题。因此，此次双年展的主题——"空间的延异"，也许是我们的一次契机，一次打破束缚环境艺术设计领域条条框框，释放创造力的一次契机。延异，既不是一个概念，也不是一个明确的定义，但这样一个表述所引发的探讨是可以帮助我们思考空间有效意义的可能性，而不是所谓的终极意义。延异的空间，"边关"何在？或许我们无处寻踪。但是，在对于空间的思考与建构中，所追问的终极价值是不会改弦易辙的，这就是：一切为了人生活得更加美好！

　　无论世界怎样，生活还需继续，发展还需继续。无论是在逆境中负重前行，还是在艰难中变革与重启，这都是人类文明与智慧的体现。人类总是用智慧适应生命环境的变化和创造生活环境的可持续性。2021年，已经成功举办了四届的中建杯西部"5+2"环境艺术设计双年展移师天府之国——成都。参与此项活动的不同高校的师生，带着他们创新的思考与探索性的视觉文本从不同角度诠释着这个主题。双年展不仅是一次环境设计的专业展，在特定的时代和语境下，它更是对设计的终极价值与社会使命的积极追问！

四川大学艺术学院院长　何宇

2021 年 9 月于江安河畔

目录
Contents

景观设计作品
Landscape Design Works

有机·时间·生长
——"时之境迁"重庆电厂美术公园空间设计

作者/唐志强、黄冠昌、傅雯粲
指导教师/潘召南、谭晖
四川美术学院

金奖

本课题在重庆九龙坡区工业遗迹游览背景下进行内部厂区构筑塑造、广场空间设计和生态雨水管理，将"有机·时间·生长"的概念融入遗弃厂房，使其转变为具有人文艺术精神的"重庆电厂美术公园图书馆"。

创作基于重庆电厂的历史发展时间线，我们引入"时间"作为工厂改造的一大理念，用"时间"来做设计，使艺术公园激发人们对过去的回忆和对未来的畅想；用"时间"让被工业占领的土地逐渐归还自然，对下一代起到教育意义。

重新规划场地功能，该区域计划改造为艺术主题区域。全新的设计将充分利用原场地遗留因素，唤醒场地活力，在改善场地面貌、增加人气的同时赋予场地新的意义，如教育、商业、文化传承等，增强城市地域记忆和艺术文化效应。

我们希望这里不仅是历史意义上的工业遗址，而且是人们日常生活中愿意前往并停留的城市空间。建筑、景观、自然、工业、艺术、人文在这里相遇，它们将开启人们的想象之旅，探索、欣赏不同的美带给人们生活的意义。

聚·自由·非建筑

作者 / 叶葳蕤、张一鸣、张雨朦
指导教师 / 潘召南、谭晖
四川美术学院

银奖

重庆电厂与四川美术学院等一系列特色艺术区域相连，使整个区域既有工业的沉重感又有艺术的鲜活气息。本设计从发现场地周围自由原生的艺术创作出发，在实地考察中发现艺术工作者创作、展览空间的局限，有强烈的艺术需求。

对原厂地特色进行分析后，得到了关键词"非建筑"，设计希望通过引入艺术家，来创造无限的可能性，让艺术在这块"工业画布"上自由生长，实现外观上的改变，最终成为艺术工厂。

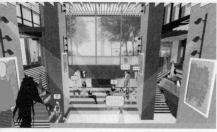

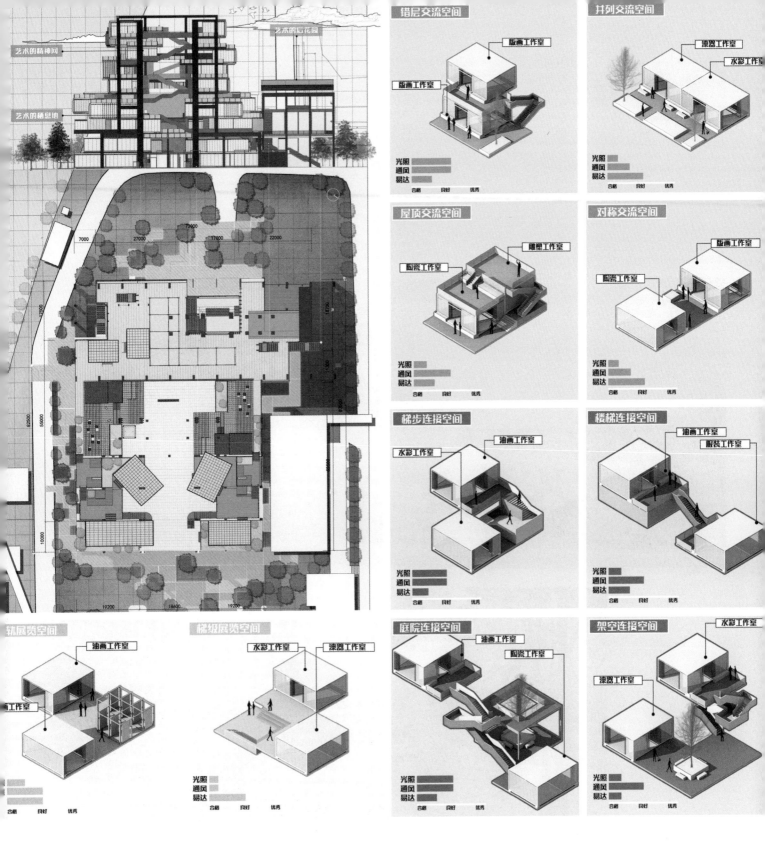

錯层交流空间

版画工作室
版画工作室

光照
通风
易达
含糊　良好　优秀

并列交流空间

漆器工作室
水彩工作室

光照
通风
易达
含糊　良好　优秀

屋顶交流空间

雕塑工作室
陶瓷工作室

光照
通风
易达
含糊　良好　优秀

对称交流空间

版画工作室
陶瓷工作室

光照
通风
易达
含糊　良好　优秀

梯步连接空间

油画工作室
水彩工作室

光照
通风
易达
含糊　良好　优秀

楼梯连接空间

油画工作室
服装工作室

光照
通风
易达
含糊　良好　优秀

轨展览空间

油画工作室
工作室

梯级展览空间

水彩工作室
漆器工作室

光照
通风
易达
含糊　良好　优秀

庭院连接空间

油画工作室
陶瓷工作室

光照
通风
易达
含糊　良好　优秀

架空连接空间

水彩工作室
漆器工作室

光照
通风
易达
含糊　良好　优秀

艺术的精神间
艺术的栖息地
艺术的后花园

在设计之初我们展开了对不同艺术家群体工作需求的调查与采访，发现艺术家的需求以及场地框架是对于我们设计制定的规则。在节点塑造上希望在不破坏原始框架的情况下，完成艺术的展览功能和景观功能并存。通过对于不同种类框架的合理利用，转换工业框架的原始功能，从服务于工业到现在服务于艺术，拉近公众与艺术之间的距离，体现艺术的自由。

维度链接

作者 / 伍雨佳
指导教师 / 潘召南、谭晖
四川美术学院

　　重庆九龙坡发电厂修建后，导致九渡口街区与外界相隔，在地理位置上形成二者相连却在交流互通上不相连。在电厂将要改造成美术公园的大背景下，成渝铁路作为公园内的工业场景之一，给九渡口街区带来了重新连接艺术与城市生活的机会与挑战。

　　设计方案通过对工业遗址、成渝铁路和传统居民生活的调研，提出将不同类型的工业、生活、历史元素进行链接。

　　针对丧失活力的铁路和九渡口街区封闭的现状，发掘场地文化内涵和人文精神，使街区的居民在景观环境中保留对现状的回忆，增加对外界的交流。利用工业生产场景与居民生活场景的差异性，在人所认知的正常场景下制造反常现象，并在场地内介入艺术表达，制造"日常中的异常"，用异常但又合理的现象将断连的场地链接起来，通过局部的更新与利用改善场地环境，在不破坏原有场地氛围和居民生活的情况下悄无声息地感受到工业、乡土和艺术的特色。

渝遗 · 渝味
——重庆南温泉花灯火锅小镇设计

作者 / 张哲坤、王植、白梦华、郭翊来
指导教师 / 郝大鹏、龙国跃
四川美术学院

渝遗 · 渝味——重庆记忆、重庆味道赠予三个"我"，本地原住、本土异乡、外地人。

重庆火锅"定型"且今日能美名广播，还得益于陪都时期的大迁。该设计以生态旅游、陪都风貌、火锅文化为核心打造重庆火锅文化立体社区，满足重庆人民极致个性与精神回归之理想生活样本，面向全国人民认知和体验重庆火锅文化的文旅目的地。

用陪都建筑风貌来体现文化延续，新材料、新结构、新形式的植入，青砖、灰瓦与玻璃、钢架的交织，加入传统花灯元素，既延续了场所的血脉和基因，又有跨时代的突破和创新，体现了当下文化的包容与多元。

水岸织补，生境弥缝

作者 / 孙婧钰、刘雨朦、蒋宸明阳
指导教师 / 蔡军
四川农业大学

方案以"水岸织补，生境弥缝"为设计理念，基于景观织补理论，解构新都非物质文化遗产"竹编"形式，运用"理脉"和"编织"两种手段，将公园空间有序织补，融合异构。以期使割裂的新旧城重新连接，旧城空间与新城场地得以延异。

傩·居
——恒合土家族乡傩文化主题民宿设计

作者／李杨、曾麒、王博
指导教师／龙国跃
四川美术学院

老品尝七十，
其实似儿童。
山果啼呼觅，
乡傩喜相随。

陆游

作品缘起研究生导师的横向课题，根据地区上位规划，拟将选址院落改造为以土家族傩文化为主题的乡村特色民宿。

作者通过对土家族傩文化的研究将其文化特征进行分析、总结，通过元素提炼方式结合当代人的审美倾向和生活习惯将其转化为新的设计元素，再以"观傩、游傩、居傩、食傩、听傩、触傩"植入到民宿设计的"吃、穿、住、行、休、娱"等民宿设计要素中，民宿再现文化，打造以土家族傩文化为核心的主题民宿空间，营造文化氛围，形成"心随境转、傩由心生"的空间氛围，达到傩文化的活态传承以及乡村民宿有机发展的目的。

"栖"之心圩, "律"动自然

作者/李超、黄柳香、马瑞霞
指导教师/林海、黄一鸿
广西艺术学院

铜奖

　　该设计充分利用心圩江自身环境条件和空间特征, 以满足人群需求为首要目标, 强调自然与人文的和谐统一, 突出"空间—文化—生态"三位一体的融合发展。

　　设计中以滨水景观带为绿色核心, 创造滨水生态系统, 通过四通八达的水系传送到城市各个角落。通过流畅轻快的设计手法, 将人文艺术融入自然环境, 以文化教育、休闲娱乐、自然景观组成风格特异的户外空间, 各功能组团宛如律动的水波, 荡漾出城市新活力, 将心圩江公园打造成一个共享、健康、韧性的栖居胜地。

城醉记忆
—— 泸州酒窖文化展示中心设计

作者 / 朱宁松
指导教师 / 罗德泉
四川旅游学院

该设计将立足于当地的传统文化，从传统文化中提炼灵感，将泸州传统的酿酒技艺及酿酒条件融入室内与景观设计，从观看者体验角度出发，将展示的信息以多层次、多感官、立体化的方式传播给观看者。提高城市公共空间的品质，打造一个集展览、娱乐、游玩为一体的综合展示中心，为泸州酒窖文化的传承提供窗口。

城市的呼吸脉络
——高架桥灰空间纵向利用探索

作者 / 龚香秋
指导教师 / 梁轩
重庆工商大学

铜奖

本方案分别从自然生态、情感交流、纵向利用三大设计方向入手,利用高架桥有限的"灰空间",打造一个以老人与小孩为主体的休闲娱乐空间。设计概念为"你站在桥上看风景,看风景人在楼上看你。"灵感来源于莫比乌斯环。从这一概念出发,创造一个无穷尽的空间,没有死路,就好像可以无限循环反复地走下去,每一个转折都会遇到惊喜。整个空间高低错落的结构拥有着开阔的视野,风景不只有风景,还有建筑与人群,这是情感交流所需要的,通过设计拉近人的距离正是本方案所追求的核心。

随机应变
—— 基于弹性城市背景下的工业遗产改造

作者／裴国栋、陈贤湫
指导教师／刘冬、郭晏麟、薛威
四川美术学院

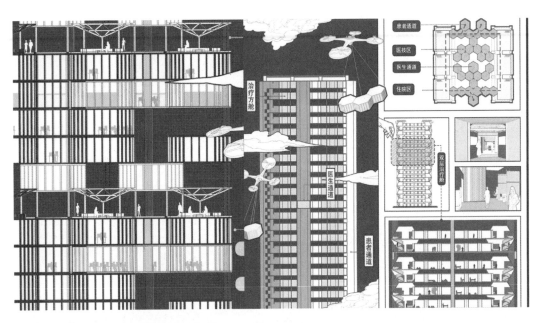

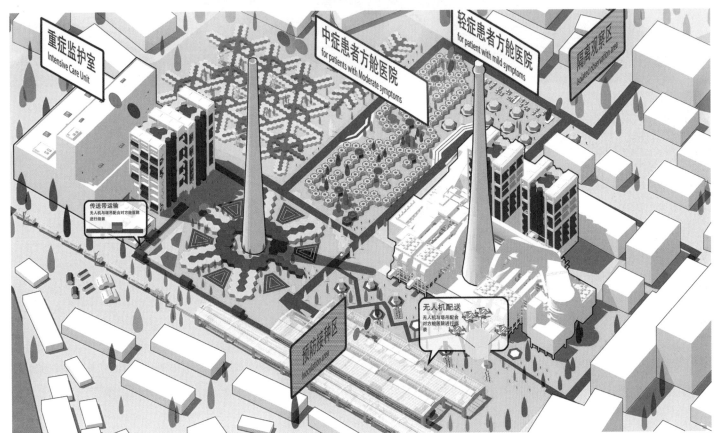

环聚而居
—— 客家围龙屋文化传承与适老性重构设计

作者 / 邓子扬
指导教师 / 余毅
四川美术学院

铜奖

在空间情节理论指导下，对围龙屋的空间模式进行适老性重构设计，是为了给老人营造一个有归属感的生活环境。围龙屋作为粤东地区传统的客家建筑，有着层层向心、户户相邻的设计理念，蕴含着客家人团结统一、互帮互助的人文精神。适老性设计坚持"以老年人为本"的设计理念，以满足老年人需求为出发点。

围龙屋蕴含的精神内涵与老年人内心的情感需求有着许多相通之处。发掘围龙屋的生活情节，构建深层次的感受框架，在围龙屋空间模式基础上进行适老性设计研究，是对老年人生活方式的探讨，也是对老龄化社会养老问题的进一步尝试。本案设计实践的部分对围龙屋空间模式中的精神内涵进行了提取，并探寻客家文化中对于"天人合一"的传统民居营造思想，将围龙屋特有的建筑形制和现代适老性设计的理念相结合。在保证基本功能的基础上，突出它的地域性和精神内涵特征，为居住在此的老年人营造出有内心归属感的空间环境。

第三自然
—— 对未来公园城市发展的探索

作者 / 陈强、谷弘堃、陈斯祥
指导教师 / 梁珍珍、程袁华
西南科技大学

新村再现

作者／胡晨宇
指导教师／鲁苗
四川大学

铜奖

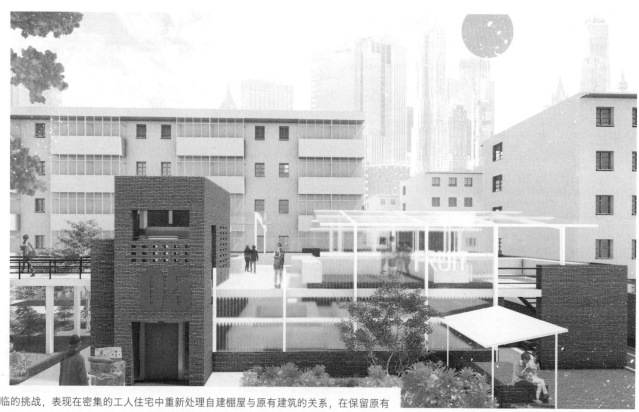

　　设计所面临的挑战，表现在密集的工人住宅中重新处理自建棚屋与原有建筑的关系，在保留原有住宅品质的基础上，增置居民生活所需的功能。设计通过工人村业态的整合，更新与重构了原有的新村集市，释放原本公共空间的线性结构，使之获得更丰富的新村街巷气质。错落体量的置入，是对斜向肌理的回应，促使原本规则的空间秩序形成激活与对话的势态，引发人们对于新村记忆的再观看以及工人新村在新时代下的全新交流。

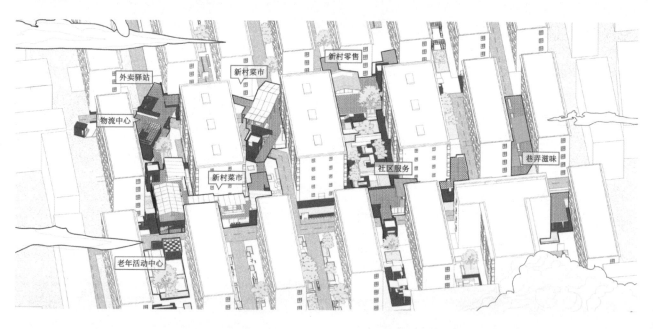

为光明而来，为蓝天而去

作者 / 蔡宜澍
指导教师 / 潘召南、谭晖
四川美术学院

　　我们希望通过改造电厂重新让人民记起电厂为人们生活带来的便捷与繁荣，通过设计呼吁人们"尊重历史""尊重生活"。

　　设计场地位于建筑框架部分，由于展馆为本次设计的主要置换功能空间，因此呼应主题"为光明而来，为蓝天而去"依次由下至上分布工业到自然相关的主题展馆，从体验电厂机械及材料，到接触、理解电厂历史及为人们生活带来的便捷与繁荣及"带来光明"，最终过渡到电厂为人们生活所做出的奉献及牺牲，最后"回归蓝天"的一个游览过程。希望通过这种游览流线，呼吁人们铭记历史，珍惜美好生活。

隐壑
——辋川军工厂景观建筑更新

作者 / 孙权林、常云凤、柴幸幸、杨皖京
指导教师 / 海继平
西安美术学院

铜奖

本设计通过王维的第二故居——辋川作为设计构思延伸点，以《辋川别业》中《辋川图》为设计创新点依据，对具有丰厚文化底蕴的辋川旧址区域进行优化改造设计。以"新中式"风格景观设计理念确定展示形态，结合中国传统绘画理论表现手法，以"画论"为出发点表达基址区域与历史之间的渊源，穿越时空规约，延续人地关系，拓展与建构我们现有的生存和精神空间，延异本土文化元素之间的空间景观建构，使辋川的精神文脉与艺术内涵在"新"的历史空间中延绵与融合，从而达到景观建筑、环境空间与文化内涵高度统一。

阿莲雅生态园区设计
作者 / 冯思立、张轶聪
指导教师 / 杨春锁、穆瑞杰、张一凡
云南艺术学院

铜奖

阿莲雅生态园区设计
作者 / 冯思立、张轶聪
指导教师 / 杨春锁、穆瑞杰、张一凡
云南艺术学院

井然之序 · 自然生长

作者 / 董津纶、陈馨宇、代学熙、周艳、王鹏翔
指导教师 / 马琪
云南艺术学院

　　我们将阿朵土司府遗址分为三个部分，重视视野处理方式意在使空间形成序列。色彩吸纳彝族色彩，景观装置提取彝族传统颜色的红色，体现其人文精神。在使用上除了为游览者提供观景场所外，其四角布置意在加深中院场所的秩序感。与以往的设计模式不同，我们保留遗址场所中未经处理过的自然植被，于设计中被重新挖掘价值，并使用玻璃廊架作为自然与人类界面划分的构件，植被借助自然之力自由生长，人驻足停留而观赏生机勃勃的景象。

万物生长
—— 中国徐州国际园林博览会云南园设计方案

作者 / 沈泳男、张玉雪、钱东洋、范太朝
指导教师 / 杨春锁、穆瑞杰、张一凡
云南艺术学院

"万物生长——中国徐州国际园林博览会云南园设计方案"以云南生物多样性为主要脉络，将物种多样、生态多样、民族多样无形融于游线之中，使整个园区主题明确。园区共分为四个文化主题展区：古滇文化展示区、民族文化展示区、历史文化展示区、生物多样展示区，元素包含干阑式建筑、立牛曲管铜葫芦笙、青铜器孔雀纹样、帽天山古生物化石、梯田、红嘴鸥、云花、云菌、云药、云茶等。园区主要以灵活的环形布局，移步换景、步步为景，形成流线上的串联体验。水是生命之源，孕育万物，滋养万物生长，园区"九大高原湖泊"星罗棋布，柔和导引空间的转换，以曲线的设计语言展现水的灵动感，场地丰富的层次感和高差变化，充分体现了云南山地高原、生物多样的地貌特征。

九龙半岛滨水空间的活化与再生

作者／何菲、陈雪梅
指导教师／黄红春
四川美术学院

　　重庆是一座长江与嘉陵江流淌过的城市，其中九龙半岛被长江三面环绕，江与岸见证着重庆的发展。在这里我们通过设计的方式来完成滨水空间的活化与再生，充分利用滨江的资源，探索滨水空间设计的更多可能性，改变滨水空间的面貌。

昆虫木居
—— 重庆三河村萤火谷农场昆虫研学基地景观设计

作者 / 何菲、陈雪梅
指导教师 / 黄红春
四川美术学院

铜奖

该项目从"重建自然秩序"的角度反思当前的生态灾害。将环境设计与昆虫学、农学、植物学等研究相结合，修复昆虫的生存环境，并从昆虫及儿童的视角，建构了系列具有生长性的空间场景。

该设计提供了观察昆虫生活的场景，营造了像昆虫般在林间穿梭的体验，满足了人探索昆虫世界的好奇心，带来人与环境关系的更多启发与思考。

城市多米诺
——高新二路地段城市公共空间提升设计

作者 / 姜茜月、罗茜、杨帆、乐奕
指导教师 / 乔怡青
西安美术学院

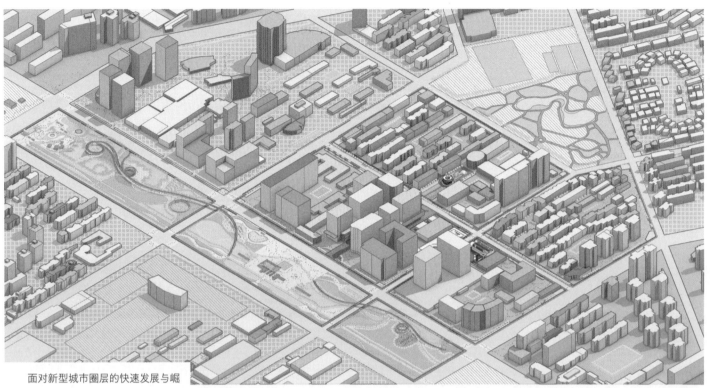

面对新型城市圈层的快速发展与崛起，在未来我们应该如何应对圈层间存在的矛盾，目的是探究区块之间关系的融合与协调发展的方式。

由此，我们在高新区找到两片一线的区块交集区域，想以此为例尝试改善区块间存在的矛盾对立点，打造示范区，提供一个智联、物联、互联的公共空间。在城市中，一定行政范围内还有很多类似这样的交集空间，不同功能区块组合产生交集的公共区域，将它们统称为"城市多米诺"，高新区选择的两片一线的周边区块，其功能较完善，是一块具有典型性的公共空间组合。

有界之外，无界之界

作者／蔡昊宪、张雨灿、黄琪琳
指导教师／林海、黄一鸿
广西艺术学院

随着城市发展的速度加快，在城市建设将向"存量更新"转变的大背景下，由于边境地区自身存在着"边界效应"和"屏蔽效应"，其发展往往会因为缺少多元利益主体，存在一定的滞后性，甚至被忽视与"遗忘"。尤其是进入"旧城更新"阶段边境地区的发展，却一直没有得到重视。

本项目从弹性城市更新策略出发，以边界区域弹性的角度，对利用时间差，满足多元化，提供模块化，创建复合空间与可变式空间，提供生态系统的调节服务等弹性城市更新策略理论，运用空间营造的手法于东兴—芒街中越界河进行在地化的转译，同时结合针灸式城市更新理论以及互联网时代弹性空间理论更新进行设计并验证。基于边境地区的现状，补充提出了对两岸刚性化的边境分界置入"特色区域"的针对性边境弹性空间营造手法。

归去来兮 —— 废弃矿坑公园景观再打造

作者／刘雨婷、刘文慧
指导教师／唐毅
四川音乐学院

随着全球化、工业化、城市化逐步逼近，我国自然资源的开采，尤其是传统矿产资源大力开采严重导致了环境污染。修复、再打造我国废弃露天矿山生态景观，将其打造成城市集历史与文化体验公园，是我国生态文明保护的重要策略。

本研项目位于重庆市主城渝北区东北部石船镇铜锣山矿山，用地面积：482790平方米（约724.2亩），绿化率58.7%。笔者以自然教育理论视角为支撑，结合教育心理理论、环境心理理论等，探讨矿坑公园规划设计中的适应性与广域性。充分利用矿坑公园自然教育特色方案所携带的文化教育功能，有效地营造了大众景观感知、自然活动、自然探险与自然教育活动，增强了人民的综合素养，推动了生态文明建设工作的实际应用。

回·溯——吕梁市离石区归化村宝峰公园景观规划设计

作者 / 范晓芳
指导教师 / 周靓
西安美术学院

该方案选址于山西省吕梁市离石区归化村。归化村是一个具有红军文化历史的行政村。为解决目前乡村盲目性建设、农村人口缺失、生态环境的破坏性、功能单一性、缺乏景观互动性等景观规划问题，结合乡村独有的地域性特点，建立人与人、人与景的互动，为村民提供一个可供休闲娱乐的互动性景观空间。在整个设计中，将红军文化、红军精神贯穿于设计中，将红军文化延绵至景观规划设计中，建构红色文化的精神场所，以体现在时间上的延续性与空间上的特异性。

追原寻未 —— 对立共存袁家村发展体系演变设计

作者 / 张楚君、陈梅瑶、江冬怡
指导教师 / 海继平、王娟、李建勇、金萍、李喆
西安美术学院

以袁家村为中心，探索袁家村以及同一类型村子未来的发展方向。运用传统与现代、发展与保护、商业与生态、内与外、自由与限定、真与假、静态与动态、多与少这八个对立元素，重新解析袁家村一直以来的发展过程，寻找这些对立元素共存的路径。根据解析提出袁家村的三个发展方向，分别是对立元素的完全融合、对立元素的完全对立以及对立元素既对立又融合，为了给袁家村未来更多可能性以及给其他相关村子提供参考，这三个方向不给出明确答案。

在此设计中也并不完全体现这三个方向，而是在这三个方向的基础上解决袁家村的实际问题，以问题为导向进行袁家村的场地设计，并根据关中民俗文化，八个对立以及袁家村的实地调查的提炼来确定我们的设计元素。

踏旌云 旖旎叠峦
——"南丝路"基于低影响开发理念下的乡村生态振兴保护与修复设计

作者 / 张海辰、徐煜程、颜玥莹、唐语
指导教师 / 余玲
云南师范大学

本方案设计主要从实施乡村振兴战略的背景出发，本着乡村振兴中的四个基本原则（生态性原则、经济性原则、地域性原则、融入性原则），针对乡村生态振兴中存在的问题，运用低影响开发技术，从四个方面（乡村生态修复方面、污染综合治理方面、农村基础设施建设方面、优化"三生"空间方面）进行乡村规划设计，并根据场地地域、生态、文化的不同，因地制宜，以场地地域特性和乡村社会的性质为依托，融合乡村产业升级、社会结构优化、生态环境治理等因素，激发乡村社会成员的"文化自信"，挖掘具有当地特色的乡村风貌，做好新时代"三农"工作，坚持人与自然和谐共生，夯实乡村振兴的精神基础，打好精准扶贫攻坚战，建设新时代美丽乡村。

三街魔方 —— 重庆市九龙坡区九渡口艺术街区改造设计

作者 / 涂馨予、黄满玉、石渊
指导教师 / 潘召南、谭晖
四川美术学院

　　九龙坡区九渡口街区在社会发展进程中街区逐渐没落、房屋破损、人口流失严重，功能逐渐衰退，自身发展极端不平衡。在调研的过程中发现了原场地空间的多变性与不确定性，本次毕业设计结合场地现状，希望保留街区趣味多变的空间。

　　提出了"魔·方"街区这个主题，希望这种趣味的空间变化可以在改造设计中得到运用与转译；因此在"魔方街区"的主题下提出了"埃舍尔矛盾空间"这一设计理念，思考并转译埃舍尔在平面绘画表达三维空间的视觉矛盾，提出针对九渡口街巷空间改造的三个子课题：视错、翻转、重叠；分别对应不同的节点。通过对埃舍尔矛盾空间的运用，使原本没落的街区，重新恢复了活力，赋予空间魔幻、趣味的感官体验。

隐 · 居 —— 豫西地区废弃地坑院保护与再设计研究

作者 / 吴嘉楠
指导教师 / 余毅
四川美术学院

通过对地坑院的调研与分析，分析出游殿村地坑院目前存在的问题，通过设计为新经济模式下地坑院空间发展提供新的思路：游殿村在承接乡村旅游发展的同时，缺少公共性、服务性的空间。因此，利用闲置空间，在保护和修复的基础之上增加延伸空间，加强从上到下的通达性以及空间的功能性，从而更好地适应现代生活。

由于地坑院地域的特色吸引很多外来游客的参观游玩，想要感受原始窑洞民居的生活方式，但是没有地方可以住、没有配套设施的跟随，所以利用废弃的、闲置的空间，变为共享的公共空间来服务村民与游客，为外来游客提供一个歇息休闲的区域。可以体验窑洞民居，品尝当地美食，也可以购买当地农产品及手工制品，形成住宿、餐饮、休闲、经营售卖等多功能为一体的服务区，借此使地坑院自身产生造血功能，带来经济效益，改善生活质量。

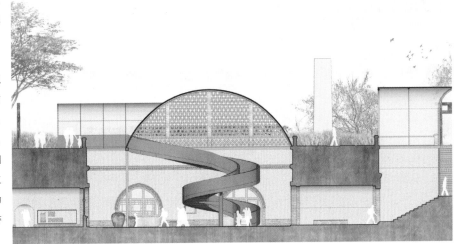

成都中道街动漫艺术街区更新设计

作者 / 王珺、冯巩、刘怡文、何子豪
指导教师 / 黄洪波
四川美术学院

城市老旧社区作为城市的历史记忆和地域名片，承载着居民们的共同记忆，充满"烟火气"和"人情味儿"，不应该"千区一面"，寻找适合的更新方式及更新策略在一定程度上可以为老旧社区的更新注入新的生命力。期望通过艺术介入城市老旧社区改善城市社区面貌，提升居民生活品质和幸福感。关注老旧社区文化传承及发展、提升街区文化及商业价值，增强社区辨识度，提高社区吸引力，使老区焕发新气象。

骑楼及雕塑效果图
ARCADE AND SCULPTURE EFFECT DRAWING

会面·共处 —— 重庆黄桷坪电厂景观设计

作者 / 何嘉怡、张长瀛、陈曦、刘代涛
指导教师 / 潘召南、谭晖
四川美术学院

项目定位为集艺术、展览、休闲、娱乐为一体的工业遗址景观设计，充分发挥四川美术学院的辐射影响力，通过艺术设计的介入，打造原创艺术园区。在工业遗址的基础上，通过景观设计对场地中的自然资源和工业资源进行改造与再利用。在尊重场地历史文脉的前提下，从文化、生态、景观等多角度、多层次地进行设计，以赋予其新的功能与核心内涵，通过艺术来提升场地环境，为人们提供多重体验的公共空间。在本次方案设计中，重塑场地的历史文脉，提高民众参与度，扩大民众休闲区的同时，向城市居民展现发电厂工业时期的精神文脉。

潮流涨落下的彩色空间

作者 / 郭湘、李雨锾
指导教师 / 潘召南、谭晖
四川美术学院

该场地处于滨江地段，视野开阔，枯水期有大面积滩涂，景观价值良好；位于烟囱脚下，与电厂仅铁路间隔，而同时又有浓厚的人文历史气息，与工业遗址文明形成对比；地理位置特殊，毗邻四川美术学院黄桷坪校区，与巴南区隔江相望。场地现有九渡口正街公交站，在建 18 号轻轨线黄桷坪站，人口流动密集。

该街区在人文和自然环境上于过去于未来都有迹可循，拥有属于场地本身的生长脉络，并具有独特的场所精神，这便有助于我们感受九渡口街区最本真的生存方式，由此去探索如何让此地以最自然、最舒适的态度迈向未来，接受来自现代化发展条件下以及滨江环境变更下的考验。

本课题基于景观设计专业研究领域，着力对于怎样基于历史文化以及现场特殊的自然条件的情况下对于原场地的人文、历史、生态等专业课题进行探究，并寻找解决策略与设计方法，对于人文方面，需解决原场地居民生活需求等问题；对于历史方面，需保留原场地的历史脉络，以及作为历史载体的场地建筑、空间、景观的合理保留；对于生态方面，需解决处于滨江位置，由于受江水潮流涨落，影响居民生活、建筑安全、生态紊乱的现状。

颓垣沧沧，光之灼灼
——地域文化视角下的城市修补·南宁市中尧片区肉联厂景观改造设计

作者／何敏荣、施显鑫、曹喆禹
指导教师／谈博、曾晓泉
广西艺术学院

　　"颓垣"一词原指废弃的墙，在此用来代指工业遗址，"颓垣沧沧"是肉联厂现状破败的样子；"光之灼灼"指的是闪耀着光芒的样子，是希望通过改造设计后让其重拾往日辉煌，焕发新的生机的美好愿景。每座破烂的厂房都有自己专属记忆，破烂的厂房有着 20 世纪灿烂辉煌的曾经；每个中尧人都有自己的专属往事，平凡的中尧人有着几公里之内不平凡的人生经历。不管是它们或是他们，尽管在时代的浪潮中退了下去，但是它们和他们都在历史的长河中泛着光。

　　该设计以保留工业记忆为核心，通过追寻工厂废弃前发展的破碎痕迹，保留工业记忆，在记忆中寻求新的生机，以工业改造为基础，结合民族元素，植入科技技术，打造一个集工业、民族、科技为一体的科技创意园。

夜光流萤 —— 美丽荧光下的生态危机

作者 / 崔志强、林宸、郭相如、李雨笑
指导教师 / 林海
广西艺术学院

随着海洋污染的加剧和城市化的快速扩张，该项目立志探索一种通过生态的方式来表现环境状况的优劣程度，这项研究将两种不同的荧光生物（萤火虫和夜光藻类）在同一处场地进行有效结合——红树林，通过围绕红树林设计廊道和观景平台景观作为策略将它们联系起来，一方面解决这些生物面临的生存问题，另一方面也向人们提供环境优劣程度的预警，以此探索人类对滨海生态系统和自身城市发展之间的关系。我们的这项研究将着重于三个问题的解决，包括：如何用生物荧光打造预警景观？消失的萤火虫应该如何重现？如何增加红树林的种植面积？

通过建立模块化的红树林种植装置，将红树林生态系统引入更深的海域，通过建立荧光藻类养殖池控制荧光海藻的数量和观感，通过重启原有场地废弃的基塘，作为萤火虫的栖息地……最后架构廊道和平台，将人引入这一景观，在这一生境中游历、休憩、学习，体验由红树林连接起的生态系统，见证生物荧光的预警，这就是我们构想的体验性景观。

石姆情长 · 基于地域爱情文化融合的乡村活化设计

作者 / 李松松、周莹、陈洋、沈维康
指导教师 / 曾晓泉
广西艺术学院

对于传统村落，保护是为了能让其更好地发展，发展才能实现对其真正的保护。圣塘村位于浙江高坪乡箍桶丘村，梯田茶林云雾缭绕，夯土民楼依崖而落，村民沿袭着古朴自然的生活方式。然而，圣塘却因产业基础薄弱、人口空心化，而逐步走向衰落。

我们希望借助石姆岩爱情传说打造特色鲜明的艺创爱情村落。人是时空的存在物，爱情是人的心生物。借用戏剧表现形式，通过古今穿越的戏剧人物角色扮演来实现空间延异，搭建不同时空的鹊桥，让古今相通，眷属佳归。使其成为旅游热点，并在其带动作用下为圣塘挖掘文化、振兴工艺、引入产业搭建平台，帮助其重新焕发内在活力。使其在依托自身资源的基础之下，维持良好可持续的生存状态，完成真正意义上的山村活化。同时也希望在建筑特色和在地文化的更迭背景下，为圣塘民居做一个更新示范，寻求真实生活新需求与风貌协调的平衡。一边是田园牧歌的理想，一边是现实的发展与生活的需要。尊重历史，拥抱未来在提高村民生活品质的同时，理通圣塘的聚落脉络与文化脉络，为藏于深山的云上村落引入流量，注入活力，激活村落自我造血能力。

城市社区剩余空间的激活与景观设计研究
—— 以成都同德社区景观改造为例

作者 / 王怡然
指导教师 / 吴兵先
四川大学

随着城市的快速发展，在新城与旧城不断更新交替的过程中，许多空间没有被合理利用，在城市社区中出现了大量的"剩余空间"。这些被"剩余"的空间被人们忽视，失去了场地的活力以及场地潜在的使用价值。这些"问题"空间由于缺乏场地的使用功能和亲切的氛围感，导致无法满足群众的使用需求，也割裂了人与环境的联系，使用者也逐渐失去其场所归属感，致使人情的淡漠，空间的失落。

本设计的研究重点是如何激活城市社区中的剩余空间，激发出场地赋有的空间潜能。将研究范围聚焦于成都同德社区活动空间中，虽然研究主体是将社区活动空间中划分出的碎片式空间进行景观设计改造，但是通过对场地进行空间结构的整合，构建适宜的景观环境，引导公众的参与，对场地进行活力的注入，以此来激活场地的使用价值，唤醒居民的社区归属意识，这也是本设计的价值所在。

异托邦之境 —— 自然的 "绝对时间"

作者 / 李天宇、谭昕、刘权锋
指导教师 / 彭小柯
四川音乐学院

通过在未来景观设计主题上对设计以恢复自然，效率生境、体验生境为愿景。以时间重构为概念建立不同植物组团的超级湿地，营造森林之境，还原人在自然面前的渺小感以及感受植物生长中所带来的自然时间。空间和时间都可以是异质的，尝试对空间异质重新组织的方式，同时结合深圳发展迅速和城市压力快节奏生活的背景，通过利用环境、生态、交互的"负空间"特件，营造"另一种空间"的异托邦之境。

设计策略：对该场地建立起三大模块：生态雨林模块、未来农业模块和互通社交模块。生态雨林模块通过城市降温模块与雨水收集结合以此来调节小气候降温作用，创造主动适应性景观；未来农业模块中以海水引入淡化，实现共享农业种植；互通社交模块通过交流和游憩结合方式引导人与人建立起新的交流方式。

设计主题：贯彻"时间重构"的设计理念，营造出林下景观空间，营造一片珠江口曾经的宜人场景的集体记忆，还原人在自然面前的渺小感，从而做到缓解城市更新背景下快节奏的生活压力，以游憩和体验感受充满活力和自然情调的绿色环境的节奏。

考虑设计现状视线视点，尊重时间的外观和流畅性。场地独特的形态以景观轴线为基础，模块化主题的设计方式，场地轴线与水岸线和大铲湾对望轴线为主设计线，人们与城市对望反思过去或看向海洋面向未来。在前海湾海平面上，尊重视线通透的原则，在中心轴线偏移一侧设计海上漂浮岛，借助时间的概念与海洋融为一体，漂浮岛通过自转使人们在不同的时间位置和视角对景观提供不同的视角体验。岛上建筑以象征着深圳城市蓬勃发展的艺术魅力的"钻石"为概念，人们在海岸线对望像漂浮在海面上的大型装置作品，通过不同的模块主题营造"另一个空间"的异托邦之境。

共生

作者 / 伍柳西、杨舒婷、骆妍锦、陈映汐、孙洋
指导教师 / 范颖
四川音乐学院

　　重新构建空间是一个人类非常需要着重思考的问题。空间和人之间的混沌关系是无法分离的，人和空间的接触，自然就产生了交互的性质。人类因此也一直在不断探索生命和空间更高维度的关系。放眼本设计，数字化、信息化的时代让人们可以不再被公司、学校这种办公和学习的空间所局限。在生活中很多咖啡厅、餐饮店会出现一大批抱着电脑工作的人，我们称其为数字化游牧民。该项目针对数字化游牧民，重构了办公空间。在未来无限想象的思考下融入生态、科技、共享的理念，设计了一个未来的共享办公空间。

　　此项目选址为新加坡市中心的一块正方形绿地，这片绿地没被赋予一个很好的功能，而且经过调研，我们发现基地现状是在 CBD 附近，办公需求较大。于是我们便提取了新加坡国花和叶脉的元素融入到设计中，为的是更好地体现生长的理念，于是一个共享的办公建筑诞生了。

　　与此同时我们还考虑了适应性设计，在不同的气候条件下可以利用不同的环境因素从而去达到生态环保的目的。在这些空间中通过智能终端的交互进入，实现空间价值最大化。这种科技、人、空间的交互，可以形成三位一体的未来办公空间。

回乡——陕南"山·水·城"流水镇景观规划设计

作者/王晨晖、沈越、张艳、高紫绮
指导教师/孙鸣春、吴文超、孙浩
西安美术学院

流水镇位于陕西南部，镇子用地紧张，无法形成大面积的绿地公共空间，建筑分布散乱，规划主要通过地块改造，规划现有建筑和场地获得空间，并广泛开展绿化种植，改善绿化环境，获得停留点。

仿古民居一条街街景规划方案以创造一个美好而令人愉快的公共环境为目标，充分尊重地方特色和风貌，把地方建筑及地域风格元素合理地在街景中表达出来，按照现代美学原则进行设计，使街景在保持地方特色的同时具有时代特征，调动一切积极因素，准确把握外部空间尺度与比例关系，使环境与公共活动达到高度一致。

河湖水系是构成滨水景观的重要载体，没有水系的点缀和丰富的水面与景观相映衬，优美的自然景观和人文景观就不会充分体现。充分利用天然地理条件，仿古民居街道连接客货码头，天然的地理优势形成便捷的交通，它的建成不仅成为立于流水镇上一道美丽的风景线，而且成为浮出于湖面上的绿色临江走廊。并且充分利用绿地资源，在宏观上把控绿地的整体效果。以仿明古居为基调，具有流水特色的建筑群落。山石、水体相结合，共同构筑街景的自然美、环境美，创造出人性化、生态化、艺术化的人居环境。通过小品的材质、造型、色彩、图案等变化体现一种自然、休闲的风格，营造生动清丽的水系景观风景线。通过对镇内的交通、建筑、景观的改造，使其自然景观和人文景观进一步提升，为游客营造更加舒适的陕南文化小镇。新的规划主要以小镇的原有风格为基础，并没有大拆大建的规划建设策略，能够最大限度地保留流水镇乡土建筑和风俗人情，最大化激发流水中固有的乡土文化，体现回乡情感。

入梦烛影摇 —— 千年三兆灯笼村保护性更新设计

作者／王嘉誉、俞冉、宋琦琦、朱润青
指导教师／李媛
西安美术学院

我们对三兆村的设计旨在对其真实性的还原。我们认为"真实性"才是文化遗产保护中的东西。于是在"修旧如旧"的修复原则中从"旧"到"旧"其实始终只停留在现象层面的问题，却并没有触及它背后的原因。据此，我们对三兆村进行的设计，复原了三兆村的代表建筑，我们尝试从唐代建筑、关中民居中创造出不同的元素，实现对三兆大唐意境的表现。我们不仅想要重现大唐盛世的繁华，也想让当地居民找回重建前的居住体验，于是在查阅相关资料之后我们设计了"天井式""关中式""仿唐式"等房屋样式，希望可以尽可能满足不同用户对建筑物的体验感受。

建筑的外立面材质主要采用木头、素混凝土、玻璃、金属等材料，素混凝土有着黄土大地的熟悉味道，肌理贴近自然，如同沟壑，使建筑如从大地中生长出来，一个村庄的集体记忆对人居环境生成的作用是影响深远的，同时这种记忆一旦形成信念也会为人居环境注入精神与魅力。经与村民讨论，我们试图让三兆村边缘空间与杜陵邑的记忆发生联系。利用三兆村当地原材料，使人们的记忆再现，材料的再利用以生态维系可持续发展，鼓励人与自然互动、打造健康活力的现代化三兆村，将三兆村与自然、人与空间进行联结，营造出一个能让大家共同爱护并融入集体记忆的公共空间。

亲水森林火锅餐厅景观设计

作者 / 王家文
指导教师 / 高德武
成都大学

该设计主要是通过景观设计学的理论指导，运用设计将商业与景观结合打造出一个亲水的、轻松的餐饮娱乐空间，并且衍生出一个特色的森林火锅文化基地。

第一，利用得天独厚的自然条件和生态资源，将火锅文化与自然环境相融合，远离喧嚣，营造一个尊重原始生态，同时又符合现代消费方式的个性化就餐场所。

第二，打造一个具有文化气息、生态理念和火锅消费相融合的文旅名片，将水景与娱乐连动起来，打造一个体验式的森林火锅基地，作为一个扶贫特色基地，带动当地的经济文化发展，将生态化原则融入其中，让水景动起来，将娱乐、餐饮、游玩、购物于一体，将商业和景观融合，即景观融入商业，商业本身也成为一种景观，打造一个笔墨之林，潺潺溪流的品牌基地，同时亦是一个轻松的空间，符合人的生活方式的空间景观设计。

回家的最后一里路
——完整街道理念下的西安市青门村街区更新设计

作者 / 王雪、李媛
指导教师 / 李若楠
西京学院

回家的最后一里路——整街道理念下的西安市青门村街区更新设计通过分析城中村街区空间环境的内涵特征，对西安市青门村街区景观进行改造与活化设计，确定总体指导思想和设计原则，对城中村中的道路、道路边缘区域、节点和标志进行分析探究，规划街区构成和功能分区，确定保护对象和保护措施，并采用景观城市化理论、有机主义更新理论、人类居住环境理论和街头美学，提出了各种用于老街区景观重建的设计方法，并按照实际情况明确提出保护性重建策略。

对街区的公共空间、建筑物的外墙、公共设施、绿色景观等进行深入探索，使用"完整的街道理念"探索合适的设计策略，并结合口袋公园的设计概念，最终形成街区景观活化设计的方案，反映出西安的传统文化特色。

"视野"山地公园景观设计

作者／毛新
指导教师／郑黎黎
成都大学

本次毕业设计主要是通过景观设计学的理论指导，并结合绿色设计、人性化设计等设计理论基础，围绕雅安市汉源县山地公园展开景观设计，在汉源起到一个推广当地文化、优化当地服务功能的作用。紧贴国家建立创建一个创新大国，推动中国特色设计形成的方向，打造一个设计创新、功能全面的休闲场所，为这个地区赋予"新"的概念，是可行的且具有实践性的经验启示。

设计以宣传当地特色及文化，并服务当地第三经济创收发展为基础，在山地公园中设计出可以供体验者游览、休闲等功能的场地，于场地中融入汉源当地文化特色。通过绿色、自然等元素以及配套服务功能，以达到游览者在公园中能更好地得到休闲体验。以区别于其他公园的公园景观设计，做到绿色设计，人性化设计，提升参与者的感观体验和审美的需求。

无"水"而栖 与树共生

作者 / 黄曼娜、黎洁、覃爽
指导教师 / 郭松
广西艺术学院

　　人是空间的主体，对不同时态下所产生的空间感受不同。在高速发展的当今社会，压力逐渐成为人们关注的焦点，为解决现代压力问题，针对基地周边的上班族、医患人群等高压职业，设计营造一个让人能释放压力、放松身心的活动空间，从中体验自然、减轻压力，并以打造景观环境与营造情感为主的空间。设计分别从自然、生态、健康、文化四个点发散思考，缓解该人群压力过大的问题。

寻古归园，梦渡圣塘

作者／唐秋芳
指导教师／陈建国
广西艺术学院

　　本设计位于浙江省西南部高坪遂昌县箍桶丘村的一块梯田基地，设计面积约 15.657 公顷，设计背景是基于乡村振兴国家战略背景下，构建乡村活化的景观概念规划设计，通过前期对场地的综合分析，推理出场地现状存在的问题突出，如场地高差大，第三产业发展落后，村貌单调乏味，交通系统待优化，硬件设施滞后，非物质文化传承困难等。

　　针对以上问题，本方案的切入点以何氏古宅文化为脉络，整合区域多元文化，形成核心文化主题，构筑项目特色灵魂。利用何氏古村历史文化为主导，通过活化传统村落观光、挖掘民俗文化体验、延续耕读教育传承、举行体育运动赛事，将箍桶丘村打造为宜居宜业、多元活力的闲居乐游之乡。设计主题为"寻古归园，梦渡圣塘"，设计概念以梦为源，挖掘历史文化脉络，去唤醒场地石姆传说记忆，朴渡而归，对传统村落的古朴街巷，以渡传承，追溯何氏家族的故乡历史文脉，弘扬何士古宅文化，民俗文化传承，打造闲居乐游驿站将乡途是归途，以归作结构，开发休闲旅游项目，重塑村庄活力。以文化引领市场，驱动产业融合来打破文化无魂的困局，以古村传统民俗为箍桶丘村文化品牌，通过多维发展策略，实现文化品牌的价值提升和推广。

乡土与叙事：通江县梨园坝村景观叙事设计方案

作者 / 李和
指导教师 / 鲁苗
四川大学

随着后乡土社会的到来，传统村落本身的衰落加上现代城市文化的融入导致了村落本身的文化特性，传统的聚落形态开始发生改变。在这样的背景下，国家先后出台了相关保护政策减缓传统村落的消逝，同时也有一大批的知识分子投入到村落改造当中去，村落在面临着发展机遇的同时也遇到了一定的挑战。因此在面对城市文化的融合下，要平衡村落景观改造设计中的传统文化、历史故事与现代生活之间的差异，更好地叙述乡土文化，讲述乡土精神。

另一方面也为目前针对传统村落景观改造而导致村落特色的消失提供可行的设计理论依据。因此设计以传统村落景观改造为研究对象，结合叙事学的理论基础和应用范围，利用景观叙事的概念，研究景观叙事在村落改造中的应用策略和设计方法，为村落叙事景观的表达提供相关的方法论；同时，也利用景观叙事的方法，来充分挖掘和呈现传统村落中的乡土文化、历史故事，以促进村落景观的可读性和传达性，重塑传统村落的文化信仰和乡土精神。

石姆为"延",云上互联

作者／杜相宜、王政、熊康、崔志强
指导教师／林海，罗舒雅
广西艺术学院

　　本项目名为石姆为"延"，云上互联，基地位于浙江省丽水市遂昌县高坪乡，主要设计范围包括箍桶丘圣塘传统村落乡村活化设计，30亩建设用地概念设计，以及石姆岩景区优化提升设计。场地自然资源丰富，石姆岩景区旅游发展相对良好，特色产业基础扎实，拥有独特高山蔬菜产业。设计提升该场地基础建设品质，形成品牌效应，合理利用互联互通的机制活化乡村的景观、旅游及附近产业，刺激文化活力以及对历史建筑民宿文化的延续，发展传统文化脉络，吸收新产业技术优点，形成深入自然的康养休闲区，提升空间品质、服务品质，规划并改造公共空间，加深活化构架的关系。

鹿饮·溪下

作者 / 赵梦曦
指导教师 / 万征
四川大学

　　"霜落熊升树，林空鹿饮溪。"现在的鹿溪村没有了传统的农家小院，却依然留存着远处若隐若现的林木、广阔的田野，都是闲适安逸生活的写照。本设计从古诗词的意象出发，用统计学的方法从成都平原地域范围内的田园诗中提取意象组合形式，古诗词以象托情，用田园诗的意象及其组合方式，打造乡村景观，让人触景生情，由情生境，去营造乡村景观的意境美。

　　在对村民的居住环境进行升级的同时，对乡村景观的功能进行拓展，打造集休闲观光、农耕体验、诗意栖居为一体的具有诗词意境的乡村。总体设计保留乡村原有的田园肌理，在田园之上通过搭建步行通道的方式供游客游览，同时将游客的游览路线和村民的农事活动分开，但又在体验园中融合，形成若即若离的状态。设计尊重当地的植物景观资源，将抽取的意象组合用于乡村小景的设计中，运用"点"的形式串联起整个乡村的意境美，从而达到乡村的"诗意化"。

峭屿屾山

作者／万荣佳、魏嘉雯、崔文哲
指导教师／彭小柯
四川音乐学院

整体设计运用重庆的交通文化，通过坡道与阶梯把建筑与功能区之间联系起来，穿廊穿巷的立体交通把老城区打造成一个3D的公共交流空间，以此来唤醒九渡口的经济、文化和工业码头记忆。还原自然景观，恢复生物多样性。打造湿地景观引入浮岛装置，增强自然生态自我调节功能。重塑驳岸，提供更多亲水的机会，改善生物栖息地。

眇者·行者 —— 西安传统街区视障人群体验式景观设计

作者／麦潆友、雯欣、郑隽琪、周冰
指导教师／李媛
西安美术学院

在我国，无障碍事业起步相对较晚，尽管视障人群数量庞大，但人们对弱势群体关怀的社会意识仍不强。如今，关于景观的无障碍设计结构仍不完整；此外，盲道被占或破损的现象屡屡皆是，道路的安全性、可达性不足；户外无障碍化的公共设施不足，且后续监管不周。种种现象，让我们不得不对此重视起来。

因此，本设计是在西安传统街区中，针对视障人群的户外需求和痛点分析，结合运用人体工程学、环境心理学、特殊人群心理学、环境行为学等学科知识，对景观无障碍设计的特殊要素和要求进行归纳总结，完善景观结构、规划合理的空间路线以及完善户外无障碍设施。与此同时，亦不忽视非视障人群的需求，实现西安传统街区双系统、双逻辑的体验式景观设计与改造。

十二口窑民宿景观设计

作者 / 王珂珂
指导教师 / 齐达
西京学院

在窑洞景观中我们力求将陕西本土文化，长命村村落文化和地质有机地结合，并融入王安民住宅景观的营造意象，打造以"野"为核心的景观文化特色，让游客体验到陕西窑洞独有的风土人情，并带来艺术的灵感、领悟与思考，为王安民住宅增添了一份生机盎然的景象。本次景观设计共分七个区域，分别为水景观赏区、野营探险区、张拉膜野餐区、烧烤郊游区、游泳健身区、儿童娱乐区、茶台赏景区。通过自然的曲线和直线的并置、冲突、融合等方式，创造出一个适合大众活动、赏景、交流、游玩的空间。弯曲的流线道路则给人流动、悠闲之感，蜿蜒的小道是结合一个个设置好的小场景，如一轴画卷展示给闲步者。

合书流景 ——西华大学沱江河沿线景观设计

作者 / 吉玉琴
指导教师 / 徐澜婷
西华大学

随着近年来我国高等教育事业的繁荣发展和高等教育的不断推广和普及，校园文化景观建设备受关注。大学校园为师生提供了学习、生活、工作等领域，它已潜移默化地直接影响了全校师生的日常学习、生活和教育。校园式景观是通过其景观风格和建筑形式所能体现的综合文化景观而形成的，这是校园设计的目的。近年来，高校办学规模进一步增大，校园建设规模逐步增大。校园文化对校园景观设计的影响尤为重要。良好的校园风光环境能够有效地培养和教育，形成广大学生良好的思想道德品质和良好的行为习惯，使更多的学生能够主动接触周边的校园环境，开展师生互动。

本研究针对西华大学沱江沿岸现状，重点分析了当前大学校园风貌和校园景观设计存在的问题，如文化缺失、空间单一、植被杂乱、道路混杂、设施缺乏、活动缺乏、功能单一等。在整体规划的前提下，考虑校园环境、气候、人文等因素，合理设置各个不同的空间形态，并串联起各个区域空间。在设计过程中要以人性化和生态化的理念设计校园文化景观，注重现代化校园景观与校园文化的融合，增强校园文化底蕴，促进校园良性发展，让校园文化景观的设计能够以开放的姿态与社会连成一体。通过多层次地展示整个校园的精神内涵和历史文化底蕴，营造一个拥有文化传承、学习阅读交流空间、演绎平台的高层次的校园生活环境。

彻明学域
——基于"空间体验"视角的高校校园环境景观设计

作者 / 焦兴宇
指导教师 / 耿新
西南民族大学

对校园—景观—人文做出合理的设计表达以达成三位一体的良效沟通。营造空间体验性强、环境优美、功能丰富的人文主义校园。空间体验强调人与自然、场所、区域块之间的互动体验关系，往往潜移默化地引导参与者进行活动，并在不同的空间区域内利用设计语言、场景意境营造等手法增强参与者的实际体验。

通过环境景观布局，美化校园，植物装饰，创造一个以静为主，具有精神凝聚功能、净化环境功能、休闲自然生成的可持续发展的生态环境校园，适合师生工作、学习和生活的良好生态景观场所。根据功能定位，景观设计的理念确定为："人文景观主题上追求统一、环境效益上追求生态、绿化布置上追求自然、艺术构思上追求内涵。"

澄江生物多样性公园景观规划设计

作者 / 饶倩怡、黎月兰、赵维、王如梦
指导教师 / 王飚
玉溪师范学院

澄江生物多样性公园景观规划设计从人与环境关系出发，兼顾文化传承、休闲游憩、审美启慧功能于一体，形成特色综合型文化旅游地。根据公园性质、地域特征、资源分布以及生物多样性背景，在空间布局上，建成滨水廊道、植物培育基地、植物群、趣味划船体验、垂钓区、停车区、生态展示区、服务区、植物迷宫落水景观、休闲观光平台等项目，致力于打造以人为本、多元多样的公园景观规划。

在空间结构上，采用植物叶子元素，将叶子拆分为两个部分：一是将提取的叶子轮廓运用重复组合的手法应用于平面布局上，形成流畅的曲线道路，使公园各部分能够合理有机地联系在一起；二是将叶子脉络运用相交、交错、差集、解构重构的手法应用于建筑和景观节点结构造型上，赋予建筑外立面犹如叶片般的镂空肌理，让公园建筑造型独具特色。

冥想之间 —— 共栖·共享的自然家

作者／姚玉莹、王颖
指导教师／姜丹
新疆师范大学

设计一所僻静之处，或者说是一座居所，在其中能够静下来，缓下来卸下我们的防备，摘下面具，素颜净心，与自己的灵魂坦诚相见，它是灵魂的栖息，是心的停泊。

设计来源于"九零后"的自己，面对即将毕业步入社会的惶恐，我们需要这样一个空间去思考去感悟，运用山间树木作为原材料，建一处幽静之所；设计一个能让人感动的空间，不仅是在视觉上给人感官的冲击，更多的是通过空间传递给人某种思想，不同体块相互关联相互作用。没有任何颜色可以破坏房间的格调，没有任何形态可以阻隔空间的构成，一切都是简单自然，从内心的归属到童真无邪的儿时梦，从冥想的世界里涉入力量。设计从外部景观、建筑材料等多方面考虑，给予我们一个理想的空间。冥想空间强调的是人与天、人与自然的和谐统一。本设计提取城市文化信息，设计专属于自己的安静空间，都市中太多高大宏伟的钢筋水泥严格的立方体结构，趋同化的装饰构造，冥想空间宽敞开阔，整洁明亮，装饰极少，使其融于居所又远离居所。

於沼于沚

作者 / 王爽、施海葳
指导教师 / 杨霞
云南艺术学院

本次设计是基于近些年来滇池水质问题，对滇池周边湿地中的斗南湿地公园的水质净化系统和景观进行研究和微设计升级。湿地是水域和陆地交互接壤的独特生态系统。近年来，伴随着经济的发展和城市化进程的加快，滇池周边湿地被开发利用的面积也越来越大，形成了许多湿地公园，而受到污染的区域也不断扩大。湿地水质问题的主要原因为"水体富营养化"，其污染源也分为渠道外部和内部两种。净化周边水质不仅可以净化滇池水源还可以帮助滇池及周边恢复生态。

破茧重生
作者 / 欧靖雯
指导教师 / 赵宇
四川美术学院

　　本次设计是基于拓展空间设计理念下对谢家湾院落的环境改造设计。利用谢家湾院落内原本的蚕舍，并以蚕茧作为主要设计主题，将蚕茧的形态融入设计之中，试图通过一定的设计策略使乡村重新焕发出新的活力。对谢家湾院落采取保护策略，对新的空间采取发展策略，从功能、空间、文化和技术四个方面对谢家湾院落进行全方位的设计方案构想。在建筑上做到修缮，空间的重塑，场地文化的保留以及特色景观的打造。将以具象之形态，写入空间的观感。以重生为理念，潜藏于文旅内容之型格。

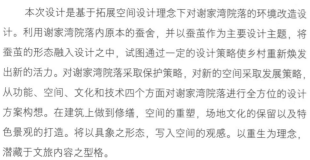

银龄之春

作者 / 赵睿涵、王梓宇、李屹、田雨阳
指导教师 / 潘召南
四川美术学院

本次设计选址为重庆市沙坪坝区歌乐村养老社区，从老龄群体生理活动需求与生活作息规律的角度出发，通过对该地区气候因子活动状态及老龄群体活动规律展开调研分析，从而用以指导设计实践，最终实现在养老社区景观空间的设计中对气候因子，即气温、太阳辐射、湿度、风力进行合理的利用与规避，营造满足老龄群体使用需求、符合老龄群体生活规律的景观空间。

主导光线

风向

绿化屏障

移动景观椅

与民共生三民村公共空间再生设计

作者／莫超娟、甘良玲
指导教师／邓雁、陈静
广西民族大学

本案以"与民共生"为主题的公共空间再生设计，运用村落现有元素提取重构作为设计元素，整体景观设计元素以三民村经济作物——葱的葱花作为设计灵感起源，在三民村，村民依靠大葱发家致富。而其葱的葱花未盛开时展现出团抱式聚合充分体现团结，是和睦友好的象征。本案从葱的花苞、花蕊、花籽形态入手，结合其形式、色彩演变，重新排列组合设计运用到公共空间与景观设计中，通过围绕三民村宗祠文化、民俗活动展开充分考虑村落居民活动需求，为村落居民设计活动中心，为儿童设计娱乐区以及为村落设计开放的公共活动空间和展示空间，致力于焕发村落公共空间的活力。

山禾阡陌 —— 三河村山地稻田生产性景观设计

作者 / 唐嘉蔓、杨强
指导教师 / 黄红春
四川美术学院

　　该设计是以"稻屋"及山地稻田生产景观为设计主体展开的为农民、为农业、为农业生产的设计。采取"相移""相宜""相溢"的设计策略探讨设施空间、道路空间和灌溉空间的设计方法，为乡村农业环境建设提供一定的借鉴和帮助。题目"山禾"出自《山海经》中王母所食琼山之禾，"阡陌"指田野上南北、东西交错的田埂和灌溉渠道。该设计饱含作者对山地稻田生产性景观的美好向往：田间小路交错相通；作物丰收，品质如琼山之禾，农民生产生活自足优渥，天下大同，指日可待。

寻忆·重生

作者／宋燕灵
指导教师／王迪

四川大学锦江学院

南宋著名理学家魏了翁创建鹤山书院，魏了翁在此教书育人，著书立说，为发展宋明理学作出了突出贡献，了翁先生的教育思想、生态保护思想、和谐思想值得人们深入探讨。但由于旧址保存不好，年久未修，导致人们对于魏了翁以及鹤山学院的认知甚少。因此，重建鹤山书院并且恢复其景观，对弘扬了翁精神具有重要的现实意义。通过融合吸收书院园林的特点，探讨恢复性景观向整体生态环境发展的可能性，更多关注整体人文环境的发展与改善，从而促进环境的可持续发展。

江口泊忆

作者 / 冷康琳
指导教师 / 唐滟
四川旅游学院

本设计以彭山区江口镇沿江主街道为研究对象，调查对比相关历史文化名镇案例，特别是商贸交通型历史文化名镇案例，进行历史人文表达手法的归纳分析，以当地历史文化遗产为研究基础，结合当地文化、历史、人文风情，研究如何在设计手法中融入当地历史，传达当地历史文化。

本设计将抓住"忆"的重要性，"忆"代表了过去的历史，当下的记忆，包含了古镇的文化情怀。以"忆古看今，泊岸沉银"为设计主题，以场景复原的方式恢复曾经繁华航运的景观，重现当年繁华；并加入时事热点"沉银大事件"的新主题，迎来古镇新生。以体验生活、放松心情和传承文化为目的，设计出一套具有当地历史文化旅游景点，使旅游者在场景复原中体验时代变迁的历史文化，重述古镇曾经的辉煌历史。力求以保护和传承、创新和发展为目的，通过旅游景观设计的方法重振江口镇的繁荣，带动江口镇的经济发展，使以江口镇为例的一系列小型历史文化名镇不被时代抛弃，得以可持续发展。

老城乐道 —— 成都怡福社区多元绿道空间设计

作者 / 先丽莎，周宇
指导教师 / 唐毅
四川音乐学院

老旧社区是本土文化传承的承接空间，老旧社区更新营造是城市更新中重要的一环。通过空间改造、社区互动、社区配置完善有机融合，将"设计事件"转化为内生的、可持续、自我生长的力量，从而解决老旧社区现状呈现的人文环境问题，构建城市美好生活。该项目对原有怡福老旧社区空间脉络，人文生态基底的梳理，应用现代设计语言与新技术，延续历史脉络文化。

由于怡福社区空间布局的不合理性导致空间较为封闭，存在较多闲置地未规划，选择切入社区绿道这一步行空间，通过外绿道和内绿道连接，将社区绿道深入老旧院落进行更新，促进内院公共化，打破封闭，弥合社区活力。

因此追寻居民的生活路径，重塑多院落核心路径，从而由线带面激活怡福老旧社区绿道空间。以闲置开敞空间与公共聚焦场所（点）、步行绿道（线）、多院落（面）为重点，串联重要开敞空间场所，塑造宜人街道以及开放性慢行路径，实施绿道空间更新，解决老旧社区现状问题，形成对怡福社区（整体）社区环境的提升以及活力激发。通过一环三线五点空间建立，分为内外两大绿道类型，并细化为道、巷、院三种空间场所。形成"书香怡福""共享生活""美食步道"三大主题，贯穿怡福路与新怡路，串联两大生活路段。通过新生代鲜活色彩与千年不绝的烟火气延续营造发展，成为津津乐道的交互社区。

站点广场
内巷绿道空间的打开激活现有闲置广场，融入社区工业背景元素，利用轨道线性涂鸦划分多功能空间，服务于居民多元化的需求

桃坪羌寨乡村景观规划设计

作者 / 胡金威、余洋
指导教师 / 鲁苗
四川大学

羌寨聚落以水为骨架，利用水网和河道水资源满足生活和灌溉使用形成以水为线的羌寨聚落景观，因此提出"伴水而生"的设计概念。以羌寨水系为设计路线，以乡村产业和村民生活方式规划景观节点。

在倡导、尊重村落地域文化基础上以水网修复、河道修复、植被修复、建筑修复的四大设计策略保护羌寨传统景观、展现聚落特征，恢复场地生态多样性、解决生态破坏隐患，更新并保留历史建筑空间，激活聚落水空间。对羌寨生态环境针对性治理，考虑不同人群需求，运用羌族文化元素，在维持羌寨原有传统面貌上提升景观体验度和恢复景观设施功能，再现传统羌寨人民伴水而居的生活场景。

基于野性健康理论的城市滨水公园设计
—— 以宜宾市金沙江湿地公园为例

作者/夏聪
指导教师/余啸
西南财经大学天府学院

设计场地位于四川省宜宾市叙州区金沙江北路东段,是金沙江公铁两用大桥通往宜宾西站的必经场地,该场地处于金沙江滨江地带,其生态意义重大。随着宜宾市城市建设的不断扩大,该场地也承担着叙洲区生态示范区的重大责任。但目前场地也存在着较大问题,例如绿化面积小、水质污染严重、驳岸形式单一、水土流失严重、水患频发等一系列问题。

本次设计根据场地现状和需求,以"野性健康理论"为指导,通过场地规划与景观设计的手段,将人与自然紧密结合,打造人与生物共栖的新型空间,再通过本土文化吸引人群,塑造场地生态环境,唤醒场地活力。本次设计以"与物共栖"为主题,通过景观设计吸引人,通过场地规划修复环境,以鸟类栖息地、蝶类栖息地、鱼类栖息地作为场地生机源泉,通过人将整个场地各空间链接,形成独具特色和顽强生命力的滨水空间。

在满足人们户外体验的基础上,有效缓解场地生态压力,防治水土流失、水患频发等一系列环境问题。通过不同的功能区将整个公园链接为一个整体,富含船舶元素的构筑物、建筑、景观小品等为公园增添了不一样的趣味体验,场地中以平台和桥体的方式为人们打造不同高差的观景体验,将人与景与物完全融合,展现了以生态为核心的滨水公园魅力。

艺浸乐润·新疆师范大学艺术楼改造设计

作者／曹友瑄
新疆师范大学

　　高校作为文化传承与发展的主阵地，优美的校园环境对于地域的人文环境也有着特殊的作用。该设计以新疆师范大学校园为背景，对艺术楼楼宇区域进行改造设计。

追忆——山城巷景观改造设计

作者 / 周子瑄
指导教师 / 伍夏
重庆工商大学

山城巷是一条独特的百年老街，以"山城"命名，结合山城巷的历史文脉，把重要节点整理出主要流线与次要流线。交通以厚庐、体心堂、仁爱堂、法领馆为主要流线；两大石朝门和临崖栈道分别为次要流线。将主要流线分为三大功能区：第一段商业游览区为快速通过且景观封闭的路段；第二段文化娱乐区整条道路偏缓，为半封闭的空间；第三段历史追忆区是整个山城巷的高潮，为开放空间，致力于打造一个天然的露天博物馆。

基于生态适应性的绿洲城市河道景观营造策略
—— 以塔里木河阿拉尔市内段为例

作者 / 陈红、赵会

塔里木大学

景观营造河道及沿岸空间景观设计场域位于新疆天山南麓绿洲城市阿拉尔市内塔里木河的北侧，区段起始位置是塔里木河大桥处至塔里木河一桥处。

总体营造策略是：第一，强化栖息地：为绿洲聚落上的原生动植物群落营造高价值的栖息地；为在地居民和游客提供宜人舒适和文化并重的河川空间；能提供河道的生态服务功能，同时能兼顾低运行成本而丰满的景观。第二，水质提升：达到生态治水，修复和保护河道北岸至紧邻市内区段的生态系统；优化河道北侧沿岸公众空间，增加亲水活动的机遇；维护城市开发前的河道沿岸依地貌所形成的自然水文特征和控制雨水径流；响应"联合国可持续发展目标"和"中国 2030 年可持续发展议程"并配合阿拉尔市作为新疆南部地区城市跨越式发展。

"不期而遇"：时空视角下 西安市韦曲街区的重构与再生

作者／蒋芮苒、拓慧鑫
指导教师／冯扬
西京学院

城镇化背景下，城市空间的内部更迭和外部扩张进程加快，许多具有地域文化特征的城市街区空间遭到侵蚀、挤占或破坏，市井文化的记忆也逐渐消逝并被遗忘。伴随着越演越烈的千城一面现象，城市街区用地布局杂乱、公共空间稀缺、历史场所孤立、文脉记忆破碎等问题已成为当前社会的热点。

韦曲街区位于西安市长安区金长安广场附近，因其丰富的历史遗存、浓厚的市井文化而被人熟知。为打破街区当前面临的时空二元对立发展之困境，本方案在充分调研的基础上，遵循以人为本、开放多元、互联共享、环境友好、韧性空间的原则，分别从物理空间和虚拟空间两个维度，通过空间优化及网络媒介的重组，打开历史文本，解构传统本身，建立起充满开放性、多元性、包容性、趣味性和创新性的城市街区公共活动空间。

其中，物理空间重构方面，在保证街道历史文化完整性和原真性的基础上，重构并形成适应城市发展的韧性空间；而虚拟空间重构方面，除了传统的艺术表达手法外，新兴媒介技术可成为对接现实与虚拟空间的时间使者，传统文化与现代生活之间的关联不再拘泥于真实空间与设计实物，基于互联共享的虚拟空间成为人们重拾记忆的载体。

"桃源"在市 —— 城市综合公园景观设计

作者 / 孙若兰
指导教师 / 周鸣鸣
重庆工商大学

该场地的设计地点位于重庆市沙坪坝区陈家桥学府公园，依据重庆的地况及该区的发展情况，围绕"桃源在市"设计理念，提取当人们联想桃源时普遍认同和向往的代表性自然元素："群山环抱的村落""诗情画意的高山梯田""山谷间的潺潺清流""漏窗花影的曲水流觞""横跨山海的飞鸟"等，并结合场地对其抽象提取，形成各具特色的众多功能分区。景观园路曲线设计灵感来源于流动的水，柔和优美而生生不息，带着强大又温柔的包容力将自然万物融于一体，使整个场地营造的氛围感和谐统一。

同时在设计中进一步加强了河道两侧地块间的联系，拓宽功能性、流动性和土地有效利用率。针对多样化、主题化、生态化等多方面要素考虑，重点打造景观设施的互动参与性及趣味性，游览节奏重新调整，配合各年龄阶层使用人群心理需求，更好地打造景观细节。

延工业文明，续社区活力

作者 / 张旭冉
指导教师 / 许亮
四川美术学院

曾经的通州铝材厂肩负着工业生产的责任，其功能是承载着制造业的发展。现如今，随着社会发展和转型，这些已经失去其原有功能的厂区，逐渐沦为工业废弃地。本实践将赋予通州铝材厂新的生命力，将其的生产功能转型为城市开放性社区、休闲滨水区为一体的综合园区，同时在园区内将植入新的文化产业，使其在满足大众需求的同时可以为社会带来一定的经济效益。

本方案主要是研究旧工业厂区改造与周边社区的关系，试图探索出一条新的改造方式——以"社区营造"理念将旧工业厂区改造为创意产业园及城市开放公园于一体的创意园区。

寻梦古韵，心泊山口
——南宁市大塘镇山口坡乡村风貌提升设计

作者／王楠、关智勇、向婉婷、薛雅璐、王怀卿
指导教师／陈建国
广西艺术学院

　　山口坡位于南宁市良庆区大塘镇，该村落以历史传统民居、人文历史文化以及独特的当地民俗风情为主要特色。在对山口坡村容村貌进行深入研究后，总结归纳出建筑风貌和村内环境存在的主要问题，在设计中充分发挥山口的地域文化特色，打造古色古香之韵味，以"寻梦古韵、心泊山口"为设计特色。

　　充分考虑南宁市良庆区大塘镇的乡村现状，结合现状环境及具体情况，对山口坡传统村貌特征进行深入挖掘，分析核心问题，明确改造整治方向，在挖掘山口元素的基础上结合建筑布局、立面特色、村屯内各节点空间形态，重点对场地的景观绿化、建筑外貌等进行改造，并提出控制和引导。以期成功打造一个具有地域性特色的村屯景观，建设具有浓郁壮乡特色和山口文化的美丽乡村。

　　山口坡绿化景观提升以"生态性、本土性、经济性"为原则，设计充分结合南宁市的地域特色，协调场地风貌和环境，充分保留及利用原有绿化苗木实现绿化提升。结合场地内居民的活动需求，对场地进行功能定位，有效组织建筑室外空间与村屯公共空间的资源整合，结合现状建筑布局、立面特征确定重要景观控制点、轴线及开敞空间，对村屯内重要地段和景观节点进行修详设计。

Back To Nature —— 基于"以文相地"对未来城市社区的景观探索

作者／夏钧
指导教师／李貌、胡幸
四川旅游学院

　　基于"以文相地"的理论原则，在现代繁华的城市社区设计一片属于人类自己的区域用地。随着时代的发展、人口的增多，我们密切关注更加偏向规划的"人居环境科学"。在重庆旅游行业日新月异的发展下，许多小众景点被挖掘出来，而本次案例研究的马鞍山社区就是目前被挖掘出来的小众旅游景点。随着马鞍山社区被越来越多的人所知道，其基础设施不完善、旅游线路不清晰、建筑受损严重的问题就愈发明显。本次设计规划中把马鞍山社区划分成"八区五路十二点"，让当地人回到自己熟悉的那个马鞍山，让外地游客感受到马鞍山社区的本土文化。在保护社区已有建筑、景观的同时注重当地的未来经济的发展，重新塑造社区活动空间，让两者相辅相成。既满足当地居民的历史记忆和生活环境，也加快当地的经济发展与未来接轨。

"寻然"度假酒店景观设计

作者／周刚
指导教师／郑黎黎
成都大学

当人们困于城市，

就会想念自然。

物欲的生活指使人类破坏自然，

明亮的手机屏幕使人低头，不仰星空。

未来世界中自然与人类筑起钢筋水泥壁垒。

而走马观花的度假也得不到满足，

那么乡野、群落的度假生活

就会以野奢的方向追寻自然之梦。

项目基地位于成都市金牛区一环路北一段。项目基地北面和东面，均为成都市的老社区，人员复杂，声音嘈杂。西面为成都市实验外高，学习资源丰富。南面为一环路主干道，距地铁口300米，交通便利。由于建设历史悠久，原基础设施老化，周边绿化少，活动空间单一，道路不明晰，公共服务设施有待更新。本案围绕成都老城区背景下特殊儿童户外教育用地的种种不足，尝试从服务设施、道路规划、色彩环境行为三方面进行景观设计探索。

针对此现状，本方案通过千纸鹤的折叠形状，从不同角度进行转化演练，提炼出不同的道路设计，通过道路设计的介入，引入魔术块的组合方式，形成不同的节点，满足不同的需求以及不同的功能定位；根据特殊儿童对不同色彩的敏感程度，完成色彩搭配，塑造整体概念设计方案；通过折线与魔术块的组合，构成魔方广场，主要承载特殊儿童户外活动以及升旗仪式等户外课堂活动，健身康养区；通过不同的植物塑造完成植物疗养的循环，同时通过植物的疗养，提高特殊儿童对户外的感知能力以及提高免疫力。

阡陌共生——成都市特殊教育学校景观设计

作者／刘爽、彭欣、王菡
指导教师／招阳
四川音乐学院

黄湾中 艺术里——基于信息时代下文艺介入乡村可持续设计

作者／罗文曦、孙熠嘉、雷昕怡、刘子涵
指导教师／王娟
西安美术学院

在"十四五"规划下重点实施发展乡村建设行动，以及《在黄河流域生态保护和高质量发展座谈会上的讲话》所提出的保护黄河生态行动的前期下进行场地设计。此次设计场地在甘肃省白银市平川区黄河流域上游小黄湾村内，黄河将境内地形分为西北与东南两部分。乡村以古遗址古渡作为旅游发展的方式，我们以艺术介入探索东方理想环境观作研究，从传统山水画元素"境象"元素入手：一方面以自然山水"象"的设计，以艺术介入，从"居游望行"四点融合进乡村设计，发掘未来的可持续发展性；另一方面"境"的建设在信息化时代下利用不同人群与场地的关系相互传播，更好地将乡村动力活化。

整体设计从现有问题入手和黄河生态的发展相结合，与渡口相互作用，优化当地黄河生态系统与人居交通关系。保护当地脆弱的生态系统，缓解与黄河风景带的矛盾关系，在原有部分场地上实现人地分离的环境保护方式。在村内环境的逐步发展中使艺术下乡，加入艺术家工作室设计于小黄湾村中，因不同人群的加入也更加注重环境、公共空间、功能区划分的内部设计方式。从环境及人居两点同时进行发展设计。

最后针对场地与黄河的关系，从场地与生态、场地与艺术的融合入手。实现艺术介入乡村、乡村振兴、黄河生态保护的长久发展，以此来活化小黄湾村实现乡村新发展。

空间的延异——袁家村自组织视野下生态景观微更新

作者／常云凤、王茜、付凌云、李智飞
指导教师／海继平
西安美术学院

我们的设计方案将围绕"空间的延异"对袁家村的生态景观环境进行微更新设计。通过对文化态营建、生态性营建、基础设施等软硬件的建设设计手段，如小型湿地处理池、植物园净化系统、人工湿地、部分无利用区改造的生态停车场等，利用自然高差与地势不同进行设计，形成主次分明的乡村生态景观节点，提升空间形态的多样性，以达到乡村空间延异系统良性发展。并希望通过良好的生态性激发自组织在乡村营建过程中的作用，能够以村落为整体，依靠内部村民自发组织，合理选取自身发展形式，最终形成一定规模的、稳定"延异"秩序的乡村空间系统，完善景观环境组织形态和管理机制。景观环境组织、社会组织与乡村的规划、建设存在密切的关系，推进村落自身的管理、运营、建设良好的景观秩序是乡村能否良好发展的关键。

以自组织视野为切入点，在宏大的历史文本中定位时间的"延"和空间的"异"，于历史语境下探讨人与空间建设、生态景观关系之间的关联，适应时空重构人与乡村景观空间的关系，还原乡村的原真性，把握乡与城之间延异的空间边关，达到人与空间环境的协调，希望精准地把握村落发展演变的内在逻辑和规律。

新疆景区葡萄架改造设计

作者 / 白雪
指导教师 / 李群
新疆师范大学

本次设计以吐鲁番景区葡萄架改造为主要内容，合理规划葡萄廊架空间，提升葡萄产园的样貌，突出吐鲁番特色，充分利用吐鲁番葡萄沟作为全国 AAAAA 级著名旅游景区的特殊地位，依托吐鲁番地理位置、区位优势和全国最大的葡萄产业的影响力，发挥"中国葡萄圣城"优势，结合吐鲁番民族特色和源远流长的葡萄文化，打造以葡萄为主的精品旅游产业，带动吐鲁番旅游产业发展，宣传了吐鲁番独有的民族特色和葡萄文化，可以更有力地促进吐鲁番地区经济发展。

晨熹乐游：基于海绵城市的儿童五感折线空间概念设计

作者 / 欧阳泽菡、聂玉静、郑越人、黄鸿杰、王盈
指导教师 / 余玲
云南师范大学

该设计位于江西省庐山市白鹿洞镇，坐拥自然地貌，山清水秀，风光旖旎，在充分分析场地周边环境的基础上，尊重场地现状，保留优质的现状绿化，临近白鹿洞书院，汲取"白鹿洞书院文化"，同时挖掘庐山市"万年稻文化""江西梯田"等融入景观设计的思考，主要使用折线设计手法，以儿童五感发展为考虑重点，力求解决儿童友好文化型幼儿园景观匮乏问题。

重新进行建筑和景观节点设计，注重植物的选择、折线与色彩的应用，着意营造轻松幽静氛围的同时，着重于儿童五感的发展培养，将形式美融入功能需求，为师生和家长、游客创造自然优美、多元丰富、舒适的室内外休憩空间，满足儿童各种娱乐教学成长需求，简洁的折线符合现代的设计审美，将空间巧妙地划分，融合海绵城市的结构概念，满足绿化的同时将周围的景观自然而然地融入空间设计。

艺潮 —— 江水起伏与艺术潮流的空间共奏

作者／胡煜宇
指导教师／陶涛、薛威、郭晏麟
四川美术学院

重庆是一座山川环抱、山崖叠嶂的城市，也是一座历史文化名城。重庆滨江带既有良好的河流景观资源，又有多样的自然景观，是展示市容市貌、体现城市活力的重要窗口。九龙坡坐拥深厚的人文韵味和艺术气息，但有一个还未被重视的九龙港滨江带，因此设计旨在让九龙滨江"活起来"，并作为"九龙美术公园"的滨江入口。该设计分为三条主线：江水涨落自然分层、艺术潮流符号注入活力、能量步道提升参与感。三者共同打造出具有艺术活力的滨水带。

黄土边尘，颜生无界

作者／高伟泽、曹曦庭、谢思雨
指导教师／李媛
西安美术学院

此项目选址为榆林定边的一个废弃自来水厂，但并不局限于场地内，而是利用多个废弃空地，连接设计以面到点扩散型空间。设计目的是通过合理利用场地，重新进行在地设计，赋予场地活力。设计内容结合当地居民需求，自然气候条件，本土文化元素，进行实用性，多功能庇护型景观设计。

设计核心是以当地文化属性，生活习惯，环境特征，对场地内的设施和空间的改建和处理。使场地周边地区的居民生活更加舒适。提高场地的使用率，促进人群活动，从而激活城市活力。场地规划运用了定边盐湖和丹霞地貌的元素，设施设计结合当地民俗文化，例如建筑特色、陕北剪纸、当地植物特点等。自来水厂的老水塔，是定边老城建筑的遗留，四十多年间哺育了定边城镇十余万人口，是县城百姓的用水枢纽，象征着城市用水的阶段印记，也是城市工业发展的见证；厂内还有部分房屋建筑和设施设备，是工业文化的一种遗留，具有文化再利用的价值。

大英县海灵公园设计

作者 / 白喻萍
指导教师 / 万蕊
四川农业大学

　　海灵公园位于四川省遂宁市大英县城区，周边多居住用地。海灵公园作为城市居民享受自然、追求欢乐、体会恬静生活的公共空间，拥有便利的内部交通流线、稳定的景观结构、完善的配套设施和丰富的空间体验。公园主路成环，主路承担着步行、骑行的功能，各个节点之间的流线清晰，支路串联整个场地，让场地更加整体，滨水游步道增加了公园的游览乐趣，别有一番游玩趣味。海灵公园三个入口相连构成公园的景观轴线，景观节点分布合理，疏密得当，公园的视线较为通透，却不简单，做到了有景可观，处处都吸引人们去观赏。"海文化"体现在公园的各个方面，由海浪的形态组成中央活力区、亲子互动区、观赏游憩步道等。灵动的公园，处处体现着"海之阔、海之净、海之动"的主题，成为居民们的一方天地。

室内设计作品
Interior Design Works

"食"空折叠
—— 互联网背景下的高校食堂空间整合设计探索

作者／王敏敏、马沅影、刘梦石、李瑜莹
指导教师／周维娜、丁向磊
西安美术学院

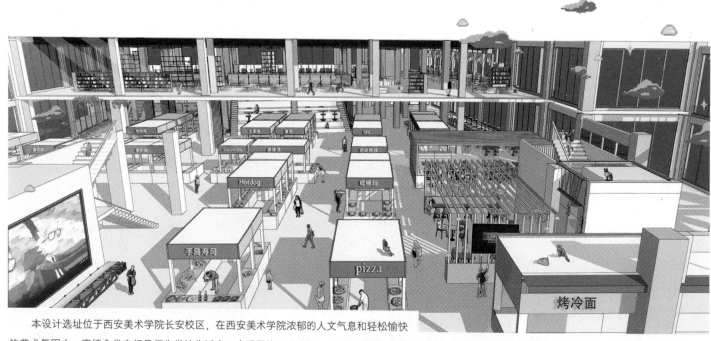

本设计选址位于西安美术学院长安校区，在西安美术学院浓郁的人文气息和轻松愉快的艺术氛围中，高校食堂空间是师生学校生活中一个重要的活动空间，当前传统高校食堂单一功能的理念已经不能满足新时代校园空间发展的需求，由传统的单一食堂功能逐渐转向了多元化、复合化发展。

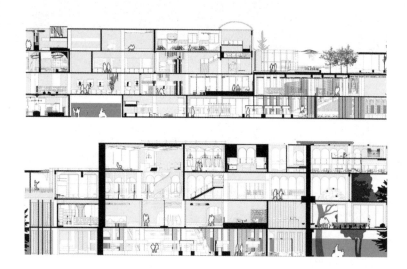

以"食"空折叠的理念为核心，本设计利用解构手法，并引入"互联网+"概念，将食堂空间分为餐饮、休闲、娱乐空间三个部分，并分别满足食堂在不同时间段的使用率，食堂餐饮订餐平台。订餐平台与食堂进行有机结合，整合了传统食堂中食堂空间有效利用缺乏问题，极大地提高了高校食堂使用率，满足学生在用餐之外的其他空间，利用食堂作为多元活动的空间。

对空间与时间进行折叠，满足师生基本生活需求，同时重视学生情感文化需求。加上叙事性设计（Narrative Design）线索，融入系列概念，提升空间艺术氛围，打造一个多元、开放的校园餐饮空间，给身处其中的学生一种温暖有趣的归属感。

回巳
——兰州创意文化产业园旧厂房再生文化空间探究设计

作者 / 洪佳琦、陈赟宇
指导教师 / 周维娜
西安美术学院

银奖

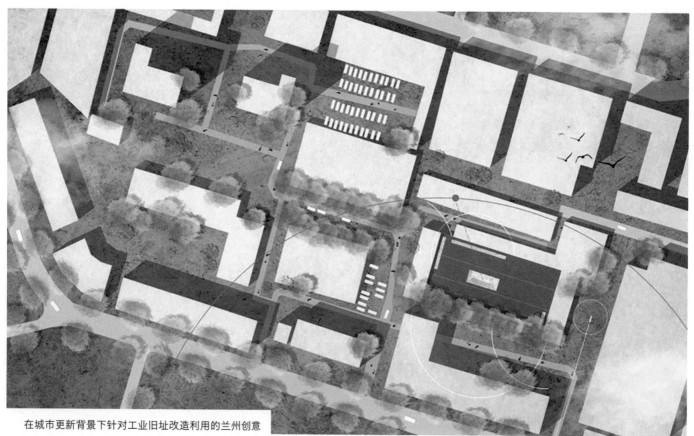

在城市更新背景下针对工业旧址改造利用的兰州创意文化产业园，二次更新改造设计及园区产业转型升级，以解决园区产业活力不足、缺乏新型文化创意产业等问题。

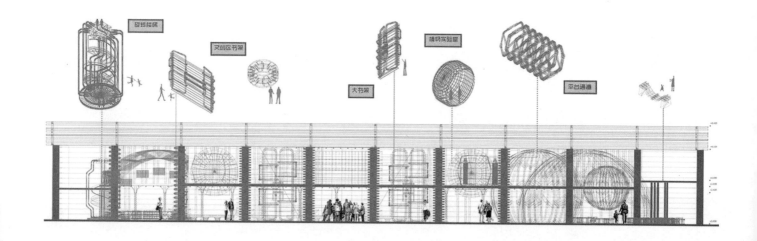

通过大量调研，针对周边社区和学校聚集的现状将旧工业厂房改造为针对青少年及儿童人群实践体验型复合型书店，更好地满足人群在空间的体验与交互。

将文化注入旧厂房，发展新文化消费产业，打造兰州创意文化产业园特有的新文化消费超级 IP，更好地完成园区旧址产业上的绿色转译。

迈向新医疗
—— 基于去中心化理念对未来医院空间设计研究

作者 / 杜达宇、张浩、翟鑫成、贾云卿
指导教师 / 丁向磊、周维娜
西安美术学院

银奖

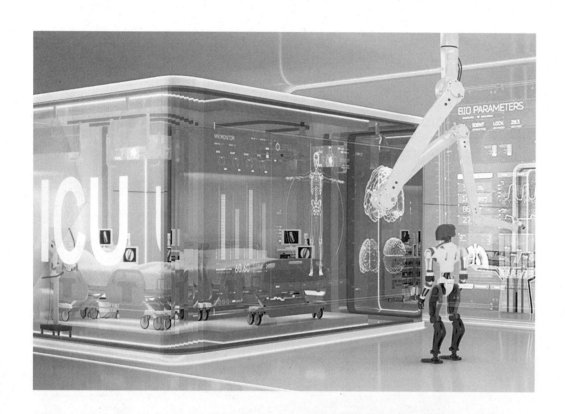

在未来,医疗领域的数字化、网络技术不断地成熟与应用,并逐渐分割、瓦解传统医院空间,去中心化组织模式下的医院空间应运而生。

我们对医院历史进程整理和研究,用推理、论证的方法,探讨未来去中心化的超互联时代、医院的看病方式对医疗教育的启发,医疗空间发展的可行性随着超互联时代和新的诊疗技术的到来,探索当下医院空间解构、重组方式的可行性,以及对于如何去平衡社会医疗资源问题进行探索,是我们本次设计的主要内容。

凛冬将至 —— 未来极寒博物馆设计

作者／晋静
指导教师／李媛
西安美术学院

全球变暖的当今，出现越来越多反常天气与自然灾害，作者以此为背景，构想持续变暖的气候最终导致极寒天气的到来，此时人类的生活环境和居住空间是怎样，现在的我们又该如何行动。

序厅：以导入大背景的方式，引导观者进入设定的背景环境，循序渐进地达到沉浸式体验，铺垫观者情绪，更易理解展厅主题理念。冰厦厅：工业城市的框架背景下，引入寒潮带来的极度空间，踩在地上瞬间消失的脚印、破碎的冰裂、荒废不堪的冷漠城市，并不需要太多的人流规划。 这是一座任你自由行走的空城。雪迹厅：通过互动的体验形式，在极寒环境下，连生命力顽强的绿植也只能以动态媒体的形式存在，令人反思。寒源厅：将造成严寒气候的原因为主题，探索自然原因和人为原因。在冷灰调的空间中，利用交互手段与观者产生互动，使观者参与并探究现象的成因。冻释厅：冰块逐渐融化，阳光从镂空建筑中透出，是生命的气息在昭示着未来，全球变暖导致的极端天气并不是人类毫无根据的设想，而是切实发生在我们周围。利用融化的方式让人们回到当今时代，回暖的气温使人舒适，并且领悟到环境保护的重要性，为了让未来更加美好，献出一份力。

腐草为萤 —— 新场古镇古法腐乳体验馆设计

作者 / 白蓝天
指导教师 / 卢睿泓
四川旅游学院

新场古镇位于成都市大邑县，古法腐乳体验馆位于新场古镇上街，新场古镇具有"最后的川西坝子"的美称，其唐场豆腐乳更是名誉川西。首先对体验馆选址民居进行空间形态重构，解决古建筑构造与现代化场馆需求匹配性问题，以川西民居"前店后宅"布局设计前院展示空间，中院体验空间，后院休憩空间，满足游客心理动向需求。充分利用互联网时代条件设置预约体验及个性化设置，丰富游客体验，并探讨传统民间手工艺在当代的传承模式及未来发展之路。

再生与未来

作者 / 黄珊
指导教师 / 林建力
四川大学

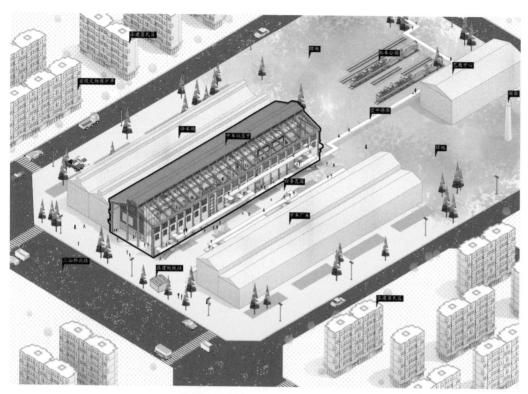

随着中国的不断发展，许多建筑被产生，但也有许多建筑被遗弃。特别是一些旧工业建筑——工厂会随着城市边界的扩展而搬迁到更偏僻的地方，与此同时有很多厂房被空置、被废弃。而位于中车共享城的中车成都机车车辆有限公司的厂房正是如此，因为拆迁所导致厂房空置，一切都处于百废待兴中。

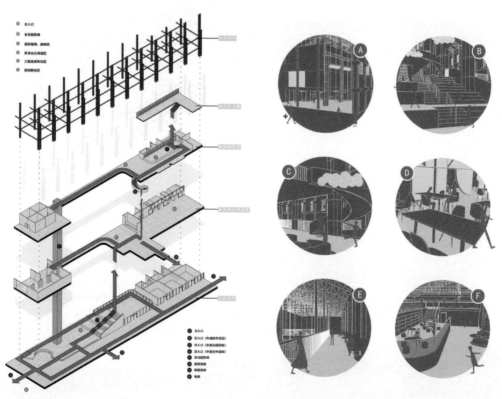

　　提及成都的旧工业建筑，人们就常常联想到东郊记忆，说明那里的改造
比较成功。但中车共享城呢？这里也属于东郊记忆艺术区，也有大型的厂房，
也有丰富的艺术装置和涂鸦，但却是门可罗雀，只能被称作小众拍照打卡点。
这是为什么呢？于是我进行了实地调查，希望能发现其中的问题缘由，从而
对废弃旧厂房空间实施改造。

滨江之眼

作者／冉峰、代齐、杨鹏旺、黄仕香
指导教师／高小勇、张丹萍
重庆文理学院

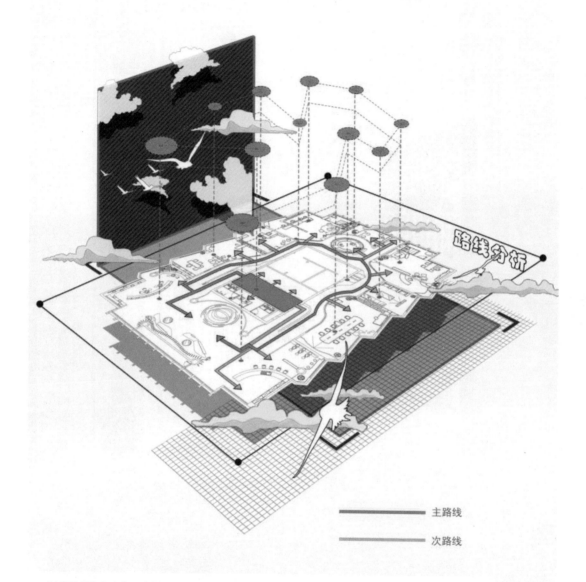

主路线

次路线

　　以维持外物与内在、个性与原生两两之间的平衡为前提，探寻空间使用者超越物质的精神诉求。通过对动线、材料质感、构成造型、艺术设色的深入考究以及点线面的设计手法，加以艺术赋能、情绪路线组织场景手法的介入，提升群众对空间艺术审美的口味，使得空间与空间之间、人与空间之间形成对话，产生共鸣。

　　加之本身具有生动活泼的"流线"和无限衍生的"球体"元素又植入其中，模糊了空间限定界限，扩大了空间的可操纵范围，并在其中摆脱了部分实用主义，使得实用空间与艺术空间达到完美的融合，空间的内在联系也得以更加深层次的体现。

百益·百食坊 —— 百益上河城厂房改造

作者 / 欧际杰、於果、陆昌立
广西艺术学院

铜奖

　　该设计为百益上河城的厂房改造，以 B2 栋远厂房为载体，将其改造为特色餐厅。该方案为工业风餐厅，以灰色调为主，令其充满了复古感，这象征了旧建筑的岁月文化，同时又结合现代的设计手法及鲜艳色彩的结合点缀，使其形成反差感，无不凸显出冲击感。

　　在建筑的外观和结构上将最大化地保留原有的建筑风格，结合当地的地域文化提取线性元素融入其中，增添了空间的流动性，使之更具有冲击力。整体空间布局较为宽敞，这也迎合了疫后时代的隔离效果。坚持可持续发展的理念带入设计中，厂房改造可以持续建筑的利用，这也体现出了每一个设计中都富含特有的地域特色。

城市之间 —— 当代青年居住空间的自我归属

作者 / 纪雨村、傅慧雪、杨浩立
指导教师 / 周维娜
西安美术学院

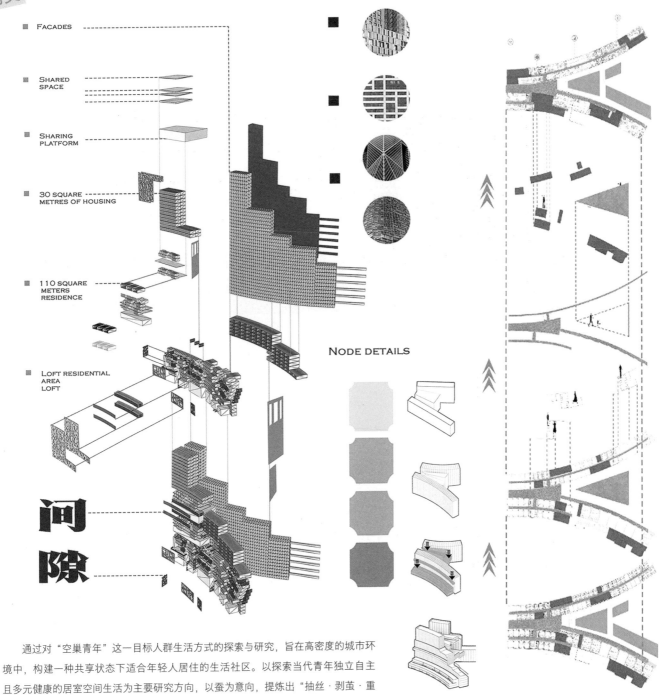

- FACADES
- SHARED SPACE
- SHARING PLATFORM
- 30 SQUARE METRES OF HOUSING
- 110 SQUARE METERS RESIDENCE
- LOFT RESIDENTIAL AREA LOFT

NODE DETAILS

间隙

通过对"空巢青年"这一目标人群生活方式的探索与研究，旨在高密度的城市环境中，构建一种共享状态下适合年轻人居住的生活社区。以探索当代青年独立自主且多元健康的居室空间生活为主要研究方向，以蚕为意向，提炼出"抽丝·剥茧·重生·间隔·交织·纠缠"等概念，并以此展开设计，象征着人与他人的关系都像一张隐形的网将彼此分割又关联在一起。最终呈现一种以独立自主为基础的共享生活模式，同时建立一种新型居住理念的概念设计，以满足当代年轻人的居住需求。

老吾老 —— "抱团式"创新养老空间设计

作者／宋欣蔚、郑梦琪、付叶萱
指导教师／张豪、石丽
西安美术学院

在"未富先老"的社会环境下，变被动为主动，使老年群体自发组合形成积极交往圈子的养老模式，实现资源共享。在城市中提供一个"家"的空间，身心能够得到栖息，活动交流更加便捷，为老人创造更多的交流机会，让老人感受到社会交往中的生机与活力。

抱团养老，也就是同一时代的人们历经沧桑后又重新聚集在一起生活，相比于和子女在一起会更加自在，在岁月的洗礼下，同样记忆的一辈老人，总会有许多聊不完的共同话题。

康养 + 模式下适应性综合体空间设计

作者 / 孙亦凡、陈元苗、邹紫婷
指导教师 / 周靓、胡月文
西安美术学院

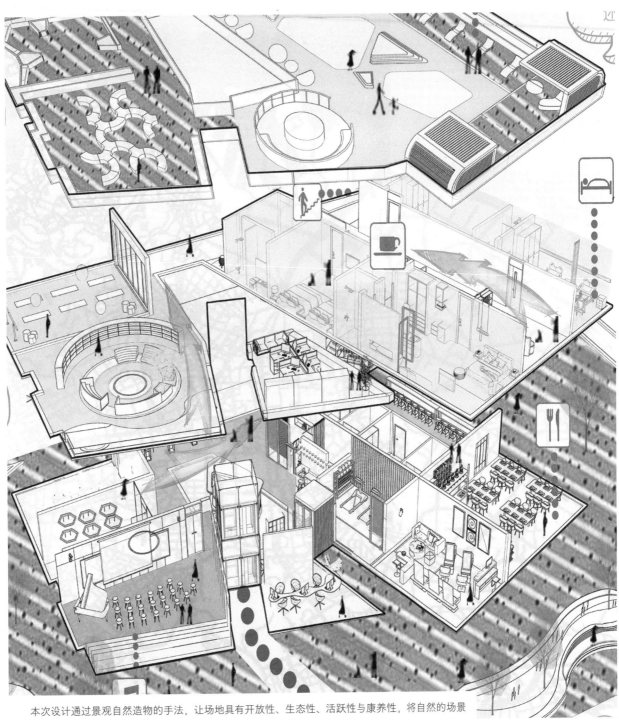

　　本次设计通过景观自然造物的手法，让场地具有开放性、生态性、活跃性与康养性，将自然的场景归还场地，传达人性的关怀。既是鼓励自然与社会亲密关系对话的实用场景，又是使人们康复的疗养空间。在满足不同人群使用功能的同时注重加入绿色康复系统，并局部引入园艺疗法，将疗养、沉思、康复、活动等特征纳入整个设计。

重·构 —— 传统茶文化在现代空间中的延异设计研究

作者 / 沈理
指导教师 / 余毅
四川美术学院

铜奖

　　道法自然的精神境界与茶虚静、恬淡的品行相契合，设计理念主要是将传统与现代的结合，在材料的选择上，由重到轻，由实到虚，采用木材、竹、混凝土等材料的结合，共同塑造了这一空间。以朴素的材料和现代的方式建构了传统的中国饮茶空间，并且在空间中不断探索，如何将室外景观引入室内，在私密与公共之间建立多层级。

　　茶室整体为现浇钢筋混凝土结构，外立面主要采用了大落地玻璃，露出建筑本身的骨架，当阳光穿透玻璃射入空间中，随着光影的摆动，万物似乎拥有了生命，斑驳的树影，静谧的佛像，灵动而美妙，此刻时间被无限延长，犹如一场心安气足的经行。

FLEXIBLE SPACE 可变空间 —— 川美设计楼 A\D 栋顶层及平台改造

作者 / 肖妙笛、薛诗凡
指导教师 / 方进
四川美术学院

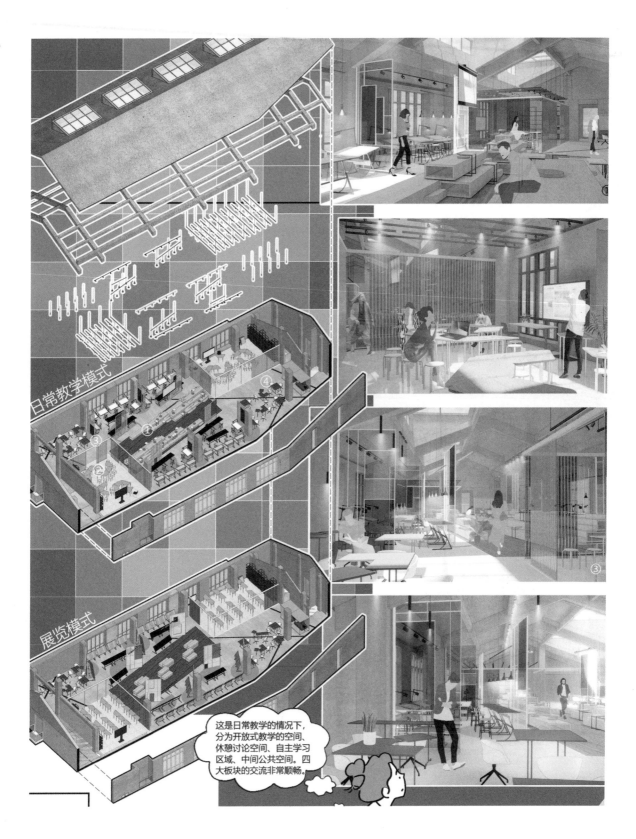

这是日常教学的情况下，分为开放式教学的空间、休憩讨论空间、自主学习区域、中间公共空间。四大板块的交流非常顺畅。

轨记 —— 重庆九龙坡区铁路文化主题水吧设计

作者 / 步巧萍、洪秀玲
指导教师 / 余毅
四川美术学院

铜奖

位于九龙坡区黄桷坪附近的铁路村，曾经车来人往，热闹自不必说。这里曾经是当时重庆唯一的火车站，是重庆最重要的交通枢纽之一。时过境迁，铁路村已不复当年光辉，周边的部分轨道已废弃，现吸引了一批又一批游客前来打卡。铁路村昔日荣光不再，但铁路文化承载着铁路村的岁月与回忆却不可磨灭。

文化再生的关键问题——如何把握历史文化传承，处理好"新"与"旧"的历史延续及社会经济发展的关系。本小组从"铁路文化"作为切入点来入手水吧设计，探讨如何用设计来营造具有叙事性、历史亲切感的场所精神，唤起人们对往昔铁路村铁路文化的回忆与思考，以及如何用现代的手法演绎历史的文化元素，让铁路文化精神与内涵重获新生。

入木·三分

作者 / 向明珠、杨鹏旺、黄仕香、邓左琼
指导教师 / 张丹萍、高小勇
重庆文理学院

本案在索求木雕传统艺术与现代装饰艺术的和谐与共生、发扬与传承。将文化创意理念为核心的文创思维与木雕碰撞出非物质文化遗产的一条生命线。在空间设计上，本案采用了"镂空"的手法在建筑中心打通一、二层，以圆形为链接方式设计一部既可以休闲观赏又可以承担通行的多功能楼梯，本案围绕楼梯为主要亮点结合木元素进行设计。

外部主通道设在二楼入口处，二楼主要空间布局有展示区、工作坊体验区、前台接待、休息区、仓储区、办公区。一楼通道主作出口，一楼空间布局设有展示区、科普区、休息区、仓储区、卫生间。设计主要以年轮元素，用圆滑的弧形设计空间，主要采用原木装饰，以现代简约的空间风格链接传统艺术。

鹿·溪

作者 / 成棋
指导教师 / 曹洧铭
西南财经大学天府学院

铜奖

　　随着社会经济的发展，高层住宅建筑底层闲置空间可以为居民提供一个舒适的邻里交往空间，有效地缓解居民邻里关系紧张的氛围，成为居民广泛使用的空间。本文以鹿溪河畔小区为例，针对其分区围合式布局，运用景观开放设计与室内半开放设计相结合地利用部分架空层进行改造设计，分年龄段、功能及用户需求设计活动空间。

　　架空层主要为规则的矩形空间组成，开放与半开放空间、无障碍公共空间相配合，架空层室内与室外既有隔挡也有相互联系区域，既分割了视线也连通了感官，墙与墙之间形成的小型空间将不同的功能区域分割开来。架空层空间具有一定的过渡作用，以融合室内外为目标，在一定程度上弱化了高层建筑内外边界感与封闭度，使两种空间类型成为一个完整的有机整体。

　　以现代年龄划分标准将活动功能空间分为：儿童共享空间、青年共享空间、老年共享空间，每个年龄段都有适宜于自己的活动空间与场所，减少了不同年龄段活动间的代沟，增加同龄人之间共同爱好，加强了住户之间的交流沟通，进一步促进了邻里之间的友好关系。

　　其活动空间区域的主题又主要分为：童趣乐享、休闲畅享和阳光颐享，孩童时期主要是智力的开发与兴趣的培养，环境的造就对自身性格的养成有较大帮助，青年时期学习与工作的压力较大，需要的是一个放松心情与锻炼身体的区域场所，而老年时期需要的则是更多的陪伴与颐养身心。

川剧艺术中心演出厅室内设计

作者 / 郭石仙
指导教师 / 胡剑忠
西南交通大学

　　近年来，随着生活水平的不断提高，人们不仅对物质要求有所提高，同时也对精神和心理需求不断提高。对文化价值和艺术价值的追求日益攀升，在这些传统文化发展的背景下，川剧便成了四川人民不可缺少的文化价值追求，是文化价值与艺术价值的统一，更是中国文明和文化的重要体现，同时也为中国的文化传承奉献出一份属于自己的力量。川剧不仅具有丰富多彩的剧目，川剧的人物更是情感丰富。

　　川剧的艺术价值之最是川剧的脸谱造型丰富，表情夸张狰狞，以及服饰的色彩多变，极具艺术表演性与观赏性。在这种文化价值的传承下川剧的演出厅作为川剧传承的载体也是必不可少的，也应与现代化的发展相衔接。川剧博物馆、川剧艺术中心这种作为川剧文化传承的载体也应与时代的进步而对其进行新的设计。

一禾 · 绿延

作者 / 马海超、刘龙星
指导教师 / 张灵 、杨轶然、钱禹成
玉溪师范学院

本案以空间的延伸为基础，对传统的空间进行延伸，加上生态循环概念，在设计中我们强调生态自然，可循环性发展。我们对原有自然环境进行保留。对生活用水和自然降水进行回收处理。

大理属高原型西南季风气候，气温偏低，昼夜温差大。大理的大部分地区冬暖夏凉。年平均气温在 12.6 ~ 19.8℃，因昼夜温差大，所以我们使用竹木热蓄墙的方式来保证室内温度的稳定。增加入住者的建筑体验。当地降雨丰富，我们采用雨水收集系统和污水净化系统，增加可循环性，既可以缓冲降水，又可以合理利用雨水中水，节约成本。同时对洱海进行保护。整个建筑中庭通透，可引入更多的自然风，使室内更加舒适。

埊——民宿设计

作者 / 郭郑龙、李岐、丁铎、周诚
指导教师 / 张一凡
云南艺术学院

铜奖

　　"埊"字上林下土，是民宿的象形含义。驻扎于山林之中，竹林之中，生于山，扎根于山。设计概念源于一个乡村场景：蓝蓝的天空、无垠的田野、蛙声蝉鸣、树荫下空气的芬芳沁人心脾。它吸引你靠近、驻留，或憩息，或玩闹。寒来暑往，你能感受到它的庇护，也能感受到自然的力量。

傣族工艺坊

作者／苏梦、简妩霁、林永耀
指导教师／杨春锁、穆瑞杰、张一凡
云南艺术学院

铜关

"自然是厌恶直线的"，这句话出自 18 世纪英国园艺家、建筑家、画家——威廉·肯特。艺术体验馆以廊道的形式作为场馆人流集散空间，在功能上考虑到不仅只有通行，还具备游客接待、观景、休息、文创体验和购物的功能。让游人感受江水、树木、鸟类的时间，得到身心的释放。

突出表现傣放园澜沧江畔地区的植物资源及鸟类资源，以契合生物多样性的主题方向。并且融合当地民族文化，提取民族文化中对生物保护和环保的理念。以自然材质体现，在颜色和纹理上营造出亲近自然的景观氛围，也能在一定程度上增强景观的整体视觉观感，营造梦幻的景观氛围，增强游人的探索欲。

重塑京鸭

作者／吴柳红、秦鸿源
指导教师／余毅
四川美术学院

铜奖

　　该项目是位于重庆永川的北京烤鸭餐饮空间设计，结合重庆印象去体现北京烤鸭，将重庆具有代表性的红色、木色运用于空间中。随着我国经济的不断发展，餐饮文化受到现代化的冲击，本设计力图探索一种符合当下饮食经济、时代潮流的餐饮空间设计。

　　在餐饮文化的体现上，将提取餐饮文化的具象元素，抽象演变在空间中，使空间形成抽象与具象交替的空间设计。将烤鸭身上的特征演绎贯穿于整个空间中，将整个空间串联为一体，让游走在空间中的人们，从视觉、嗅觉、味觉来体验北京烤鸭独特的魅力。

觅巷 —— 老成都特色川菜餐饮空间设计

作者／王颖、秦鸿源
指导教师／黄洪波、余毅
四川美术学院

为契合成都春熙路潮流年轻化的消费氛围，以及体现川菜馆的集市感和成都特色，并能够贴合周边建筑环境的风格，我们提取老成都街巷中的元素，在空间上营造走街串巷的体验，在材质上选用了混凝土和木材的结合，以及采用竹编等成都特色民艺。此设计项目为三层餐饮空间，其中在一层设有散座、卡座以及川剧表演区，二层为包厢，三层是小型宴会厅。

铁迹逢源 —— 铁艺文创空间改造设计方案

作者 / 冉锋、代奇、张远连、黄柏林
指导教师 / 高小勇、张丹萍
重庆文理学院

迄今为止，传统文化仍然潜移默化地影响着我们各类人群，但人们对于传统艺术的了解却没有维持好二者的平衡，乃至具有年代感、沧桑、厚重感的铁艺文化也埋没于其中，无人问津。正基于此，运用传统与现代、现实与虚构、理性与感性的综合表达形式，再辅以一定的人文色彩、美学体验，打造一座神秘与仪式交织，极简与艺术相融的铁艺文创展销馆，成为我们方案的创作初衷。

空间内我们采用的与铁艺坚硬属性相对应的体块作为主要元素，通过它的穿插、错叠、交织衍生出多个分镜场所，营造出空间对话的氛围。加之电影情节叙事手法的介入，使得空间情感的表达得以充分体现。

凡市 —— 重庆市渝北区和盛街社区示范段改造设计

作者／余文玉、祝唯嘉
指导教师／方进、余毅
四川美术学院

铜奖

　　老旧街区是城市文化积淀的呈现，是城市记忆的主要储存载体，具有文化记忆、历史研究及物质遗产等多方面价值。此次设计着重于重庆市渝北区和盛街风貌的更新及改造等问题进行探究，尝试对旧街道的景观环境和建筑外观进行改造，重点是在室内设计中寻求与整条街道相符合的设计元素，希望在城市现代化的语境下，探索人们对于这条 20 世纪 80 年代曾繁荣的街区的怀旧记忆。

　　此次设计希望建立一个以音乐集市为主体的场所，依据音乐集市的要素布置周边场所的功能，在设计周边景观与设施的同时将所选区域内的旧街店铺进行室内设计。更新以往对旧街区单一改造再利用的设计模式，利用该场地地形的起伏，呈现独特的城市风采，形成富有魅力的场地内涵。

安庚艺术酒店空间设计与实践

作者 / 韩雨谦
指导教师 / 许娟
西南民族大学

铜奖

　　酒店对于很多城市而言是城市的客厅，是城市的代言人。酒店的设计体现了一个地区的实力以及影响力，同时展示着这个地区的文化和魅力。如今的酒店承载了多元化的功能，是来往旅客、商务人士以及国家元首休闲、交流、开展重要会议的重要场所。和机场、车站类似逐渐成为人们到新地区的重要印象，成为城市和地区经济、文化上的一张名片。

　　近年来城市旅游景区里的休闲小酒店逐渐偏艺术、有趣、年轻化，类似这样的酒店空间设计中采用的"重软装，轻硬装"的设计手法已成为一种流行趋势，吸引各地旅客打卡入住，同时带动了该景区的客流量和价值的提高，丰富了人们的生活之旅。

Young Power "重生" 艺术书咖

作者/余芳、申苗妙、李婧羲
指导教师/张倩、黄洪波
四川美术学院

铜奖

　　随着我国建筑行业的飞速发展，旧改已经渐渐成为当今建筑设计的主旋律，旧建筑改造再利用成为一种发展趋势。在城镇化迅速发展的当下，在避免大面积拆毁的情况下，旧建筑改造成为其主要解决方式，在保留原有的建筑框架前提之上，通过对空间功能和流线重新进行规划设计，使其符合新的项目定位需要。

　　根据原场地的框架、地形保留，进行了全新的项目设计，由原本的兵工厂改建为艺术书咖，针对工业风设计将现代风貌与旧工业风貌进行交叉融合。重庆洋炮局现今主要发展的三大业态引擎分别为艺术中心、音乐之声和潮流文化。我们选题为艺术中心。

龙泉湖社区养老公寓公共空间环境设计

作者 / 贺思萍
指导教师 / 万国
成都大学

随着社会老龄化的加剧，越来越多的当代新青年也开始关注养老公寓公共空间的环境设计，并对于其未来老年生活环境进行基本了解和设想。

龙泉湖社区养老公寓公共空间环境设计则是为了满足当代年轻人的新时代思想以及对于老年生活不一样的理念变化，从而设计一个适用于当代新青年养老公寓公共环境的设计，打造一个新颖时尚的公共空间环境。既能满足传统的老年生活需求又能够在空间中找到与时代发展相适应的经营模式。

在空间中设立的再就业点，则是想通过丰富其日常生活的同时满足长者们对于自己理想生活以及儿时梦想的再次追逐。解决当代独立青年在未来退休后的心理落差和孤独感，扩展其老年生活圈，给予他们更多的归属感。

智能化高速服务区设计 —— 枢

作者／张瀚文
指导教师／吕然
成都大学

服务区模式随着时代发展而改变，智能化的实际运用体现，以及区域化文化传播逐渐成为服务区改革要点。本设计对过往服务区进行分析与回顾，吸收先进服务区理念，再结合对未来服务区的畅想，以智能化高速公路服务区为研究对象，促成高速公路服务区从建设的设计理念、总体布局、设施及规模、内部功能设计等迈向智能化服务综合体的转变。从人车分流、室内室外空间关系两点入手，设计营造一种更加智能，愈加高效、舒适、绿色的高速公路服务空间。从规划和设计两个层面，介绍了以人为本和智能化理念在规划设计中的具体体现，对于科学规划、设计服务区，构建和谐的人、车、路环境进行了初步的探索，重塑高速公路服务区新模式，对推进智能化高速公路整体建设与发展有所启示。

本课题是就目前生态文明建设，特别是绿色出行、智慧化服务区的探讨，同时提倡人车分流的科学交通理念，改善服务区环境，提高未来人们出行质量，为城市未来智能化出行贡献力量。

HL 电竞空间概念设计

作者 / 李泽彤、郝宇文、陆秋娜
指导教师 / 蔡安宁
广西民族大学

电竞科技慢慢进入了更多人的生活事业，成为一种追求个性、向往自由的工作方式，HL 电竞科技馆并不是单纯的办公空间，它是具有灵魂的，与使用者之间存在的一种双向互动的关系。HL 设计集中体现了人的行为心理，从人的心理物质需求及行为特征出发，全新构造一条镜面、虚实、科技的办公空间道路。而我们设计的 HL 电竞科技馆，是具有落地窗以及个性的灯光，加上镜面二次元，让使用者将精神和身体双重沉浸在空间里。

茶趣·共享

作者／陈文靖、苏盈予、李清清
指导教师／黄芳、黄嵩
广西艺术学院

随着经济的发展，年轻一族大多数生活在快节奏的都市生活中，据《中国人健康大数据》显示，我国亚健康人数超9亿，青年白领群体中高达76%都处于亚健康状态，年轻群体对饮品的健康要求十分强烈。而茶是具有保健功能的，在消费升级的大背景下，年轻消费者对茶的关注度大大提升。调查显示，20～45岁的群体中，40%的人有喝茶的习惯，所以茶文化应当与时俱进，逐渐大众化、时尚化。

慕兰居 —— 川西农家乐餐饮环境设计

作者 / 李丽萍
指导老师 / 冯振平
西华大学

本次设计选址在乡村旅游示范村——郫县友爱乡，以发展友爱乡地方特色农家乐为出发点。在设计中把握主题文化线索，体现以人为本的设计原则。从乡村民俗的状况和消费对象的需求入手，在其主题打造、功能布局和材料的运用中强化地域元素，以"住农家屋、吃农家饭、干农家活、玩农家乐"的民俗风情为内容，结合农村土地、庭院、农作物和当地兰花产业资源的特点，为游客设计舒适的农家乐餐饮环境，让游客体验原汁原味的乡村生活，体会田园的快乐、丰收的喜悦，感受中国农耕文化的深刻内涵，唤起人们的乡土情怀。

将地方特色"兰"文化、川西建筑文化、乡土民俗相结合，建立环境与文化的连接点，营造具有文化内涵与体验感的特色农家乐。以期打破农家乐普遍同质化的现状，形成自身农家乐设计的特色餐饮环境。通过设计，将游客带到入农家乐景中。使其成为展现乡土风情的载体，满足城市居民回归自然的心理需求，吸引更多的城市游客，让更多的人真正享受到它的"乐"，增强农村经济活力，实现城市和农村的协调发展。

归·塑

作者 / 莫海献、罗火兰、覃静、陈燕兰
指导教师 / 肖彬
广西艺术学院

中国人自古就十分重视邻里关系,《南史·吕僧珍传》出现了"百万买宅,千万买邻"的说法,熟语有闻"与邻为善,以邻为伴"。作为一个位于某社区中心的商业建筑、典型的社区型商业圈,打造一个对社区居民开放性较大的空间,内部设置多个不同的功能空间(如阅读、休闲、聚会、亲子娱乐等),以满足邻里间日常活动需求的休闲娱乐场所,使人们在这个空间里面感受到邻里和谐相处的范围。

风吹麦浪

作者 / 杨训、吴海群、陈晨、梁保煜、周复静
指导教师 / 叶雅欣
广西艺术学院

本方案由室内甜点店和室外客座区两部分构成，室内使用了"麦"作为空间主题元素，波浪状吊灯造型吸引消费者打卡拍照，麦黄色调，烘托出温馨的氛围，提高购买欲。室外部分则是用森林、星空作为空间主要元素，白天是森林的效果，晚上在光线的点缀下则是另外一种效果。除了用餐设计的功能之外还可起到吸引人群的作用。

别具一"隔"

作者／汪丽娟、崔圆圆、王莹莹、吴英辉
指导教师／叶雅欣、韦自力
广西艺术学院

　　一场突如其来的疫情打破了我们的生活，随时能吃的甜点，随时能喝的奶茶，在疫情期间都已经成为奢侈品。现如今，我们进入了后疫情时代，防疫要与我们同行，我们结合了后疫情时代为主题，设计了一家可供人们吃喝玩乐的休闲娱乐空间，以"单元格"划分演变用来阐述疫情期间保证的安全距离，以"一张纸"为元素，进行折与撕的手法形成了立体空间结构，空间中的色彩提取了白衣天使的纯洁白与防疫口罩的天蓝色，将纯洁白与天蓝色结合起来形成了一种淡雅而清新的空间，家具中提取太阳的落日橙颜色，象征着希望与光明，构造出一个充满希望、充满意境、供人们休闲放松身心的空间。

自然 · 启蒙 ——幼儿园室内空间改造

作者／梁晓雯、夏珊珊、谈学会
指导教师／韦自力、陆世登
广西艺术学院

本方案将室外的自然元素引入室内，通过多元的感知、体验、互动，增强幼儿的认知能力，感受人与自然、人与生活的校园氛围。自然启蒙贴近自然，从小培养幼儿对大自然的向往与憧憬，给儿童一种回归自然的感觉。一层的功能分区为学习区、办公区、游戏区、后勤区，一层中庭为重点部分，核心所在。这是一个充满互动性的综合空间，增加室内空间功能的一个贯穿性，增强幼儿互动功能性。二层的功能分区以活动区、休息区为主。利用集中采光带明亮的中庭空间，打造成整个室内空间上下贯通。

崇尚自然、接近自然，让孩子们发现本心，对于儿童来说获取信息来认知这个世界是通过感官与空间环境互动的过程，从而构建和发展自身的。本方案主要以白色、木色、绿色为主，一些鲜艳的色彩为辅，为他们创造出更为清新、舒适温馨的环境。

南宁市康乐老年公寓设计

作者／刘佳琦、武泽琴、马盼盼、李彦蓉
指导教师／罗薇丽
广西艺术学院

南宁市康乐老年公寓设计方案是一个适合老年人居住疗养项目设计方案，南宁市荔园山庄坐落在广西壮族自治区南宁市青秀区，总面积 82 万平方千米，现建筑面积 11 万平方千米，绿化覆盖率达到百分之八十七。项目位于荔园山庄内部的一块未开发的土地上，建筑占地面积 4104 平方米，总体建筑分为四层。

社区养老:持续照料退休社(CCRC)是一种复合式老年社区，通过为老人提供自理、介护、介助一体化的居住设施服务，这种养老模式使老年人在健康状况和自理能力变化时，依然可以在熟悉的环境中继续居住，并获得与身体状况相对应的照料服务。设计的定位是中高端老年公寓，设计满足老年人需求的公寓，并为其提供特殊化的服务。在室内定位中，秉持着可持续发展的原则对适老空间进行设计探索，意在随着老年人生理、心理的不断变化，采用最少的改动方式来满足不同阶段老年人的身心需求。

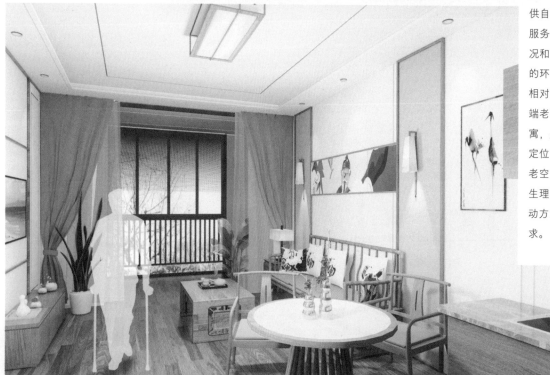

禅季

作者／毛子昳、甘旭东
指导教师／莫媛媛、莫敷建
广西艺术学院

　　禅，是一种基于"静"的行为，源于人类本能，经过古代先民开发，形成各种系统的修行方法，并存在于各种教派。先秦时期就有关于此种行为的记载，但是未有固定称呼。直至印度词汇"jana"传入，汉语音译为"禅那"，后世便以"禅"字称谓此类行为。日本是一个多山地少平原的国家，巍峨高山，山川相连。山有很多寓意，"这世间，山海相连，巍巍高山连绵不绝，正如人生负重前行，永不停歇"；但同时山脉也象征着生命的脉动，"所有苦难和背负的尽头，都是行云流水般光阴"。

　　云海泛起波澜，云海是自然山岳风景的重要景观之一，所谓云海，是指在一定的条件下形成的云层。并且云顶高度低于山顶高度，在高山之巅俯首云层时，看到的是漫无边际的云，如临于大海之滨，浪花飞溅，惊涛拍岸。故称这一现象为"云海"。由于云海无边无际，这又像漫漫的人生之路。因此云海也是一种人生境界，云海一样的景色，云海一样的境界。愿在云雾深处，窥见天光。

共·合 —— 南宁市儿童活动中心方案设计

作者 / 白悦、刘梦雨、马盼盼、李彦蓉
指导教师 / 罗薇丽
广西艺术学院

　　本方案设计在室内元素的选择上，尽可能选择孩子们最喜欢的自然元素、动画元素以及具有地域特色的图案进行设计，如云朵形状的灯、城堡、壮族元素。在家具的选择上，选择了轻便移动的组合桌椅。视觉上，选择温和的色彩搭配，在追求美观的同时又符合儿童的喜爱度，防止色彩对儿童视力的破坏，对儿童的情绪造成干扰。本案通过对室内元素、空间墙面造型、色彩搭配及互动装置上的设计，既增加了空间的趣味性，激发儿童对事物的探索精神，而且还可以增进孩子之间的团结合作和人际交往能力。

广西华侨学校校史馆方案设计

作者／张瑞、韩翊、廉静静、谢雨儿
指导教师／贾悍
广西艺术学院

校史馆以"舟载国心，侨迁梦连"为主题，舟寓意着过去的华侨学校，"舟载国心"表达即使踏上异国土地，心也依旧想着祖国。"侨迁梦连"取自"梦回连营"表达了无数海外侨胞的思国情，希望在这个校史馆中能表现出华侨学校的过去、现在和未来，让归国的华侨感受到归属感。设计采用褐色系木饰面，体现学校的稳重典雅，提炼校园建筑的窗格元素，营造校园青春的回忆氛围。

展厅设计通过对船帆的形态进行解构，摒弃其中属于船帆的固有元素与解构，取其整体形态演化为简单几何形体，同时保留了船帆层叠感与秩序感，去表现华侨学校稳步提升、井然有序，不断进取的精神追求。该展厅从设计到完工大约经历了一年半的时间，最后的效果和预想当中有些许的出入，校方也根据实际使用情况进行了调整，达到了更好的展示效果。希望在这里能让来华留学的东南亚学生感受到东南亚的风情。

记忆的维度

作者／魏雨晴、黄泽禹、梁钦健、韦礼礼
指导教师／莫敷建
广西艺术学院

对于屏山的记忆，印象最深的是当地马头墙，其次就是月门，我大大小小拍摄了很多关于马头墙的照片，不同视角，不同方位，马头墙所呈现的不同形式都被我一一定格在手机里，这里有拍摄一叠式、二叠式、三叠式等不同样式的马头墙，他们在不同的视角下形成错位的状态，如果放到空间中，将所呈现的被定格的错位马头墙变成三维空间，是否是一个有趣的尝试？

我们将马头墙进行倒置，对原有马头墙进行了三维重组，将原始建筑的梁架拆除，重组后的新形式运用到建筑中。通过将情感设计创新理念运用到民宿设计中，利用人的五感"视、嗅、听、触、味"来做民宿，让人们在民宿中能够达到全方位沉浸式体验。

西南民族大学航空港校区校史馆展示空间叙事性设计

作者 / 任娱婷
指导教师 / 段禹农
四川大学

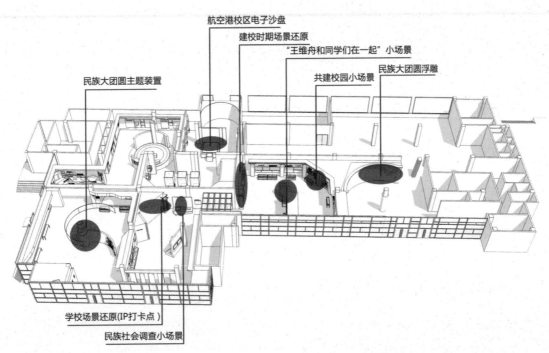

民族大团圆主题装置

航空港校区电子沙盘
建校时期场景还原
"王维舟和同学们在一起"小场景
共建校园小场景
民族大团圆浮雕

学校场景还原(IP打卡点)
民族社会调查小场景

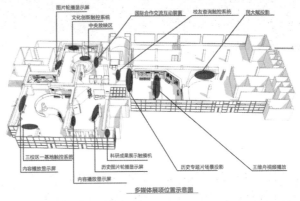

图片轮播显示屏
文化创新触控系统
中央放映区
国际合作交流互动装置
校友查询触控系统
民大赋投影

三校区—基地触控系统
内容播放显示屏
科研成果展示触摸机
历史图片轮播显示屏
内容播放显示屏
历史专题片场景投影
王维舟视频播放

多媒体展项位置示意图

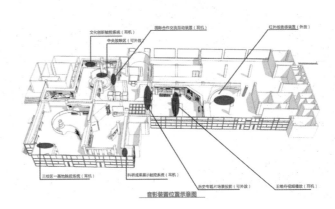

文化创新触控装置(耳机)
中央放映区(可升降)
国际合作交流互动装置(耳机)
红外线体感装置(外放)

三校区—基地触控系统(耳机)
科研成果展示触控系统(耳机)
历史专题片场景投影(可升降)
王维舟视频播放(耳机)

音影装置位置示意图

大学校史馆是展示大学校史文化重要的空间载体,当前我国大学校史馆空间展陈,存在展示手法传统、展陈内容更替不及时、空间体验性不强等问题,一定程度上制约了校史文化有效传承和传播。本方案旨在通过研究,将文学叙事的研究思路介入校史馆展示设计研究领域,得到校史馆展示空间叙事性设计方法及路径,即规划叙事主纲纲要、组织空间序列、安排时间节奏、提升空间感知体验四大步骤方法。

本方案利用叙事设计的思路,以民大精神——民族团结、民族共同体为展陈的横坐标,西南民族大学展陈内容分为三个主题篇章:序篇——历史引导;时代篇——历史沿革大事记;专题篇:教研成果——叙事高潮,规划展览——未来展望,临时展厅——校史展示延续。以历史时间为纵坐标,西南民族大学分为四个历史时期,用单一浏览动线串联空间,方便观展者建立事件的历史秩序。利用重点场景类展项和重点多媒体展项,延长参观时间,达到观展时间的节奏组织。综合利用色彩、灯光、音影声光电技术等多元展陈方式提升空间体验。此外本方案考虑空间的延续与校史的延续,在空间规划时,在空间尾部,营造"留白空间"为校史的延续展陈、多样化展陈空间的产生提供场所。

疫情下的办公空间设计

作者／崔柳静
指导教师／彭宇
四川大学

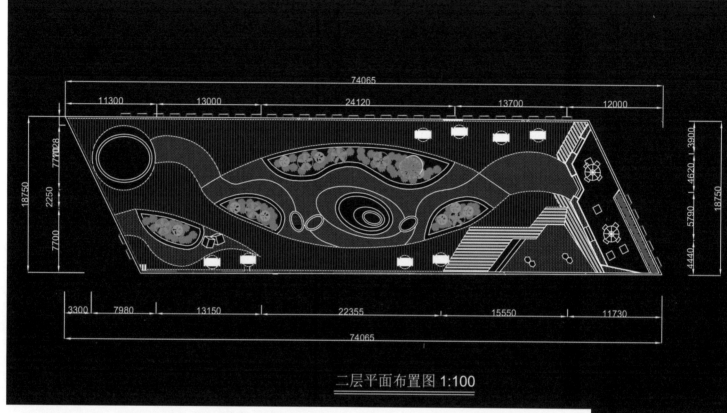

二层平面布置图 1:100

　　2020 年新冠疫情来势凶猛。病毒肆虐下，以往人们引以为傲、习以为常的现代生活方式和承载它的当代设计暴露出诸多隐患与问题，疫情终将过去，如同历史上每次流行病灾难一样，它将改变人类的发展轨迹与生活方式，大部分的人会生存下来，但我们将生活在与疫情前不一样的"新世界"。疫情下对设计的反思不应是局部的、技术层面的反思，而应是整体的、全方位的反思。因此，在此次设计是基于疫情下的办公空间设计，在办公空间中采用与传统不同的设计模式，例如，打造独立工作舱、胶囊办公空间、加大位置间隔，建立视频线上办公区，采用相关物理防疫等设计和措施，从而在面临突发公共卫生事件时，使办公更加便捷和高效。

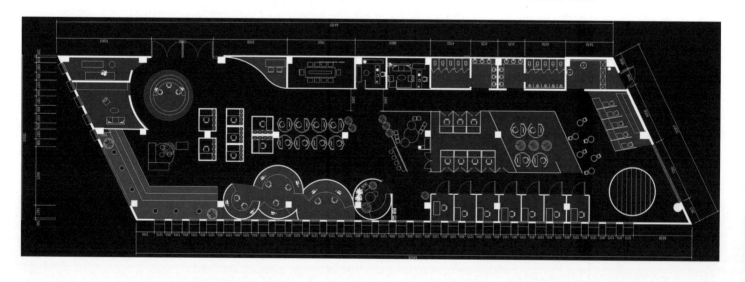

幼儿乌托邦 —— 学龄前幼儿空间设计

作者 / 李源朝
指导教师 / 续昕
四川大学

近年来，学龄前儿童的保育环境逐渐受到国家重视。在国家相关政策的影响下，我国学龄前儿童机构如雨后春笋般涌出，但托育空间环境的营造却没有系统的标准，导致托育环境设计质量良莠不齐。本次设计以成都市贝多彩第二幼儿园整体环境改造为例，试图寻找一种更新颖、更梦幻、更有趣的学龄前儿童空间设计方式，希望孩子们能够摆脱成人审美的束缚，在这个空间中有目的地自发完成活动。

希望本次设计能探索更多学龄前儿童空间的可能性，致力于创造更好的环境，为 6 岁以下儿童提供更好的教育环境，让他们更有想象力地成长。

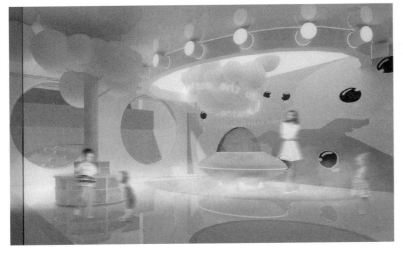

云南昆明颐养安宁改造项目

作者 / 李艺恒、单法千
指导教师 / 续昕
四川大学

本次课题针对云南昆明安宁颐养养老机构进行改造设计。本次项目为医养在建项目。根据当前医养前沿方向，以可持续照料理念展开。本项目为小高层建筑，为避免老人相互影响利用层数优势，将不同类型的老人分层管理，次序依照老人的行动力来由高到低划分。

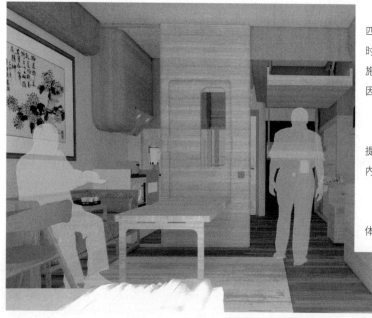

介护层，根据介护老人不同身体状况，设立不同户型，同时要考虑与之匹配的护工空间，交通上，对角设立独立电梯，在为老人建立生命通道的同时，进一步避免介护老人与其他老人的接触。介助层，主要增加了无障碍设施的完善性。在本层上设立了较多的公共活动空间，供老人使用。自理层，因在负一层有活动空间，基本不设立公共空间，重点围绕空间利用展开。

中庭，重要功能为满足老人的日常户外活动以及外部接待。形式上中庭提取滇池外形，作为中心景观。借助滇池一线平分秋色的概念，将中庭分为内外空间，分别用于内部活动和外部接待。

天台，作为建筑中层的外放空间，需要满足较高层的户外休闲需求，整体定位为花园空间，我们将内部走廊顶棚进行延伸。

川矿印象餐厅设计

作者 / 谢燃
指导教师 / 王凤
四川大学锦江学院

目前，工业风设计在中国成为一个新的设计领域，研究如何运用工业元素并由此体现出历史厚重感和承载一代工业人的记忆成为亟待解决的问题。随着改革开放的推进，20世纪陪伴祖国成长的大量大型工矿企业均出现了设备老化、产能过剩、资源枯竭等问题，最终导致这些企业解体和转型，随之而来的就是年轻人对当年创业年代的记忆缺失和老一辈人的记忆没有了寄托。四川石棉矿建于1950年，是全国八大石棉矿之一，鼎盛时期向国外出口石棉占全国87.45%，伴随祖国走过了60多年，见证了祖国从一穷二白到富足强大的历程。但是随着石棉矿资源枯竭和石棉替代品的出现，四川石棉矿走向了解体。

本设计的主要理念是对川矿时代记忆的纪念和现代餐饮商业空间结合，使用LOFT工业风格作为主要风格，开放空间和密闭空间结合营造不同场景，以情景体验和实物展览的方式，以及色彩和材质的应用，让人在就餐购物之余体验到当年四川石棉矿人的生产生活。同时，为了更好地服务外来游客和附近居民以及残障人士，特别设立了无障碍电梯和无障碍通道，以及为游客服务的礼品店。

风暴眼
——基于"三江所城"遗址再生的空间叙事探究

作者 / 杨淇淇
指导老师 / 韩立铎
四川大学锦江学院

逝之美宿
作者／吴杰
指导老师／王凤
四川大学锦江学院

　　侘寂美学的形成是受禅意思维所影响的一种审美形式。民宿中的人文、生活气息，恰恰与侘寂美相融合，侘寂追求的是朦胧美、朴质美、清寂美。清寂的美是侘寂美学的特征之一，还原最真实的物体原本的样貌特征，朴质的美，民宿中的美，应该是真实的。事物中不完美的美，这种残缺中的审美具有缺失、模糊的形态，能使人放松心态，安抚精神上的需求。本设计通过对侘寂美学的研究，期望能够使民宿营造出一种让人们身心放松、精神抚慰的空间感受，能够在民宿中找到生活之美、纯真之美。

BULULIN 亲子餐厅

作者 / 邢秋月、杨雅馨、曾涵
指导老师 / 宋佳璐、张垭欧
四川农业大学

我们所设计的亲子餐饮空间在整体设计上将功能区规划为 8 个板块，打造一个梦幻的云朵餐厅。餐厅颜色以黄灰色调为主，每个包间餐桌的形式不同，增强了整体趣味性。

在安全性方面，我们从材质保障儿童安全，也在空间规划上保障家长可监控孩子；在趣味性和互动性上，我们将游乐设施与餐厅结合，打造儿童心中的梦幻天地；在整体尺度的设计上我们在保障满足需要的儿童尺度，也方便大人在空间中能够行动自如。餐厅整体将安全性、趣味性、互动性、尺度性，四维合一，打造出理想的儿童空间。

"Poros" 青年公寓

作者 / 魏骁、王浩楠、孙宇
指导老师 / 傅璟、申明、计宏程、卢一、晋朝辉
四川音乐学院

本方案是以"poros"为题目的青年公寓设计。"poros"是古希腊神话中的发明、美好、机遇、富有与出路之神。但是他并未诞生，以"poros"为题希望通过设计将他所创造的美好继续"孕育"。本次设计将"延异"理解为生物的孕育，既是生命的传承，又创造了完全不同的个体。

本方案以"点、线、面"的体块为设计元素，通过体块的变化使其形成相似又不同的"异"，又通过线将其联系成为一个整体，将空间进行延续。"poros"公寓的所有居住单元围绕着一个共享的中庭，中庭里设置了公共的学习办公区、休闲区、公共厨房、洗衣房等功能；其中还设置了技能交换、社交等信息交流平台。整个设计是以共享生活的方式为基础，以公寓作为孕育的母体，将住户的想法创意进行延续发展，从而创造出美好的生活。

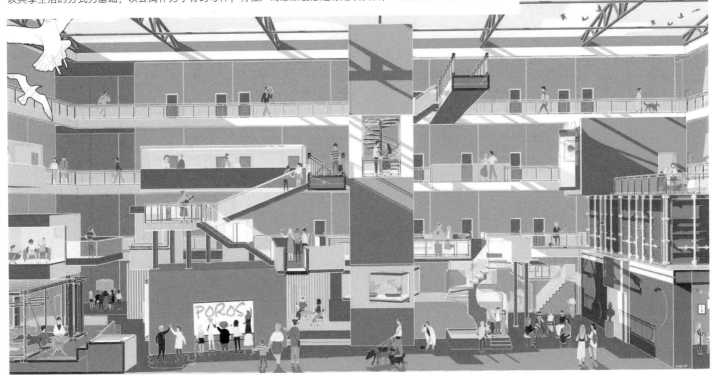

息嬉隙公共卫生间设计

作者／蔡旭东、梁汕汕、李鹏程、杨博
指导老师／傅璟、申明、计宏程、卢一、晋朝辉
四川音乐学院

本方案结合城市三种典型环境（老城区、新城区、公园）分析城市公共卫生间不同区域的使用人群、使用方式、环境特点、具体需求等几个方面，通过空间的延异进行公共卫生间设计。老城区公共卫生间针对使用人群，增设休息区域。在考虑女性多方面的需求下扩大女性厕位空间。通过现代建筑材料与木结构的结合延异老城区的风采。

新城区公共卫生间通过红绿色彩的对比延异于新城区内人们对时尚元素碰撞的喜爱。同时在整个空间设计中顶部与墙面留出缝隙，增加自然通风与采光。公园公共卫生间将现有公共卫生间的男厕、女厕、第三卫生间、管理间等进行分离，使其公厕的使用功能独立化，再利用顶面延异成一个新的灰空间与公厕组合，这一空间可以进行一些其他附属活动，如洗手、歇脚等。

艺术高校图书馆改造

作者 / 黄芮、杨燕桦、郑可敏、苏钰仪
指导老师 / 傅璟、申明、计宏程、卢一、晋朝辉
四川音乐学院

艺术类高校里的图书馆，我们希望它看上去更有活力、更大胆！根据时代的发展及学校性质的不同，重新定义大学图书馆。在原有布局的基础上，进行更合理的布局改动和动线优化。重新拓展构建新的空间，使其能达到人与空间的协调性，与当今时代特性相符合。同时让它不再仅仅是一个阅读的场所，更是能帮助学生找到灵感、迸发创意的空间！

京舍新序 —— 老北京四合院空间叙事性研究

作者 / 顾均娟、常爱萍、王金玲、巩岳
指导老师 / 王娟
西安美术学院

老北京四合院是老北京文化鲜活的体现，它独特的构成形式，在中国传统的住宅建筑中具有代表性与典型性。老北京四合院在中国建筑史上地位独特，尤其在现代城市飞速发展的时代，如何在对四合院保护的基础上进行改造更新成为设计者需要首先解决的问题。

该设计利用空间叙事性理论作为方案设计依据与指导思想，基于老北京文化与现代人居环境需求对北京腊库胡同 24 号院进行空间设计与改造，通过实体项目的实践与设计，总结出空间叙事理论在民宿设计中的应用方式，为解决在保护四合院基础上开展空间更新改造设计提出了具体的解决方案。

把空间叙事概念和老北京四合院这种传统建筑形式相结合，架起了在设计和改造规划等层面的传统建筑院落功能转变研究与现代人居空间需求之间的共通桥梁，将保护与创新在空间中得到传承。

历程 —— 民族文字博物馆

作者 / 韩涵、肖楚
指导老师 / 周靓
西安美术学院

　　文字的集合与长时间的发展传承，已然成为一种虚拟空间，如今仍在以十分迅猛的方式发展着。因此，本设计以记录文字的历史与发展为主题，通过对于文字本身进行解读与符号化的转译，意图重现过去至现在以及未来的虚拟空间，探索数字化、符号化空间的变化与可能性。中国民族文字规划建筑面积约 3000 平方米，其中序厅面积 256 平方米，第一展厅 320 平方米，第二展厅 512 平方米，第三展厅 400 平方米，第四展厅 416 平方米，第五展厅 384 平方米，结束语区 64 平方米。

　　本方案新意在于：(1) 寓教于乐，寓学于乐：将宣传和思想教育的内容渗透到该展馆内娱乐互动活动中，以更为直观的方式，增加观者的学习兴趣；(2) 承前启后：将文字过去的发展历史与当下科技相结合，注重从中华深厚的人文历史中提炼精华，将文字中深厚的文化背景与功能性建筑相融合；(3) 方圆结合的建筑布局：传承中国传统文化"天圆地方"的理念，将各展厅与展品相联系，形成和谐的建筑布局；(4) 书画同源：将文字展品与绘画作品展示相结合，不仅展示了中国传统绘画作品，弘扬中华传统文化艺术，同时也让观者透过绘画作品中的线条用墨，转而发掘中国文字、书法作品的内在魅力，提升美学感知、加深思考。

艺趣·互动·美育 —— 成都华侨城纯水岸社区活动中心设计

作者 / 廖碧霞
指导教师 / 舒悦
西华大学

随着近几年美育的不断提倡与发展，与社区活动空间也存在着必然的联系，两者的结合对于构建"未来社区""美育空间"有着相互影响，相互发展的作用。基于美育下的社区活动空间，在具有构建"三位一体"育人模式的教育体系背景下。使之能够通过设计，达成人与人、人与社区的温暖纽带链接，更好地以美育发现视角，人人参与体验的美育艺术为目标，引领未来社区共享空间新方式。

随着城市化的发展，城市社区活动中心成为社区全体人员的家外之家，而基于美育环境下的社区空间可以更好地构建人人参与的"三位一体"育人模式。生态环境形势的严峻，一直以来都是需要每个人关注的重大问题。

本次设计，通过倡导保护生态环境问题，融入交互体验设计，以及自然环境元素于空间设计中，使社区人群在社区美育环境中能够关注、保护自然环境。空间中使艺术、自然、生活相融合，培养一双发现美的眼睛，创建一个与自然对话，与美育共长的家外之家。

疫情常态化下的川谷布业公司办公空间与休闲会所设计

作者 / 朱玲逸、王海洋
指导教师 / 孙晓萌
西京学院

本次设计为川谷布业公司办公室设计，结合当下疫情常态化情况，基于新冠疫情下的办公室空间设计诞生了。经过深思熟虑，本案以"新冠疫情"作为这次设计的主题。将"新冠疫情"元素融入于室内设计。在办公空间的内部设计中，有效地通过一定机制预防疫情的蔓延以及办公空间的开放性与独立性、办公效率与办公氛围是本次设计的重点。

将透光的挡板运用在空间中，来划分私密的办公及会议空间，并让空间内外进行对话，同时通过功能区域的合理规划及色彩、材质的适宜运用，从人体心理学的角度让办公氛围更显轻松。另在办公室设置红外线体温计，可以实现远距离测温，同时在办公室各个位置放置消毒设施。在本次项目中，将根据"新冠疫情"的防范措施在材质与造型上进行合理的运用与设计，在内部空间的设计中体现出"新冠疫情"的特色，让办公空间更具辨识度。通过"新冠疫情"的办公空间设计警示人们防患于未然。

画稿溪·竺里见

作者／周珏
指导教师／罗佳
西南财经大学天府学院

本课题以振兴乡村为目的，从建设、发展乡村民宿出发，对纯粹的山居生活充满着憧憬与执着，并希望为久在城市喧嚣中的人们提供一方与浮躁的过去和解、重回大地山林环抱的平和之地，传承这西南地区特有的山地乡村的文脉与肌理。本项目位于四川省泸州市叙永县水尾镇画稿溪国家级自然保护区，得天独厚的环境优势，为当地发展提供了优质的旅游资源。当地"竹"类是发展的一大经济命脉，结合这一大特产与当地习俗打造出契合"画稿溪"保护区的特色。通过项目的研究与设计，呈现出极具人文情怀的乡村民宿。

林境·水境·人境

作者/唐程璇
指导教师/胡剑忠
西南交通大学

　　"林境·水境·人境"地下通道系列作品，是基于成都陆肖 TOD 项目，以求设计高品质的地下线性步行空间。该设计以"公园城市"理念为基础，提取植被、水景、健身设施这三类公园构成要素，分别对应"林境""水境""人境"三大主题通道。将公园形态与地下功能性通道有机结合，以生态的视野打造高品质的地下空间，注重行人的心理感受，希望在地下空间也能感受到城市的生态和活力。

凤凰苗族文化特色餐厅

作者 / 郑坤、赵乾斌、张艺
指导教师 / 徐笑非
西南交通大学

在新世纪，文化日益成为整个国家力量的重要组成部分。国家之间的竞争越来越多地体现在文化竞争和融合以及文明冲突中。中国是一个拥有璀璨历史文化的大国，饮食文化和地域文化都是历史文化的重要组成部分。

本作品以凤凰苗族文化作为研究对象，文化主题餐厅为目标。本次设计将苗族文化融入餐饮文化，通过对苗族文化合理的提取与设计，更好地去烘托餐厅的氛围，去探索新的文化交融。通过分析、研究、挖掘凤凰苗族文化内容和主题餐厅内容，结合室内设计方法和原则，梳理出凤凰苗族文化在主题餐厅中的设计构思，把旅游特点与人的行为相结合，文化与建筑相结合，总结出该方案设计的主要思路，做到全方位的感官体验。室内装饰与建筑特点相结合，装饰材料上多采用木材，在结合苗族文化饰品做软装部分的辅助材料。把当地地域文化特色融入餐饮空间设计当中，创造一个富有当地特色的且具有识别性和记忆点的特色苗族文化主题餐厅。

最后，通过分析总结苗族文化主题餐厅设计的个性原则、统筹性原则和适应性原则，使主题餐厅环境不只具共性又具其特性，满足消费者的品质需求。在凤凰苗族主题文化餐厅设计中做全新、大胆的创新设计，打造一个可以满足物质与精神需求双重功能的文化主题餐厅。

山水·阅城 —— 科技城集中发展区售楼处设计

作者 / 谈利霞、侯松含、徐云龙
指导教师 / 费飞
西南科技大学

设计主题来源于《陋室铭》，从绵阳当地的山石、水云、幽谷、草木、山林中汲取黑、白及自然的木色作为空间底色，以低饱和度的空间色调调和出轻松明快的氛围节奏，设计秉承自然，用心缔造完美，营销中心整体定位为现代简约风格，局部融合山水元素以点缀，力求营造具有归属感的售楼空间氛围。从整体入手，使用功能出发，以人为本，在建筑设计的基础上深化、细化、美化，使建筑体与周边山水环境相交融合，整体协调，一气呵成。结合山水文化韵律，唤醒人们对自然山水的向往，打造一个水与城相依、人与水共生的人居环境。

海洋之歌 —— 电影主题亲子餐厅设计

作者／徐国楷、王若颖
指导教师／费飞
西南科技大学

创意来源：为积极响应国家全面开放二孩政策，顺应社会发展，基于人们对美好生活的需求逐渐提高，我们也在寻求普通设计创意来源的突破。我们将目光投向电影，感知电影情感，分析社会热点。创意来源于电影《海洋之歌》，电影讲述了孩子们成长的故事。孩子们的心灵从幼稚到成熟，性格从逃避到坚强，这些颇具象征意义的转变，正是影片承载的和想表达的东西。《海洋之歌》将艺术之美和人性之美结合在一起，呼唤了人们心灵中的朴实情感——家庭的和睦温馨，少年的成长与成熟，家人的互帮互助……这也是我们的设计所想要表达的，用艺术去表达对亲子关系与家庭关系的人文关怀与美好期望。

设计主题（目标）：我们的设计以海洋之歌为主题，对于电影中出现的元素进行提取和凝练并结合通过市场与社会分析所得需要解决的问题，设计出属于我们自己的亲子餐饮空间。

设计策略：空间内部打破空间界面，形成开放式、流动性空间，促进人与人的共生。加入大面积的有机玻璃及地毯的应用，使得空间安全性相对提高，顶部增添海豚样式吊顶，贴近主题。

望江·成都——蜀文化主题售楼处设计

作者 / 陈斯祥、陈强、何其多
指导教师 / 费飞
西南科技大学

　　售楼处设计提取引用川蜀元素串起空间漫游的故事与情感，以"融·绪""宁·绪""礼·叙""承·续"四种意境来叙说流线，执笔川蜀造物间，寄情天地于山水。用四川成都地方文化的力道镌刻岁月城墙，人文精神与空间艺术的碰撞，搭配现代写意灯具，点、面、线构成富有节奏韵律的空间。一景一物，一门一窗，蕴含深沉的川蜀文化，历史的繁华与抛离繁杂的装饰，采用一种克制隐忍的手法，营造出一个身居繁华、心归自然的城市山水相逢处体验场景，奏起一曲"一迳抱幽山，居然城市间"，于出世与入世之间，与自然坦然相对，追求诗意宁静、返璞归真的田园牧歌，表达空间意蕴之美。

　　对于物质丰富却精神贫乏的现代人来说，置身其间，是对古往的追忆，更是重构自我文化的身份认知，激活蕴藏于观者心中的民族文化自信与自觉。故承载川蜀文化的传承与延续，传达东方精神的内涵，形成独立形态的中国传统文化体系。

游园会 —— 沉浸式古风餐厅

作者 / 李程宇、邓莉、张艺、邓依依 、秦朗
指导教师 / 董永
西南民族大学

你在桥上看风景,看风景的人在楼上看你。在观赏风景的同时自己亦成为别人眼中的艺术品。如今让别人看见你只需几分钟的情况下,饮食不再只是满足口腹之欲,人们更喜欢在独特的环境中享受空间与视觉带来的美的感知与享受。

本设计将沉浸式艺术嵌入餐饮空间设计,主要是为了强调人在空间中体验感,把人的体验感放到首要地位,餐饮空间不再是单一的功能性空间,而是从味觉、嗅觉、听觉、视觉、触觉上多方位的沉浸式体验空间。

设计上则采用叙事性设计,从传统民居的开间方式上借鉴并创新,以《韩熙载夜宴图》为例,从中体会到当时的生活场景及生活方式,借鉴于坊市之间,在结合空间功能需求的同时应用到此案的平面规划中,利用情境、故事情节、角色、气氛、节奏等设计来让观众融入中国传统文化故事本身。利用灯光设计和空间分配,设计出不同的空间环境及生活场景。让食客得以享受世界上少有的用餐体验。

"文化润疆"视阈下寻找美丽乡村样本实践(之一)

作者 / 陈梦媛
指导教师 / 王磊
新疆师范大学

　　本设计以吐鲁番传统建筑风貌作为研究对象，通过对吐鲁番的历史脉络、艺术文化特征和传统建筑的梳理，进一步分析提炼吐鲁番传统民居建筑的平面形制、空间形态、装饰特征等设计元素，强化吐鲁番文化和特色。使游客能够体验吐鲁番人文风情，满足对吐鲁番风貌的好奇，了解到了当地文化特色，与吐鲁番的文化产生共鸣，从而做到文化润疆。

消融·共生 —— 基于工业文化传承视角下的餐饮空间改造设计

作者 / 陈静、郭翠霞
指导教师 / 何浩
云南师范大学

全域性的发展机缘，禄丰将全市作为一个大景区来谋划，打造"滇中水乡、温泉之都、文化龙城、康养福地、旅居禄丰"的特色旅游城市。位于禄丰县董户村的原305化工厂，一个有特色、有故事的地方。旧工厂经过新的设计和模式改造，注入文化创意的元素，通过对旧建筑的重新审视使其焕发新的活力，以保护工业遗迹为目的，结合当地的特色，将整体空间定位为一个特色餐饮文化产业，设计一系列餐饮文化空间，带动当地经济发展。

生物多样性视角下的云南茶文化研究 —— 晓琳姐的茶店

作者／朱芳仪、谭爽、罗英婕、李小妮
指导教师／王飚、陈新
云南艺术学院

　　本方案茶店设计以云南的生物多样性为主题，首先应该认识到茶室设计是茶文化艺术化的表现方式。因此在最简单的空间设计中，应该把这种意识贯穿始终，遵循艺术表现形式的共性。水为茶之母，器为茶之父，饮茶过程中常追求自然之意，表现在品茶时身心与自然亲近，思想、情感上能与自然交流。将自然生物形态引入空间，打造具有生物多样性意境的现代化茶饮体验空间。色彩系统以绿色、白色、木色为主要色彩基调，含蓄清雅，体现出人与自然天人合一的精神内涵和云南的茶文化多样性。

　　茶、竹、鸟、鸟笼、茶山元素始终贯穿于整个空间，设计中茶店入口尽量保持简洁开阔，保证采光性能，同时考虑到安全性，分散人流。橱窗与展柜是茶店的第一展厅，橱窗整体统一设计，具有展示茶文化与吸引顾客的功能。

　　多种茶体验空间穿插在整个空间之内——烧茶、三道茶、竹筒茶，达到体验的多样性。茶、竹、鸟、微景观给空间注入植物、动物的多样性特征。

　　人作为空间的使用主体，设计过程中应考虑个性与审美特质，在空间中加入绿植、陶器、竹等元素，就是以"质朴"追求天然的"雅致"，除审美外空间应满足不同年龄段人群使用，功能完整，人性化。将自然生态、空间功能、茶文化融为一体，以达到生物多样性主题的设计初衷。

交融共生

作者／顿少通、赵嘉皓、金森浩
指导教师／杨霞、吕桂菊
云南艺术学院

　　本次设计是基于黑川纪章共生思想与新陈代谢思想结合之下形成的。黑川纪章主张异质的共生，以及要素的代谢。在设计中以方与圆简洁体块的融合作为主要表现形式，将中国古典园林造景手法融入设计实现与当代空间的共生。建筑运用模块化处理，通过标准化模块的重组创造不同的空间体验。内部利用开放形式实现空间的流动性，将建筑、室内、景观一体化，创造积极的空间氛围，使场地相融共生。

越界融合 —— 非遗文创体验店设计

作者 / 徐响
指导教师 / 田力
重庆工商大学

非遗文创体验店的设计是在越界实践的进程中探求其可行性。将文创与非遗相融合，人们在空间中的体验，基于非物质文化遗产的保护，融合文创、科技信息集成来传承与发扬非遗文化。侧重整个案例的思考过程，以探索实践、融合创新为出发点，以栖霞文化环境背景下的个例，寻求以建构思维为基础的设计操作。

以方圆之间不方为阴，圆为阳。方为地，圆为天。本意是天圆地方来展开设计。融合传统元素，更贴切越界融合的主题，传统与现代的结合。从而实现非遗文创体验店从原有展示功能的文化产物供给转变为创意性、体验性的文化空间。

在"方圆·之间"的非遗文创售卖类型室内设计中，整体遵从散点式布景，将室内构件解构化、结构化，模糊空间与木结构之间的界限，将自然温润的木质气息融入室内。在室内区域划分上，分为主要的五大块，且内部小空间划分过渡自然，分别为纪念售卖数字体验区、文化展陈区、文化交流区、文化传承区、文化陈列休息区以及商务洽谈区。通过五者的错落，将整体空间打造成一个功能齐全，环境惬意，且具有人文气息的非遗展示空间，并试图将传统木构件带入当代语境下的可能性，并在材料、功能和木构之间找到彼此的连接点。

食子悦

作者 / 巩艳萍 、张远连、黄柏林 、邓左琼
指导教师 / 高小勇、张丹萍
重庆文理学院

本项目位于重庆医药高等专科学校内，学生食堂的标准按现代化的食堂标准设计。用餐者大部分是青年女性，所以构思：打造重庆首个网红食堂，结合学校专业特色，将浪漫、幻想的元素融入整个食堂。在一些墙面上以及窗口上造型，来进行生动处理，用餐区融入一些植物，巧妙地与室内颜色结合，给同学们营造出不一样的氛围，以及舒适而又轻松的用餐体验。

广泛运用粉色造型设计，并辅以灯光设计，营造品质而有温度的氛围，使整个食堂空间更加有轻奢感，各个区域的不同设计，让整个食堂空间更加有层次感。

心灵之舟 —— 抑郁症康复中心室内设计

作者 / 梁君
指导教师 / 刘蔓
四川美术学院

抑郁症康复中心是以医疗康复机构形式存在的，首先依据郁症患者的生理、心理行为特征对抑郁症患者的需求进行分析，因此通过分析抑郁症患者的生理、心理行为总结出其六大基本需求，并根据六大基本需求归纳总结抑郁症患者在康复中心的室内需求空间类型，即情感需求空间、价值需求空间、认知需求空间、居住需求空间，并提出将对应需求功能的康复活动形式与辅助治疗手段的干预方法融入室内空间的设计策略。

"视·界"——视觉健康科普馆室内设计

作者／周诗颖
指导教师／刘蔓
四川美术学院

享瘦 · 绿动 —— 重塑减重多元空间

作者 / 帅海莉
指导教师 / 刘蔓
四川美术学院

　　减重体验馆从室内到室外均营造出更加贴近自然的运动空间环境，是集"游乐体验式减重""互动体验式减重""健康管理""户外运动体验"为一体的减重体验馆空间。尝试将运动减重与体验馆结合的新方式来模糊"纯器械减重"印象，更加注重与参与者的运动体验需求，为参与者提供独特体验的减重体验空间，给人带来更好的运动体验感。

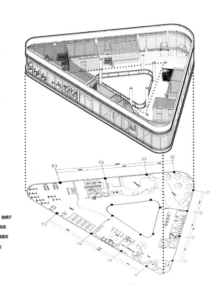

　　摆脱室内功能单一的减重空间，将运动和体验融入减重空间，形成新的减重体验馆。以对互动游乐体验式的减重场所构想，研究运动体验类减重体验馆空间设计，探讨未来减重体验及运动空间的可能性和可实施性。

突破 —— 李宁品牌展台设计

作者 / 王心怡
指导教师 / 杨吟兵
四川美术学院

李宁作为具有代表性的中国体育用品品牌，以"一切皆有可能""让改变发生"的品牌理念和"崇尚运动、诚信、激情、求胜、创新、协作"的企业核心价值观传递给消费者奋发向上的体育精神。此次设计力求将其品牌理念融入设计，以"突破"为主题，红色飘带为核心贯穿整个展台空间，最终摆脱空间束缚，将李宁传达的体育精神通过设计融入到空间中，使消费者在视觉上也能感受到品牌精神的力量。

木野山居 —— 重庆四面山度假酒店设计

作者／惠芳、周兴月
指导教师／余毅、方进
四川美术学院

　　本课题基于社会化酒店空间系统设计的专业研究领域，根据后疫情时期人们旅游出行方式的改变对酒店行业带来的冲击，重新对度假酒店的发展进行探索。本方案切入"传统民居""自然风景"，将重庆当地传统民居建筑形式与当地人文自然相结合。意打造一个融于自然、感受自然、回归自然的新型度假酒店设计。酒店设计分为两个区域：一是公共区域，由餐厅栋和大堂栋组合；二是分散式客房区，独栋式与组合式。使酒店入住旅客有不同的入住体验。以当地"山水"为设计灵感来源。提取其中的元素特色作为整个酒店空间的设计语言，使入住的旅客可以感受自然的温馨。以当地的材料：竹、青瓦、木……结合空间，合理使用，给旅客带来舒适惬意的居住空间，使度假更加愉快。

山城乌托邦酒店设计

作者 / 陈曦、张长瀛、杨曦、张显懿
指导教师 / 潘召南
四川美术学院

　　体现新（与其区域相匹配，新技术，新材料）与旧（与传统的生活方式）的对比，给人以舒适的享受。运用城市结构面貌吊脚楼作为设计元素，采用起伏、交错、重叠的设计手法。

　　重庆北部新区的快速发展给人们带来非常可观的收益，使人们生活更加富裕，但在无形之中也带来更多的压力。那么我们要做的就是如何在高强度的生活节奏中，将匆忙的生意人带入到另一种轻松愉快的氛围当中，我们终归是要回到自然，为什么不放慢脚步体会世界的本意。我们将古朴自然的方式融入酒店设计，用这样的方式帮助生意人平衡工作和生活的关系，又或者是在更加愉悦的氛围中完成工作。

　　以灰色白色绿色为主调、点缀黑色竹编色、使用黄色灯光营造温馨的氛围。灰色和绿色是能够代表重庆的颜色，作为山城，石头的灰和山上的树是最自然的颜色。为了使空间更加纯净贴合主题，白色也使用较多，再加以其他颜色的点缀。

Ozein 化妆品专卖店设计

作者 / 陈曦、张长瀛、刘秋吟 、张显懿
指导教师 / 潘召南
四川美术学院

本案是一种大胆的尝试，空间较小但内容丰富，是设计师的一种挑战。整个空间明亮整洁，符合化妆品的品牌定位。在色彩搭配和材料选择上都采用了新的方式，使整个空间具有新鲜感。在满足不同人群需求的同时，还设计了相应的体验区，便于用户更直接地了解产品。同时设计了不同的展示方式，使空间更具趣味性。空间明亮整洁，符合化妆品的品牌定位。

产品展示区与体验区采用渐变玻璃，较好地进行区域划分，保持私密性，空间通透简洁，具有层次感。

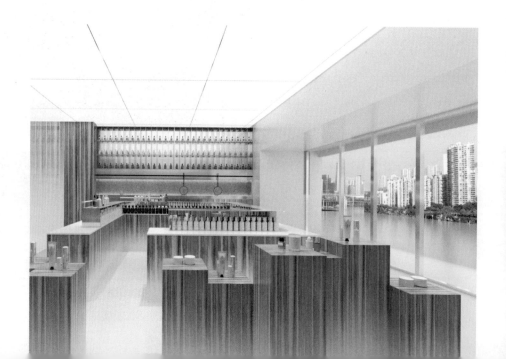

Sunset 别墅空间设计方案

作者 / 李秋萍
指导教师 / 刘萍
重庆艺术工程职业学院

　　《Sunset 别墅空间设计》是一个 320 平方米的独居别墅空间，其设计灵感来自于大自然中常见的现象与工艺"日落与陶器"，当原始陶器与现代美的融合与碰撞之后产生的质感与物品，体现出探索自然之美的心境。

　　设计想要传达一种接受事物的不完美，不依循常规的随性之美，展现自然的完整性的观念。通过人们对日落残缺之美的领悟，在有限中感受无限，使其摆脱平庸的日常生活。使居住者感到放松，过一种纯粹的生活方式，摒弃生活中多余的复杂情绪，就像远离喧嚣的一片山林与绿洲。

　　方案划分为八个空间：客厅、卧室、主卫、厨房、餐厅、吧台、卫生间、悬空游泳池。在有限的空间里，满足最基本的生活需求之外的游刃尺度与心灵慰藉，是本案空间想要提供给使用者的感受。空间整体用极简的手法来开放布局，造型干净利落的顶面与墙面体现出简约生活的品质感。微妙的空旷感与闷沉的色调相结合。极大地体现出寂风所表达的意境。空间里诠释优雅与从容，将阳光的渐变与趣味无痕串联，在朝夕光影的感染力下，使它更文雅、更自由、更宽厚。

"归·墨"战旗村公共阅览室

作者／高孟鑫
指导教师／郝巍
成都大学

本文通过对国内外的案例进行分析和研究，学习了国内外优秀成熟的案例经验，探究了一种符合我国国情的乡村公共阅览室发展模式，将阅览室、农业文明、乡村旅游相互结合在一起。本次设计通过依托乡村文化振兴战略，以乡村公共阅览室室内空间设计作为研究主体，将当地群众和游客与本地的民俗、农业文化之间形成了联系，设计了一个能充分体现和满足乡村人们的精神和文化生活需要的空间和环境特征，带动了乡村文化建设。为服务于本地居民和外来游客的公共阅览室，营造当地的传统文化氛围，提升当地的历史文化底蕴，达到传统文化的传承与振兴。

"蓝境"海洋博物馆设计

作者／莫玉莲
指导教师／郝巍
成都大学

本案以海洋为主题进行设计，通过使用简洁的线条、通透的材质、宽阔的空间设计搭配生动有趣的色彩点缀，旨在宣传环保知识与科普海洋文化，并将其特点融入现代博物馆设计，通过多媒体技术加强人们对于博物馆展示空间的体验，增强国民海洋意识。

"未知"酒店设计

作者 / 魏治
指导教师 / 郝巍
成都大学

伴随着时代的发展、生活质量的提升，人们对于精神文化需求在不断提升。酒店的居住功能与娱乐功能之间的关系表现得越来越密切。许多酒店已经不再具备单一的居住功能，而同时具备餐饮、会议等功能，以及近些年来迅速发展的民宿，强调这种居家式的居住环境与具有设计感的空间感受。一些主题酒店在酒店文化内核上的探索，居住功能也只是其中的一小组成部分，一项基本功能需求，而更重要的则是与其配套的功能。新时代的到来，不仅是在设计领域，现在大多数的领域都在变革，内容多元化，不断追求新体验、新空间和新感觉。

在现代的城市建设中，世界范围内的设计语言逐渐统一，但伴随着进步也会出现有一些问题，例如不同文化与城市之间的差异性正在减小，无论是传统的东西或者是自然的东西都在逐渐缺失，这样造成了环境的单调无味，城市中缺少了趣味性与多元性。在现代文明社会里，尤其表现在都市当中，生活节奏正在不断加快，人们在生活中的压力越来越大，逐渐失去了对世界的好奇心，缺乏了许多的生活趣味。本案旨在设计出具有艺术风格的酒店室内空间，将现代艺术与古老的设计语言进行融合，对其内涵的艺术元素进行拆解和重构，达到让人们能够在空间内感受到现代与过去交汇的魅力。

莲生 —— 乡村客厅综合活动中心

作者 / 张淑芳
指导教师 / 李茜
成都大学

本次空间设计主要是想要利用乡村文化特色打造具有文化特色，传统与现代相结合的创收性多功能活动空间，以游客为空间活动主体，村民活动为辅助的空间。空间中将展示、体验、文创、售卖，其他活动结合在一起，融入现代信息技术，形成沉浸式体验的感受，让游客在进入空间以后能够通过各种方式了解和体验当地的文化，提高游览兴趣。空间色彩利用环保肌理漆和木材的自然纹理色彩为主，肌理材质相互融合，形成明亮、舒适的视觉体验感受，让人仿佛置身丛林般放松。

扶贫之龙华古镇创意工坊设计

作者 / 张明思
指导教师 / 吕然
成都大学

本设计从保护特色古镇的历史空间为出发点，结合当今的互联网时代，考虑到古镇的特色化以及政府扶贫策略的导向，希望对四川省宜宾市龙华古镇进行空间设计的研究。基于扶贫大时代背景下，结合互联网对空间中产品的发展需求和当地的地域文化，增加地域性空间的延续性，从而带动当地传统手工艺人就业，以发展传统手工艺和非物质文化的传承，从而构建一个可持续性的、具有历史文化特色的交流空间。

共享城市背景下的青年共享公寓模式探索

作者 / 林淼
指导教师 / 李茜
成都大学

随着各国经济的快速发展，许多国家对城市住房的限制越来越突出，社会冲突、交通拥堵等各种"城市病"也越来越严重。高额的房价将许多人挡在了购房的门外。大城市的飞速发展使得这些地方就业岗位多，就业机会也多，所以很多年轻人都会想要奔赴大城市。这些外来人口的到来导致住房更加紧张。对于现在可以用的土地资源越来越少的情况，我们更加应该了解集约化的居住方式。

将共享城市与青年公寓的专研内容放在一起讨论，就是在共享城市的条件下，针对年轻人这个年龄阶段，探索能够实施的青年共享公寓模式。通过对现在年轻人的各种作为和生活环境要求的研究和共享城市的发展过程、结合中国许多共享社区和青年公寓的案例探讨，进一步剖析和总结青年共享公寓的建设重点，在共享城市带来的社区改变下，构建出共享城市背景下能够落实的青年共享公寓模式探索。本案以共享青年公寓空间设计为切入点，以现代的设计手法来塑造一个满足青年人居住需求、社交需求，营造一个舒适的环境氛围，提高外来务工者的居住幸福感。

艺术院校国际部宿舍楼整体空间设计

作者 / 吴奕欣
指导教师 / 吕然
成都大学

　　本次设计以某高校艺术学院国际部学生宿舍为设计主体，从空间发展环境的角度和艺术院校培养学生学习需求的角度对大学生宿舍空间再创造进行分析研究，并对国内外学生宿舍发展方向及其趋势进行对比研究。本设计以学生舒适的宿舍空间设计为出发点，并为艺术院校宿舍空间的研究提供了相应的理论依据与实践经验。通过实地考察、访谈和问卷调查的实验方法来分析和总结当前宿舍中存在的问题。最终根据调查研究的结果制定相关的设计原则，并提出功能完善的设计方案进行精细化设计。

游梦之境 —— 现代艺术馆设计

作者 / 陈旭
指导教师 / 杨扬
成都大学

　　本案是关于多元共存下的城市多功能艺术空间的设计。近年来，伴随着城市的不断发展，人们对于生活质量的要求越来越高，对文化设施的需求也在日益增加。在城市里耸立着无数的高楼大厦，公共艺术的出现很好地改善了城市环境，提高居住舒适性，更有利于人们生活。本设计以"游梦之境——现代艺术馆"设计为切入点，营造一个多功能的艺术空间，其兼具画展、画廊、书店、茶吧等功能。该空间强调模糊室内外强硬的界限，与自然和谐共存，为人们提供一个可放松休闲、储蓄能量的艺术"慢"空间。

Klein

作者／武琪瑶、张玳宁
指导教师／韦红霞
广西民族大学

此设计的平面布局包含了前台、接待洽谈区、设计部、会议室、样衣制作间、样衣展示区、T台拍摄间、财务部、总裁办公室，使平面布局充满秩序感。通过运用这种秩序感来创造出一种安静平和整洁的环境。

设计的颜色搭配主要以灰色、黑色、白色，加以克莱因蓝色，克莱因蓝色具有极强的视觉腐蚀力，用来体现空间的明快感，在装饰中明快的色调可以给人一种愉悦的心情，给人一种良好的视觉效果，同时这种颜色的搭配符合年轻人的审美标准，与年轻时尚品牌的定位相符合。

望乡 —— 民宿改造设计

作者／王飞、王紫莹、罗国林
指导教师／李宏
广西民族大学

乡愁理念已经被越来越重视，也有越来越多的人想去追寻这种最初的"家"的乡愁，寻找故乡的感觉，所以本设计方案以"望乡"为主题，寓意可以为拜访者提供那些回忆里已经快消失殆尽的故乡里的生活点滴。从村落古屋原有的面貌出发进行思考从而激发灵感，空间布局上延续村庄现有的空间排列肌理，尽可能地避免了大拆大建，保留了原有的村落肌理。其次在民宿空间中注入乡土材料，以材料本身真实简单的自然肌理延续保持原本房屋的质朴，其可以充当最直观的空间介质，把当地的精神文化传递到环境当中，达到营造视觉冲击，与拜访者产生精神上的共鸣。

追溯起源 —— 民族装饰工作室

作者 / 李仕龙、陈紫燕、王文峰
指导教师 / 韦红霞
广西民族大学

设计的区域地点为南宁市广告创意园区，设计面积占地 1206 平方米。设计构思围绕民族装饰元素展开设计，以营造人的自然感知为出发点，从而进行发散设计，营造一家以自然风为主的简约、闲适的民族装饰产品工作室。

作品采用纯正的亚麻色、矿物质色、砂土色等天然色作为材质的色调，并添加原木色、大地色等自然色为基础背景色；灯光方面主张全谱自然，充分利用自然光照使空间更加透亮，并通过添加绿色植物盆景进行点缀，增强整个室内空间的呼吸感并利用其为整体设计空间注入灵魂。空间上采取动静划分的方式，空间区域分布依次分别为前台、接待区、摄影房、直播间、展示区、办公区、会议室、经理室和财务室。各个空间发挥各自的功能，相互协调统一，打造成一个温馨、和谐、充满自然风格的办公场所。

点 · 遇

作者 / 陈唯一、马姚、朱鑫尧
指导教师 / 韦红霞
广西民族大学

点、线、面的构成元素是永恒不变的真理，我们的建筑空间设计主要运用几何构成中的"点"元素，几何大体块（点）的构成加以景观的营造去表达空间的意境。空间设计中的这些元素是通向我们作品内在律动的桥梁，同时去联系办公空间的实际提高办公使用感，我们想要通过"黑、白、灰"三个色彩，来体现"净"与"静"、"极致"与"纯粹"、"高级"与"美感"的美学观念，在更高的哲学高度上，我们想要用构成、颜色与景观来还原真实世界与心灵世界的一种"初态"，即"意境"，令塑造空间升华为塑造人心。

杯香茗茶

作者／杨科成、雷宇、黄婷婷
指导教师／凌钦权
广西演艺职业学院

以中国梦为理念结合新中式茶馆，从历史上"茶"字的字形、字音、字义变化多端，有很多异名、别称、雅号：如茶、槚 (jia)、荈 (chuan)、茗、不夜侯、涤烦子、清友等。直到如今，茗和茶还通用。就是一个"茶"字，也表示诸多意思。

喝一杯香茗，品一个茶字。"茶"字发展来源于生活，只要我们愿意给眼睛看到的赋予想象，努力实现中国梦，让之鲜活，就能带给人无穷的乐趣。

课题名为"叙府·竹里馆"，取自唐·王维的《竹里馆》一诗名，"独坐幽篁里，弹琴复长啸。深林人不知，明月来相照。"也是对民宿空间设计的一种期待与写照。希望将地域文化特色融入其中，因地制宜，让游客感受到前所未有的民宿新体验，打造让游客满意的民宿。叙府·竹里馆民宿设计的初衷是让人们体验到一种返璞归真，亲近大自然的生活状态。让那些在喧嚣的城市里面对快节奏、大压力的人们得到一种放松和休息，给他们提供一个心灵庇护的港湾，愉悦他们的身心。

在进行设计的时候，民宿设计理念要与当地周边环境有很好的匹配，并且在装修选材方面都要凸显自然风尚。民宿是地域文化展示的窗口，是适合展现当地特色风土人情的地方，能够让游客体验到不同于自身地域文化的新鲜感。因此，民宿设计和规划必须充分挖掘和凸显当地的文化元素。民宿设计营造了人与自然的和谐关系，所以无论是设计、建筑和施工都应该以环保生态为出发点，尽量使用本土材料，低碳节能，崇尚自然，共同创造环保理念。

叙府·竹里馆民宿空间设计

作者／韩霞
西华大学

金顶 —— 绿色主题餐厅设计

作者 / 刘佳琦、向文轩、王怀卿、班定林
指导教师 / 罗薇丽、韦自力
广西艺术学院

金顶餐厅采用绿色环保可持续生态理念，整个餐厅设计新颖，最具创新点的在餐厅顶部，有金色屋顶作为装饰，作为餐厅的主要特色点，和绿色的墙面地面形成鲜明对比，具有时代科技感，高反光材质扩展了空间的延伸感，让整个空间更加充满自然、迷幻的理念。

八桂坊

作者 / 梁清霞
指导教师 / 韦自力
广西艺术学院

本案以广西少数民族木构建筑为灵感来源，通过木构建筑中的木结构、坡屋顶、梁、瓦片和广西特有的山水景致表现广西的地域文化，传达民族精神。将木结构、坡屋顶等通过艺术处理的手法应用于室内空间。餐饮空间是人流集中的地点，在空间中融入广西特色文化是可取的，民族文化需要传承、活化、应用才能让文化生生不息，生而繁盛。空间的灰雅色调与室外诗意的景致正好融合，利用框景的手法表达如诗如画的意境。

乡村振兴背景下的村史馆设计方案
—— 以广西南宁那陈镇那坛坡村史馆为例

作者 / 李灿房、乔瑛琦、黄佳欣、张凝绿
指导教师 / 江波
广西艺术学院

那坛坡村史馆重点展示了从 20 世纪 60 年代，"知识青年到农村去"的号召，到那坛坡里的知识青年上山下乡的历史画卷。以丰富的图片、实物及多媒体等形式将这一段历史呈现给观众，力图以史为鉴传递正能量。

农耕文化展陈区域不仅要呈现农具、民俗、运输、农书、工匠、渔具等各种农业相关的东西，还有原住民生活的气息，气息的体现就是保留当地居民生活状态的物件，以原物件还原村史回忆，唤回农村乡愁。

农舍美宿改造：十里隐匿在山间的
高山茶田民宿民俗景观设计

作者 / 邓雅之
指导教师 / 鲁苗
四川大学

全球一体化的发展趋势，新建筑风格的出现，使得现代主义建筑运动逐渐征服了全球绝大多数城市，导致人们无论去到哪座城市、哪个区位，都会发现建筑景观日趋相同，建筑本身逐渐失去了本来应拥有的文化记忆，现代建筑设计逐渐对传统文化的失忆与脱节，导致了现代建筑设计中对传统文化传承的脱节与不恰当运用，使得人们心底不自觉地产生抗拒心理，开始有了对地域特色脉络记忆追寻的心理需求，因此产生特色文化历史区域旅游热潮，同时国家大力发展与保留地域特色脉络记忆，传承与弘扬中华地域文脉遗产。历史起源与记忆传承，民俗风俗与宗教信仰，都是中华地域文脉的重要遗产，此次项目以传统南岳文化背景为基础，以十里茶乡为例研究南岳地域风土文化传统，充分挖掘南岳茶乡自身价值，并提出与其本土原有文化、风貌、建筑空间形态、经济体系高度匹配的愿景与以"十里茶庄"选址为主的乡村景观规划、主题酒店设计。

光环境餐饮空间 ——"锦城印象"餐厅设计

作者 / 余心怡、张溱源
指导教师 / 彭宇
四川大学

锦城，繁花似锦。千古诗人绝唱于此，提到锦城，我不禁想到的是杜甫于晚年写下的"晓看红湿处，花重锦官城"，这两句诗词，同时"半入江风半入云"也为设计手法提供了灵感。项目色彩以黑—白—红为主。深色是主色调，营造平静安宁的气氛，使来访者心情平静，沉浸在空间氛围里，吸引顾客停留；红色取色于芙蓉花，高饱和度、高明度的色彩更加引人注目，给人激情、欢悦的气氛，可以激发消费者的食欲，加快进食，提高翻台率。灯光布置主要以点光源为主，辅以射灯。并未置入大型照明灯，以求空间的私密感和宁静感。顶面镜面不锈钢既能反射光源，增加空间灯光趣味性；又能增加空间高度，抬高视野。希望消费者能于此处获得别样的新潮体验，感受传统川味火锅与新式光环境相结合的舞台魅力。

会展建筑空间的临时应灾性设计策略研究 —— 以成都市新国际会展中心为例

作者 / 孙文玲
指导教师 / 万征
四川大学

本设计从灾后空间需求的角度划分应对灾害类别，归纳出了两类空间需求的灾害，分别是对灾后避难空间的安全性有共同需求的Ⅰ类灾害和对灾后避难空间有严格分区隔离与救治需求的Ⅱ类灾害。针对这两类灾害的灾后空间需求，分别探讨会展建筑空间的临时应灾性设计方案。

针对Ⅰ类灾害的室内空间设计，划分为五种避难人群，即有家庭幸存者、无家庭幸存者、灾后孤儿、灾后孤寡老人、伤情严重者，根据这五种人群的居住方式归纳居住模块，并与生活模块、辅助模块相组合。以类型学的分析方式类推空间组合的多种可能性。针对Ⅱ类灾害的室内空间设计，按照三区两通道模式进行设计，从空间布局与流线上做好严格的分区与隔离。

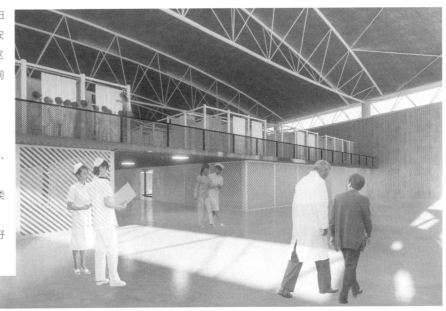

"守望" —— 武汉新冠疫情纪念馆设计

作者 / 高学雪
指导教师 / 侯沙杉
四川大学锦江学院

纪念馆可以记录历史、发扬精神、纪念情感，是一种承载建筑。对于新冠疫情幸存者之外的人来说，想要了解新冠疫情的相关事迹，与其在书本和图片看到的，不如切身的沉浸式体验那么真实有感染力，纪念馆独特的空间氛围以及情绪感染能力是纸上的东西不能替代的，它可以满足还原场景、渲染氛围等需求。因为江滩公园很受欢迎，这里人流量也很多。临近长江该地环境优美，项目占地面积 1200 平方米。纪念馆结合地形，对主入口进行设计，整体建筑为不对称布局，入口处设置导向性很强的景观。新冠疫情纪念馆的展陈设计利用空间的形状和参观者的情感体验两个方面来完成整体流线故事的设计。这个纪念馆设计的重点就是让参观者沉浸式浏览，使他们拥有虚拟的换位，融入自己的情感去体验。这种体验也许对于没有在抗疫一线的我们来说难以接受，会产生负面情绪，所以在纪念馆快到尾声时有一个"春天到来"3D 沉浸式过渡的通道，紧接着就能通向室外缓解情绪的景观，并展望未来。

村城记忆
—— 城中村小马社区共享空间设计

作者 / 孙文杰
四川大学锦江学院

针对小马村社区共享空间的改造，以对社区内不同人群的需求关怀为出发点，通过创建不同种类的共享空间，拓展多方面空间，发掘社区空间潜力，针对社区使用频率低的空间进行改造，形成多样性的共享空间。首先通过对不同人群的使用功能进行功能区的梳理和完善，在满足使用功能的基础上再对空间的形态进行设计。在空间规划上主要分为室内空间与户外公共空间两个方面，室内部分保留原有建筑的柱网结构，以邻里间的聚会功能为基础，将室内空间划分为满足生活、阅读办公、儿童娱乐三大区域。室外部分主要设置下沉式庭院空间，用于老年人群的休闲娱乐活动和年轻群体的社交需求。每个空间给予人的第一感受不是它的功能分布，而是它的表情和传达给人的氛围。

土与火之歌 —— 荥经黑砂非遗与山水相融情景空间创新设计

作者 / 刘怡秀
指导老师 / 韩立铎
四川大学锦江学院

"东有宜兴紫砂，西有荥经黑砂。"如今砂器在人们生活中的使用越来越广泛，不仅在日常生活中发挥着巨大的作用，在艺术上也被赋予极高的价值。"土与火之歌"的设计以发扬黑砂作为非遗传统文化得到重视与保护为目的，打造独特的旅游品牌，从而带动当地经济的发展，用砂器文化产品作为荥经文化名片的对外输出。

本设计通过黑砂的文化价值，分析黑砂的特点，将传统手工艺融入山水空间，通过对传统手工的提炼与再创造，以现代设计表达手法并结合传统的意境，不仅保留传统艺术神韵又富有鲜明的时代特征性。在满足当代人审美需求的同时，呈现出东方独有的韵味，为现代设计赋予时代的内涵和精神气质。

茶·书 —— 新概念图书馆空间设计

作者 / 王诗瑞
指导老师 / 王凤
四川大学锦江学院

时代的发展，互联网的问世，高科技产物的出现，手机的更新换代，如今在网络上流行着电子图书这一阅读软件。它的出现，使得人们不再需要特地购买书籍，翻阅书本，只需要拿着手机或者电子阅读产品便能随时随地阅读你所想要的内容，这为人们的生活提供了极大的方便。时代变化发展的迅速，迫使去往图书馆的人们少之又少，虽然图书馆的地位在这个时代不会发生巨大变化，但在发展形式的快速冲击下，图书馆遭遇了许多未知的挑战。图书馆的界内人士渐渐地听到人民群众的呼喊声，勇于直面未知的挑战，抓住一切机遇，对图书馆的单一的使用功能进行突破，与逐渐落寞的茶馆相结合，全面改造升级，让它成为不可或缺的重要组成部分，恢复以往的荣光。

垂暮与希望
—— 初探新农村背景下留守老人与儿童公共活动空间设计

作者 / 唐杨霜
指导老师 / 王凤
四川大学锦江学院

农民为中国的发展作出了巨大牺牲，包括牺牲自己孩子的童年。而中国特殊的城乡结构，让留守现象变得更加复杂，三大留守群体（留守儿童、妇女、老人）一直都是长效热点。每个孩子都是祖国未来的希望，对于更加缺乏关爱的留守儿童，我们有责任给予他们更多的爱和良好的环境，让其身心健康成长。农村留守老人是早一批社会主义建设者，应该在温暖舒适的环境中安度晚年。环境的重要性不言而喻，我们需要提供给留守老人与儿童公共活动空间，让这两代人共同居住，实现一静一动的互补，不仅可以缓解他们的孤独感，还可以凝聚他们的情感，使之相互慰藉，更可以对新农村的建设提供新的思路。

新农村建设下共享共享社区公共空间计
—— 以四川达州渠县龙潭镇为例

作者 / 李佳蔚
指导老师 / 王凤
四川大学锦江学院

建筑的形态运用了中式的手法，把中国的传统文化元素融合在一起，形成了新的地域文化标志，整体的风格偏向于中式，现代的生活与中式文化的碰撞使整个建筑体变得尤为突出，既可与周围环境相协调，也可展现不同的一面。看似是仿古建筑组成的建筑体，但是整个空间的布局是由几何线条的融合，在空间上显得很舒适，也有一种柔和感添加在设定的村民活动中心。整个建筑体里的布局满足《农村文化活动中心建设与服务规范》四川省的标准，配备的文化活动室即多动能活动室，在建筑外立面也设立文化室外墙作为宣传栏，各方面的配比均按照四川省关于农村活动中心的标准设立，在此基础上满足美观与实用并存的建筑表达。

七舍 —— 民宿概念设计

作者 / 汪鑫
指导老师 / 王凤
四川大学锦江学院

　　项目位于重庆垫江县桂阳街道十路村的一个自然村民组——雷家湾，这里属于明月山脉，海拔约 800 米，夏季凉爽，是避暑的好去处。场地西面背山较高，两侧有小山环抱，从东南方的一个小豁口能看到 8 公里外的县城，地形优越。更难得的是，场地中有一片马蹄形的稻田，当地居民的生产、生活就围绕着这片稻田展开。除了具有恬淡的乡村文化景观外，场地周边还有历史古迹，其中最具名气的是巴蜀古道，拾阶而上，还可以看到当年的界碑和历代文人墨客留下的摩崖石刻。稻田作为观看的主体，可以作为游客到这里的活动主题，如收割季、稻田瑜伽等。该项目本着与环境结合但尽量不占用耕地的原则，将外部环境引入室内，为游客提供一个自然休闲的多功能体验空间。该民宿有标准间 4 间、高级观景房 2 间、休闲酒吧、露天观景天台和三个综合休闲区组成，其装修材料以清水混凝土和木材为主，不仅环保无害，更是与自然相结合。大面积玻璃的运用增强内外联系，亲近自然，恬静舒雅。房间内部加入现代元素，没有多余的修饰，更加简洁大方。

望天关 —— 中餐厅方案概念设计

作者 / 何雨航、赵汶滔、佘沛霜
指导老师 / 卢睿泓
四川旅游学院

　　望天关中餐厅方案概念设计是通过对古代天文的提取，同时结合宋代文化进行的解构与组合。用现代的设计手法和材料进行表达，展示东方美学。整个设计方案采用曲线柔化空间，运用现代装置艺术对文化内核进行表达。把中国传统文化中的精神体现在空间中，使人置身于空间的同时体验到被东方美包裹的氛围。

雨田村禾木书屋环境设计

作者 / 李煌杰

指导教师 / 冯振平

西华大学

鄱阳自古便有"鱼米之乡"的称谓。得益于优厚的自然条件，当地的农业与渔业有充足的物质基础，在此基础上发展出了极具特色的农业文化。而社会发展与旧有的生产模式之间的矛盾产生了新的问题，精耕细作的农业生产被外出务工所取代，极具地域文化的农业生产模式渐渐被现代化产业淘汰，根据农业生产衍生的文化特征也慢慢在消失，劳动力空间转移产生了留守儿童、空巢老人等精神与情感上需要帮助的群体。雨田村在珠湖乡具有区位优势，所以顺理成章地成为珠湖乡的教育与商业中心，珠湖乡的中小学大多分布于雨田村。所以此次设计以雨田村为对象，在符合雨田村的经济条件与空间条件下完成富有活力的书屋设计，室内空间将以阅读与居民习惯为核心，以当地乡村的文化符号为设计主题。设计的目的是在满足商业需求的条件下给予空间更多的公共服务属性，使得人们的业余生活有更好的体验，人们能够在使用书屋的空间时能够感受到相互的陪伴与存在，进而改善乡村的现状。

浅析乡村振兴背景下阅读空间中夯土与混凝土的应用与研究

作者 / 李凛华

指导教师 / 余啸

西南财经大学天府学院

国内外的图书馆大多建设在一、二线的人口密度较大的城市，在普通的乡下图书馆非常之少。本课题以青田村图书馆建筑设计为内容，目的是运用新型混凝土和夯土材料确保在建造过程中的环保和成本低，同时预制的模块化建筑模块，能够实现建筑的快速便捷搭建。因此在乡村大规模运用这种材料进行建造发展，从而使得大规模的现代建筑能在乡村中快速发展，为乡村振兴打好物质基础。由城市里的建筑变为位于乡下的建筑，阅读人群由以大龄农民和留守儿童为主的乡村居民代替了以高节奏工作生活为主的城市居民，探索乡村人民的阅读需求，创造符合当地人民审美需求的设计。建立一个村民能使用、乐意使用的有趣空间。让这个图书馆成为当地村民拓展眼界和汲取财富之道的重要知识文化场所。我认为通过对青田村图书馆的室内设计，具有三项深沉的意义：（1）大大地满足了乡村居民的精神需求，响应国家的号召，开阔眼界，提高文化素养，为乡村振兴提供思想基础；（2）运用环境友好和成本低廉的建筑材料，使乡村能加快建设现代化新农村的进程；（3）传承地方特色，加强当地文化建筑的识别度，带动学习探索的新风尚。

远客归家 —— 客家文化馆设计

作者 / 张欣月
指导教师 / 余啸
西南财经大学天府学院

　　远客归家——即欢迎远方的客家人回到属于自己的文化家园。项目位于四川省成都市洛带镇，占地面积约500平方米。为传承优秀的客家文化，实现乡村振兴，远客归家文化馆以客家文化为历史背景，集生活美学、文化交流、文化展览、文化创新于一体，重塑客家人的历史痕迹，重拾乡村的文化自信，从而焕发乡村文明的新气象。为在室内设计中展现出文化馆的地域性，在材质选择上，采用海藻泥作为墙面主要材料，粗糙的质感给人以历史的沉淀感，以木制、石制等天然材料为辅助装饰性材料，延续了客家人因地制宜的传统美德。项目还提取了客家文化中的民俗文化元素，在色彩、造型上沿用客家民俗文化中挂红、舞龙等文化特点的抽象化表达。在布局中借鉴传统客家建筑上的对称分布特点进行布局，以达到客家人追求心理平衡的特点。在灯光中，采用暖黄色光源烘托整体氛围，采用局部性照明，突出展品间的主次关系，其次使用装饰性照明，营造出文化馆的氛围。

　　客家文化馆作为乡村文化的载体，是千百年来文化传承的结晶和审美体现，因此，在文化馆中需要与现代化设计相互结合，在文化馆中不仅要传播本土文化，同时也应传播人文情感，给予大众优质的视觉体验。

恒星运动康复中心

作者 / 毛姮
指导教师 / 杨潇涵
西南财经大学天府学院

新冠疫情突然的冲击使得人们对安全、健康的诉求极速上升，对于预防新冠，增强体质以及痊愈后心肺功能的康复需求大量增加。大众对于运动康复治疗的了解还处于刚入门的阶段，非介入式心肺及肌骨物理康复治疗逐步进入大众视野。

当前我国人民的业余生活仍然存在一定的新问题，因为长期缺少适当运动从而容易导致亚健康生活状态，各种身体疾病也随着运动时间的不断推移，"隐患"的因素累积从而逐渐显现。运动康复治疗针对的人群主要有人体骨骼及肌肉系统修复损伤及其他骨科康复手术术后康复患者、老年人、慢性病晚期患者、亚健康患者人群、姿势不良者、静坐少量运动者等。

在这些前提下设计一个更好地融合传统医疗康复与运动康复，并以"专业、健康、运动、活力、柔和"为概念的新运动康复空间。

乡村文化礼堂在乡村文化建设中发挥的作用是不容忽视的，既展现传统文化特色风情，也展现出现代社会下乡村与城市不同的精神风貌。在"美丽乡村"的建设中，"乡村礼堂"成了一张重要的名片，它是增强乡村凝聚力的一个重要思想道德建设的纽带。

将乡村文化和现代生活理念融合和重建，乡村建筑的作用更趋向于地域性的、社区文化性的记忆场所，所以以传统的建筑构建方式和空间传递现代的生活理念。

在建筑中采用大量的木材以及石材作为材料，风格上介于中式与新中式之间，使用川西传统的穿斗式结构构建，在考虑到建材的耐用性和防腐性上，使用传统的瓦片和木材，在垒砌的石材上使用青石条，更有自然的沧桑感，体现出人与自然的亲密感。使用更多的自然光线照明，缩小现代社会人与自然的距离感。

基于乡村振兴背景下的文化礼堂设计

作者 / 陈熙睿
指导教师 / 毕飞
西南财经大学天府学院

天府国际机场 VIP 候机室设计

作者 / 张珂
指导教师 / 徐笑非
西南交通大学

该 VIP 候机室设计以现代科技为主题，在功能分区上主要分为八个区（前台接待区、行李存放区、观影区、休息区、阅读区、就餐区、儿童活动区、VR 体验区等）。其中，面积占比最多的是休息区和就餐区，目的是为了营造一个有良好体验感的 VIP 候机室空间。整个空间在色彩上主要以黑白灰为主色调，给人的感觉简单舒适，点缀的红色让舒缓的空间立刻活泼起来，给旅客带来视觉上的冲击。在材质上主要选用大理石和木材，不同肌理的碰撞更能产生美感。在一些细节设计上，如躺椅背后的背景墙造型专门设置成弧形，能够在旅客躺下以及起身时很好地保护旅客的头部，行李存放柜同样也是采用内部凹陷的造型，十分具有包裹感，并且旅客不必担心行李丢失等问题的出现。

整个空间的设计目的是为了使旅客在航站楼候机室内即使因为一些不可控因素而造成的较长的等候时间仍然能够保持愉悦的心情，为旅客营造出多样丰富的等候空间，提升空间趣味性、舒适性，从而改善旅客的出行体验。

天府国际机场地铁交通空间室内设计

作者 / 马冠逸、钱秋凡、杨颜宁
指导教师 / 胡剑忠
西南交通大学

随着城市化进程的加快与经济的发展，城市地铁的建设发展速度越来越快。我国现在许多城市都已经建设了地铁，直到目前为止，我国的地铁线路总长度已经跃居世界第一。在当今地铁大建设量的背景与经济发展的条件下，人们对文化需求的环境下，地铁空间内部的设计如何更具人性化、如何更具地域化、如何更具美观等方面的问题成为现阶段地铁空间设计中不可缺少的要素。

本设计对国内当下地铁发展中某些地铁室内空间设计的问题进行了剖析，分析了当下的主要现状：现有的某些国内地铁站设计形式太过单一，缺乏地域文化特色，乘客在使用中几乎分辨不出不同车站间的区别，在此基础上调查与分析了国内外一些比较优秀的地铁室内空间设计案例，取其精华，从地铁空间现阶段存在的问题及现象出发，提出了对地域文化的重视，构思出地铁空间室内设计的方法。

基于构思出的设计方法，提出了天府国际机场地铁空间室内设计方案。选取成都的市树"银杏"作为基本设计元素，通过对银杏的色彩提取、仿生等方法将元素运用到空间之中，同时在墙面上选用"都江堰风景"以壁画的形式对空间进行装饰，墙面与顶棚的设计上采用银杏脉络的交织感进行表达。运用现代简约风的设计，让地铁空间的室内设计在满足乘客使用功能需求的同时，更加具有人性化与地域文化色彩，成为城市地域文化发展与传承的重要角色之一。

自贡东站站前综合客运枢纽候车厅设计

作者 / 赵丽雅
指导教师 / 胡剑忠
西南交通大学

从自贡的地域文化出发，在整个候车厅设计中融入自贡文化的精髓。以自贡三大特色——井盐、恐龙、灯会为元素创作对象，用现代艺术化的手法应用到候车厅的设计中，消除人们对传统客运站候车厅简陋、毫无特色、使用不便的刻板印象，使其成为一个艺术与科技相结合的现代化候车空间，基于人的候车行为和需求合理划分区域，功能完备，考虑周到，任何人来到此候车厅都能找到适合自己的舒适的候车位置和方式，达到人与空间环境的完美协调。

阅食·慢驻 —— 主题餐厅设计

作者 / 杜佳、俞秀凯、吴敏、胡新宇
指导教师 / 费飞
西南科技大学

该项目以成都为中心，结合当地特色元素围绕成都人慢生活的状态，结合当地特色元素和新中式风格，达到宁静雅致的就餐环境。为了改善空间狭长给人造成的压迫感，使用了弧形、圆形的元素融入到方正的空间中，在视觉上形成视觉的扩张。

餐厅理念: 慢，缓也。像古人一样放慢生活的步伐和节奏，像古人一样行事生活且行且思考，才能寻找生活意义真正的本原。让人在快节奏的生活中停下脚步，静下心来，去思考，去体悟。

阅食·慢驻 —— 书咖方案设计

作者 / 胡新宇、吴敏、杜佳、俞秀楷
指导教师 / 费飞
西南科技大学

时代的节奏很快，工作要求快，日常生活快。当我们被忙碌的工作和紧张浮躁的生活方式压得喘不过气来的时候，不妨偶尔抽出一些时间，运用"禅"的思维方式和放松身心的方法，给自己营造出一段清净从容、悠然舒缓的时光，使我们有机会与心灵深处真实的自我进行对话，让疲惫的身心得到真正的释放和休息。掬一本书，品一杯香茗，在晕晕的灯光下，倾听内心的声动，寻找真实的自我，唤醒潜藏的力量，提高生活的品位，在纷繁的生活中慰藉心灵的疲惫，在喧嚣的尘世里享受内心的宁静，进行心灵的修行。

本设计的风格为新中式，新中式是通过对传统文化的认识，将现代元素和传统元素结合在一起，以现代人的审美需求来打造富有传统韵味的事物，让传统艺术在当今社会得到合适的体现。以中国传统古典文化作为背景，营造的是极富中国浪漫情调的生活空间，再以一些简约的造型为基础，添加了中式元素，使整体空间感觉更加丰富，大而不空、厚而不重，有格调又不显压抑。空间装饰多采用简洁硬朗的直线条。直线装饰在空间中的使用，不仅反映出现代人追求简单生活的居住要求，更迎合了中式家具追求内敛、质朴的设计风格，使"新中式"更加实用、更富现代感。书咖的设计将人文丝丝缕缕融入其间，自然的元素则借由材料的色彩、纹理、质感而呈现，继而中和抽象与具象的形态，丰富空间的感官要素与意境，演绎出美学的精睿品位。以生活美学的设计为起点，展现对美的人生追求与感悟。书店、文创等区域糅合功能与美学，通过线条与色彩、韵律与节奏的精心组合，赋予空间独特的美学特质，让人们享受更美好的生活环境。

新型实体书店室内空间设计初探 —— 以社区书店设计为例

作者 / 弓臣
指导教师 / 朱一然
西南民族大学

当今实体书店仍旧是城市或地区精神文化标志的重要象征，是城市在文化传播与交流的重要载体。但随着网络信息化的普及和电商产业的发展，人们的阅读方式变得更多样，一部分读者选择线上阅读与线上购买书籍。同时伴随着其他因素的影响，实体书店自身经营成本不断提高，实体书店的生存也面临着不小的挑战与冲击，面对此情况实体书店的优化与迭代是极有必要的，对于城市实体书店空间的设计具有重要的文化价值与现实意义。

现如今我国以社区为基本单位的居住区域已经成为居民在城市空间中开展日常生活的组成部分，社区文化对民众的文化影响力也愈加明显，因此加强社区教育以及对社区文化氛围的提升对于社区文化与城市文化的建设十分必要。社区成员在日常生活中逐步构建起的良好社区文化氛围，能够促进社区成员间的精神文化氛围，增进邻里间的交流。而社区书店的建设则是社区文化建设中的重要组成部分。

匠心传承 生生不息 —— 喀什土陶展示空间设计

作者／冯华
指导教师／衣霄
新疆师范大学

喀什土陶展示空间设计从传统木作鲁班锁中获得设计灵感。提取鲁班锁中"凹凸相扣,榫卯结合"的结构元素,在完整方块上进行体量切分,再通过不同空间的穿插组合,从而使体块咬合镶嵌,虚实相生,使博物馆整个形体与空间形成一个传统、统一、有趣的造型空间。喀什土陶被称为艺术"宝石",是古人流传至今的手工艺品,内涵极其丰富,品性质朴、大方。通过抽象土陶的肌理,融合到展馆的空间设计中,空间内部用几何形的展台、展柜、展墙、展架的方式来呈现喀什土陶的历史渊源、制作流程、纹样选取、釉料使用、成品呈现等五个方面,突出手工艺者制作时的匠心独具,使空间如同宝盒般生动形象,吸引参观者的视线,传播土陶文化,生生不息。

翠湖书吧设计 —— 知了书屋

作者／贺婕婷
指导教师／吴小萱
重庆工商大学

　　休闲·书吧——开启校园内的心灵驿站,打造一个集图书、休闲、音乐、校园文化、景观、自习室为一体的休闲文化阅读空间。

　　重庆工商大学翠湖被大家熟知,翠湖文化以"沐浴书香,浸荟人才"为理念,倡导"以读者为中心,平等、开放、包容、互动"精神,将图书馆文化与校园文化建设有机结合,以翠湖论坛、翠湖读友会、翠湖学者文库等活动为载体,努力打造学术集聚平台和文化传播交流中心,促进文化交流,助力学术分享、碰撞和创新。此次翠湖书吧也是在翠湖文化的延续上拓展,在地理位置上也比较契合,本身翠湖就有很大的一个自然资源,后面的植被也比较丰富,所以可以将这些自然资源加以利用,翠湖对于工商学子来说有一种特殊的情感,翠湖也为校园增添了许多景色,此次就借助翠湖文化打造一个具有校园特色的书吧。

溯洄 —— 重庆市永川区黄瓜山中华梨村乡村振兴博览馆改造设计

作者 / 刘海珍
指导教师 / 张丹萍、高小勇
重庆文理学院

通过打造与周围环境和谐共生的公共空间，使得建筑周围生态环境得以整治，在解决当地留守儿童的物质生活、精神需求的同时，也唤醒且加深了人们对乡村、对大自然的情感与记忆，增强了本地留守儿童和外出务工人员对家乡的归属感与认同感，从而促进城乡文化交流，对于我国乡村历史传统优秀文化传播具有十分重要的意义，同时对于我国乡村振兴等工作有着积极作用和发展意义。

在空间造型上：通过重庆原有山地地形进行设计元素提取，从上而下俯视的角度取其山脉等高线的自然形式，从侧面遥看山峰的角度取其高低错落的随性参差。选址地貌以中丘中谷为主，表现山城特有的层峦叠嶂，把风景引入室内，将室内融入室外，室内与室外相互呼应。

通过了解当地建筑营造手法，注重与周围环境及乡村文化的结合，融入当今前沿建筑技艺，合理地安排平面各布局，科学设计每一方面。从而创造出一个富有趣味性，身处其中能够令人愉悦的室内外儿童活动空间。

淮扬·观园 —— 扬州高邮文化中心设计

作者 / 刘祎瑶、王晓晗
指导教师 / 许亮
四川美术学院

该设计为扬州高邮文化中心设计，旨在遵循其地域性的基础上，发扬当地文化，基于历史，面向未来。在此空间中，"延"在地域性、文化性：扬州属于江南水乡，私家园林是其建筑以及景观的重要组成部分，同时高邮拥有相当丰厚的人文资源；"异"在当代性设计手法的介入。空间在设计中将江南园林文化以及当地人文文化作为基调，当代设计理念与手法作为手段。探寻文化空间中的当代性、地域性与叙事性，建设地域性与生态性为一体的当代文化空间建设示范性节点。

火村山居 —— 重庆兴隆镇 "巴渝乡愁" 山间民宿空间设计

作者 / 蒋朋辛、郑思思
指导教师 / 黄洪波、张倩
四川美术学院

火村山居是在重庆兴隆镇 "巴渝乡愁" 山间民宿空间设计在原有民宿建筑中设计改造，以火为主题，又通过火的颜色的不同展想和运用到不同的空间中，再结合暗氛围和明亮空间的对比，塑造了一个轻松时尚，功能齐全的民宿空间。

火村山居该项目原址坐落于重庆市渝北区兴隆镇巴渝乡愁博物馆，该场地 1423 平方米，利用 "火" 为元素贯穿于整个设计中，该项目有七个不同的功能空间：书吧、文化展示区、接待区、小酒馆、茶室、餐厅、民宿。

在空间分割中使用火的甲骨文为元素经过组合再裂变，在色调中提取了火的温度颜色为灵感，将红色、黑色、白色三种颜色组合呈现在设计中。以 "暗藏一抹红" 为灵感来源，将整体以暗氛围铺满空间，再以局部点亮，将 "火" 以另类的方式演绎，形成色彩应用反差感，又给进入者留下了深刻的印象。在民宿空间中，利用火的最高温度白色为色彩基调，营造出透亮明净的空间，同时还可以将室外绿色美景引入，既可以享受安然的宁静生活，又可以享受着四季变化的不同之美。

我们的服务人群定位是年轻人——追求生活品质的年轻人群体（中产阶级 / 白领群体）。

V-Lab 未来智能农贸市场探索设计

作者 / 卞博、钱瑶
四川美术学院

该作品是对于未来智能农贸市场的探索设计，纵观整个农贸市场形态，大多停留在单一的农贸市场。未来，随着消费的升级，人们的需求也会改变，不再局限于买菜这一种行为活动。我们的目的是为了让城市中繁忙生活的人关注绿色生态以及倡导呼吁大家适量轻断食，爱惜身体健康。希望将即买即走、喧嚣哄闹的传统菜市场转变成把菜市场并为休息空间一个行列，打造 "菜市场 + 餐饮 + 休闲 + 沉浸式体验展" 的业态集合体市场，将菜市场推至 "艺术" 的高度。于是我们加入了 VR 沉浸式体验空间以及餐厅，辅以垂直绿化空间。为了增加顾客和绿色生态的情感交流，亦可作为秀场，增加卖点，吸引消费者前来采摘，增强用户体验。本次设计希望通过效果图和模型来表达我们的建筑思想，传递新自然主义下我们日常生活中与自然世界的自然联系。

留醉与山翁 —— 重庆兴隆镇"巴渝乡愁"山间民宿空间设计

作者 / 丰琳、包夕之

四川美术学院

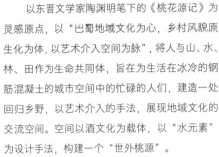

以东晋文学家陶渊明笔下的《桃花源记》为灵感原点，以"巴蜀地域文化为心，乡村风貌原生化为体，以艺术介入空间为脉"，将人与山、水、林、田作为生命共同体，旨在为生活在冰冷的钢筋混凝土的城市空间中的忙碌的人们，建造一处回归乡野，以艺术介入的手法，展现地域文化的交流空间。空间以酒文化为载体，以"水元素"为设计手法，构建一个"世外桃源"。

本项目以"艺术介入"和"去商业化"为原则，所有的居住空间在保证舒适的前提下，优化空间功能，结合区域特色。空间区域的明确划分决定了各空间的功能需求，以模块功能为基础的设计才能打造人性化、有特色的地区民宿。将酒文化通过艺术介入的手法与居住空间相融合，增加该地域的文化价值和商业价值，以全新的设计手法，打造出既保留原有的地域文化又拥有现代艺术审美特色的民宿民居。

守望山野 —— 基于乡村振兴下潼南区双江镇留守儿童教育活动空间

作者 / 赵若愚

指导教师 / 余毅

四川美术学院

该留守儿童活动中心设在重庆市潼南区双江古镇，古镇至今已有四百多年历史，仍保留着明清时期的建筑街道形式。随着经济发展变迁，乡镇成了空巢老人和留守儿童的聚集地，双江古镇路旅游业兴盛，使得民俗民居文化因此逐渐消失，周边居民生活也步步做出了退让。本设计将立足于古镇修补，丰富新建筑形态，建立新旧建筑对话关系，保留古镇建筑肌理，弥补公共空间缺失，为旧有场地持续注入活力。空间定性为儿童空间，主要面对的就是小镇儿童和外来儿童游客，作为重要旅游文化的双江古镇，对外更应具有一定的展示性，对儿童具有教育启蒙作用。

"Rubiks" 流浪动物救助站

作者／那艳平、张思璇、孙丽饶
指导老师／傅璟、申明、计宏程、卢一、晋朝辉
四川音乐学院

Rubiks 流浪动物救助站灵感来源于魔方（又称鲁比克方块），选取魔方的基本构成，魔方由两个中心轴，周边不同小的体块组成，在设计中每一只在外流浪的小动物代表魔方的一个体块，由不同的动物汇集在一个中心点，想表达本方案所传达的凝聚力和流浪动物的家的归属感。采用室内结合室外的方法，给动物和来参观的人提供舒适和放松的环境。鲁比克流浪动物救助站打破常规的救助流程与模式，以自身创造的经济价值来维持救助站中的日常运营、推动流浪动物救助站公益事业的发展。通过自主收益逐渐代替社会救济为主的模式，以领养代替购买，希望能让流浪动物能够得到真正的帮助，推动城市美好形象的建设。

丹棱县仁美镇"霖止·星与月"主题民宿设计

作者／王炳焱
指导教师／毕飞
西南财经大学天府学院

乡村振兴战略对于我们来说，拥有使国家建成现代化大国、完成第二个一百年目标的重要和历史意义。农村现代化加快，就能使整个国家现代化加快。在现代化进程中，要处理好城镇和农村的关系，这关系着我们国家现代化的成功与否。习主席曾说过："农业不现代化，农村不富裕，农民没有安居乐业，国家现代化就是不完整的。"加强当地文化建筑的识别度，带动学习探索的新风尚。

本课题就是探究出一条乡振背景下乡村民宿如何进行创新与设计的方法。选题的意义是基于乡村原有特色，在大程度地保留其特色的前提下，融入富有诗意的主题升华，再结合现代工艺以及设计语言，竭尽所能为旅者创造一个氛围十足、流连忘返的居住环境。舒适宜人的居住环境不仅应该具有良好的生活性，还应该具有它所要表达的意义。推动乡村旅游经济，需要寻找传统与当代元素相结合的设计理念，在设计中，以本土文化为核心，加入合适的元素，提升乡村旅游的质量以吸引更多游客，形成可持续发展的旅游经济以带动乡村其他行业的发展。在绿水青山下，在雨后芬芳的土地上，浩瀚星空，虫鸣花香，将星空带入室内，凡·高式的如梦画面，使人深陷其中，为将美好的星空元素带入传统居住空间，以文旅融合为前提结合传统与星空元素为基础的丹棱县仁美镇"霖止·星与月"主题设计应运而生。

重组 —— 城市半熟人关系网的适老型菜市场

作者 / 谢佳烨、张维佳、杨敏
指导老师 / 吴晓冬、王晓华
西安美术学院

　　菜市场是老年人户外活动中到访最多的公共场所，也成为老年人迅速建立起半熟人社交关系网的最有利场所。但当今菜市场空间的功能与设施缺少对老年人行为需求的供给与关怀以及生理需求的满足。因此，我们从城市随迁具有室外活动能力的老人对菜市场空间设施的使用行为特征出发，深层分析其对菜市场的使用需求及行为适应性，将传统菜市场类型与现代新型菜市场类型相结合，既满足了老年人对传统菜市场的需求又弥补了传统菜市场的不便性和杂乱性。此外还增添了户外码头、电商外卖等利于观光运输一体化的设计，将线上线下的经营模式融为一体，打造一个未来新型适老化菜市场。

建筑设计作品
Architectural Design Works

链接·彼端 —— 创新联动塔式建筑设计

作者／方映博、梅阳
指导教师／翁萌、濮苏卫、刘晨晨、王展
西安美术学院

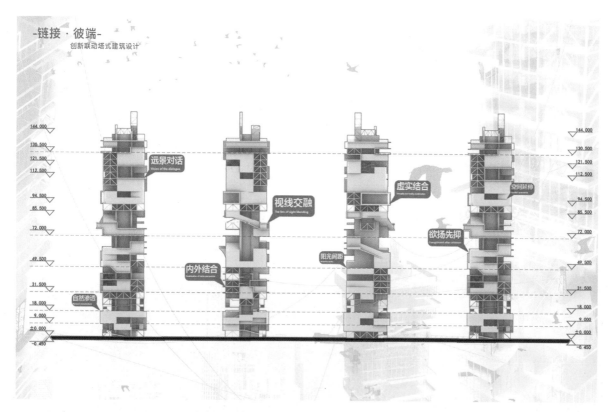

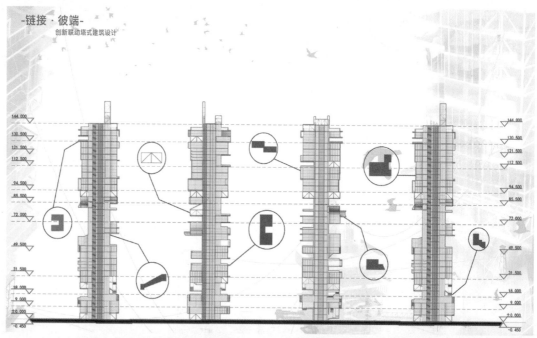

我梦到了一座城市，很大，很空，它存在于过去与未来的交织之中，在飞速发展的同时也在延续着原有的历史。我们忙着追求和发展，抛弃了以往的美好，忘却了原本属于我们的时光。

孩子曾都一样，生来天真、勇敢。可是纯洁的笑容和梦想，却随着时间慢慢消退。建筑也是一样，它成为时代更替的痕迹，成为逼仄的冷漠都市。即便如此，我还是保持那份初心，去守护作为建筑师的梦想与不屑。它们将不再会因为被边缘化而冰冷，是城市充满朝气的一份纯真。

Future
// The cycle of time and space
impression

Space will grow with time, and different stories will happen with different people. The city is like a clock, and everyone is a minute hand and a second hand

Future
// The cycle of time and space
impression

Space will grow with time, and different stories will happen with different people. The city is like a clock, and everyone is a minute hand and a second hand

方志馆的蜕变 —— 广西方志馆二期建筑设计

作者／吕永康
指导教师／玉潘亮
广西艺术学院

银奖

本项目位于南宁市罗文大道广西方志馆北侧，总用地面积 5333 平方米，净用地面积 3333 平方米，拟建建筑面积约 14000 平方米，一期建筑面积约 6000 平方米。在设计前期，研究了近年来方志馆建筑的发展趋势，得出建筑模式综合化、建筑规模大型化、核心功能展示三个发展趋势。

与此同时，也为新型方志馆带来了以下设计难点：建设模式综合化导致功能流线复杂，建筑规模大型化不利于室内环境控制和节能，建筑功能展示化亟须更开放的建筑空间，并提出了应对设计难点的相应对策：以集约化设计手法应对复杂功能和流线，以地域性设计手法解决环境与节能问题，以开放性设计手法塑造宜人的建筑空间。

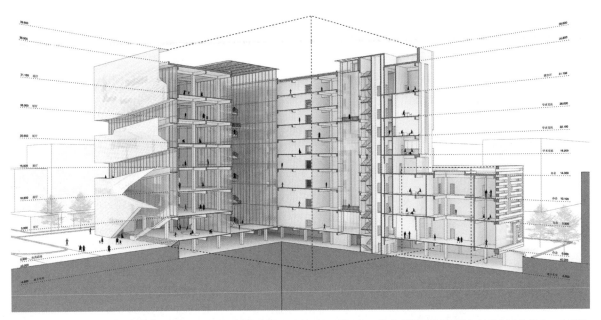

在本项目设计中，功能组织模式采用独立式布局来实现集约化设计的目的，被动式气候适应策略包括外在形体优化、中庭的植入、架空空间的利用、外墙缓冲空间的设计及外围护结构开口设计等五种策略组合方式来调节大型建筑的室内环境，开放性空间设计策略通过立面的消解和入口灰空间的处理实现建筑的开放性。因此，本设计是方志馆建筑面向未来的一次理性蜕变。

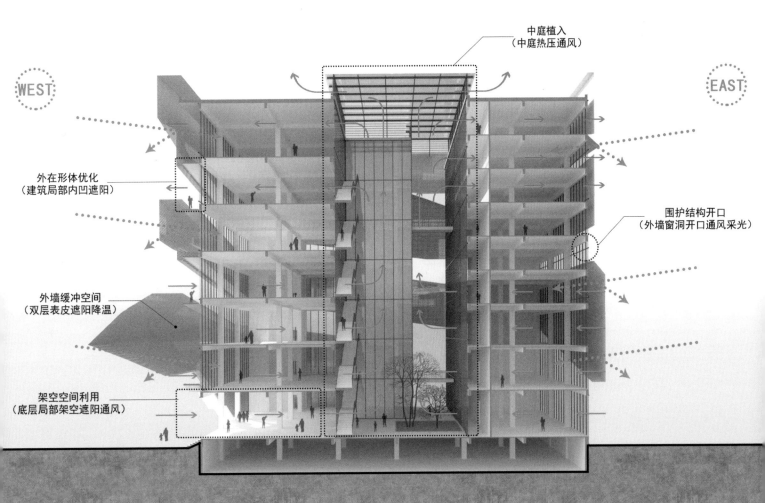

涟漪之乡

作者／雷胜章、李辉
指导教师／涂照权
广西艺术学院

在现代休闲农业蓬勃发展的大背景下，农业生态园要充分挖掘农业中丰富多彩的文化资源，创造内涵丰富、特色突出的文化氛围。

项目位于广西壮族自治区崇左市大新县，为吸引外地游客，提高当地经济效益，实现振兴乡村，在国家政策方针以及当地政府的大力支持下，利用该地区自然资源和文化，欲建设一座集艺术、观光旅游和休闲娱乐一体农业生态园。在生态园四大功能分区的规划建设中，重点放在农产品研究、田园文化体验区和休闲区3个部分，将能体现当地文化的元素运用其中，并在园区道路交通设计中体现当地的自然和人文特色。

最终实现功能分区明确，用地布局合理，充分体现生态园区生态性、休闲性和文化性的有机融合。

仿生数控结构与空间形态研究介入
—— 大湾区博物馆建筑外观设计

作者 / 王仕超
指导教师 / 马一兵、黄红春
四川美术学院

源于仿生形态的数控空间以大湾区自然博物馆方案设计为载体，呈现数控空间下的有机形体参与到现代建筑设计当中的实际运用，用参数化语言寻找空间呈现逻辑，模拟自然造物，为现代建筑设计的后续设计发展方向提供理论依据。

礁石数字模拟 /Parametric computation

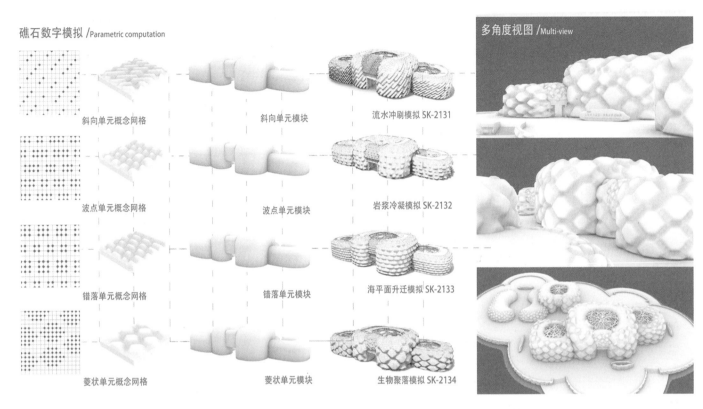

多角度视图 /Multi-view

斜向单元概念网格 —— 斜向单元模块 —— 流水冲刷模拟 SK-2131

波点单元概念网格 —— 波点单元模块 —— 岩浆冷凝模拟 SK-2132

错落单元概念网格 —— 错落单元模块 —— 海平面升迁模拟 SK-2133

菱状单元概念网格 —— 菱状单元模块 —— 生物聚落模拟 SK-2134

介入: "礁"建筑外观概念设计以礁石为设计灵感,形态丰富、造型别致的沿海礁石在潮涨潮落间显得格外静谧,基于"空间型学"研究背景,设计师通过独特的参数设计排列与仿生形态相结合,形成多样的表皮肌理变化。

核心概念:以型即形态为主要切入点,多曲面的生态造型,在自然光影下产生丰富多样的视觉与表情,犹如礁石般的建筑组团,彰显博物馆的历史沉淀,展示大湾区文化。

设计基于福建土楼传统文化，结合场域空间实地调研，以传承和保护传统建筑生态、发展与创新建筑空间新形态为目的，进行相关旅居空间探索设计。

设计出发点源于对人与人、事、物之间"褶皱"关系的深度思考，设计理念立足于多维度的褶皱空间：人内心褶皱、自然地理维度的褶皱和建筑样态的褶皱，发掘褶皱空间的内涵，以求用建筑空间设计的方式，来舒展人们内心的"褶皱"，以达到建筑空间层面上"复得返自然"的目的。

城市晶体空间

作者／周宇、王娇、刘文慧
指导教师／唐毅
四川音乐学院

在建筑的形式上，建筑更多地是适应人群的变更，从而带来需求内容上的变更，建筑空间可以随着人群的增长、人群的流动而不断生长变化，让建筑处于一个生长状态，如同一个小孩，通过对周围的反应不断学习新的事物一样。建筑空间的可拆卸形式使空间可以任意组合搭配，以此来建立不同的使用空间。

该方案为装配式建筑。该建筑借鉴晶体的形态，内部结构中的质点，在三维空间有规则地呈周期性重复排列，组成一定形式的晶格。

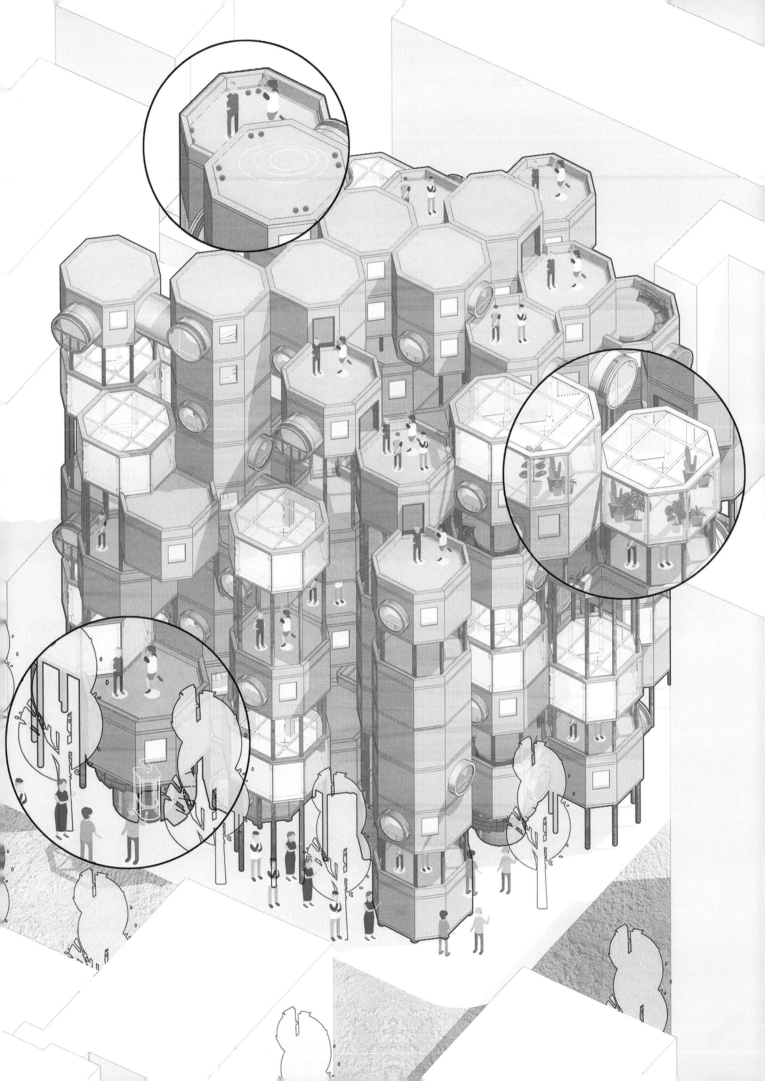

碉 · 岚——广东省开平碉楼文化综合体方案设计

作者／余文博、伍素运、李日进、陈少奇
指导教师／丁向磊、周维娜
西安美术学院

铜奖

项目选址为广东省江门市开平市赤坎古镇，开平碉楼属于广东省第一批申遗成功的世界文化遗产，具有鲜明的地域性建筑特色。通过实地调研，当地具有重要历史文化价值的建筑没有被很好地保护和利用。为了更好地继承与发展其历史价值与文化价值，在本次设计中，运用传统的建筑符号与元素，结合现代技术与材料打造一个具有地域性及时代性的文化综合体。

通过文化综合体的设计能够提升开平碉楼在大众视野中的知名度，以此来提高人们对碉楼文化价值的认识和保护意识。通过摄取当地物质和非物质文化遗产，并选址建设文化综合体，以此来激活当地旅游资源，从而促进周边地区发展，让地区重新焕发活力，最终形成可持续发展地区。

视差之间 —— 电影理论视角下的复合式建筑设计

作者 / 邝鹏任、李汉章、杨峻嵩
指导教师 / 翁萌、濮苏卫、刘晨晨、王展
西安美术学院

铜奖

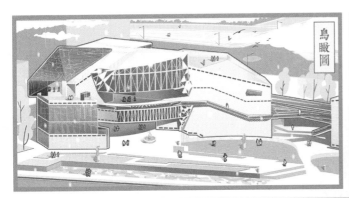

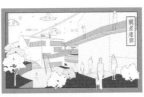

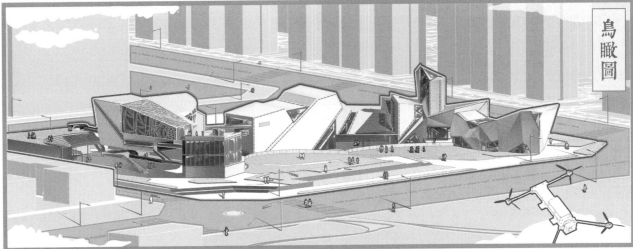

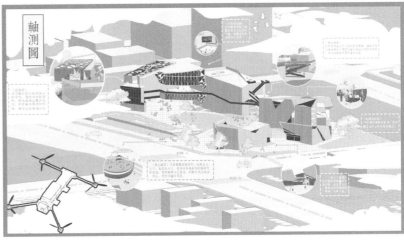

珊海

作者/韩子豪、陈坚生、荣佩丽
指导教师/贾思怡、边继琛、莫敷建、涂照权、王兆伟
广西艺术学院

基于陆地上环境的日益恶化，我们将设计方位转向海洋。海洋中的浮力与未来的悬浮力类似，而珊瑚如同建筑般，为其共生藻提供生存场所，这与人们与建筑的关系类似，所以选中珊瑚为对象，运用仿生手法，将其转化为设计方案的建筑生成模式，依次进行未来海上仿生建筑设计。为未来的人们提供一个利用海洋资源、含有多种环境、绿色环保等多功能的建筑体系。

旅馆经营型山地住宅设计策略研究
—— 以桂林八角寨绕竹弯民居建筑设计为例

作者 / 许玲
指导教师 / 玉潘亮
广西艺术学院

　　旅馆建筑是旅游景区里重要的服务设施，其建设和发展影响着当地旅游业的发展，方案从分析桂北山地风景区设计的地域背景入手，结合山地环境、桂北地区独特的地域特色等诸多因素对旅馆经营型住宅建筑的影响，探讨了旅馆经营型山地住宅的具体设计方法和步骤，规划总平面布局、建筑外部形态的细部处理方式及住宅的平、剖面功能形式，以解决桂北山地风景区中旅馆经营型住宅的设计中所遇到的难题，着重在桂林八角寨绕竹弯民居建筑设计的项目实践中探索其具体设计手法。

屋檐上的云·泗水高速服务区设计

作者／刘才祥、付国轲
指导教师／彭颖、罗瑾
广西艺术学院

松下见古 —— 新旧共生的原乡之美

作者／邱梦杰、梁培钦、班定林、玉兆嘉
指导教师／黄文宪
广西艺术学院

原古市镇供销社位于古市老街中,为三层砖混建筑。作为老街的地标性建筑,原供销社在老街乃至古市主街上均具有极强的可视性。同时由于其较大的建筑高度和建筑面积,供销社也是老街上体量最大的临街建筑。同时古市镇也是浙江省的历史文化名镇。

因此,本次方案从古市镇的特色以及原供销社的功能出发,将其改造为拥有零售、展览、阅读及设计工作室、手工艺体验以及农耕文化艺术馆为一体的综合文化空间。在功能布局上,一楼在保留供销社原有功能的基础上,置入设计工作室。二楼我们将其改造为书吧,为当地居民以及游客提供一个阅读和了解古市镇历史的空间。三楼我们将其改造为一个农耕文化艺术馆来展示当地的农业文化。供销社的创新转变,彰显出本土文化与商业长效发展的理念。在建筑中挖掘和创造本土的公共记忆,发现和建立更长效的新价值体系。

激活与对话：雅安市古城村村落复兴改造

作者 / 张嘉迅、黄青
指导教师 / 鲁苗
四川大学

铜奖

本课题选址于雅安市荥经县古城村，当地是传统丝绸之路的重要驿站之一。当地拥有非物质文化遗产荥经黑砂产业，围绕黑砂产业古城村形成独特的空间特征与村落风貌。乡村普遍存在着当地性的传统和民俗文化的衰落、生活空间的重构、村庄景观建筑风貌的杂乱，以及当地特色的消失等一系列现实性问题，例如古城由于茶马文化的衰落和自身特色文化脉络的断裂。针对这一系列复杂问题，对于传统村落遗传基因的识别尤为重要。本文依据景观基因理论，借助心理学、地理学等多学科交叉的手段对于空间基因多样性进行具体测定，丰富村落景观空间的多样性。对于传统村落保护与发展、乡村景观风貌修复具有一定的参考价值。

古城村，曾经的茶马古道重要驿站。它位于四川省雅安市荥经村西侧，山水环抱，周边生态资源得天独厚，这个村深深根植于茶马文化的历史文脉与记忆，位于四川三大旅游中心区。同时荥经距离省会成都仅 1.5 小时车程，川藏茶马古道沿线传统聚落，是古道文化走廊上的重要文化遗产，丝路上往来的商贾行旅在此地暂歇，歌台舞榭，驿站林立。在这样的一个小县城里孕育、传承了两千多年的黑砂文化，2008 年荥经黑砂被录入"国家级非物质文化遗产名录"。随着城市化进程的发展，当年丝路上的马队人行早已消失。"城市进步论"使得乡村加剧边缘化，传统产业发展模式日益衰落，村落风貌遭到破坏，乡村建设面临着日趋泛同化的趋势。城市舶来品的杂糅，断裂的乡村景观基因，同质化业态与街道立面形态带来产业单一化，都影响着这里的村落风貌。

本课题依据景观基因理论对空间组合形式进行梳理，建立传统地域的现代营建生成模式。并且进行眼动实验对其村落景观基因进行识别与提取，挖掘村落景观基因图谱，为聚落景观基因重组的建立与保护提供参考。顺应乡村生长的机制，在保护本土性文化肌理的基础上达成村落内化激活，村落高效拓展，生态空间有效保护，村落产业升级优化等目标，探索乡村现代化发展的生存之道。

时空·仿生 朋克展览馆

作者／曹倩、段锐、黄俊翔、王星语、周琴
指导教师／梁锐 、翁萌
西安美术学院

时空·仿生朋克展览馆是建立在朋克风格研究的基础上构建的展示空间。设计旨在传播朋克文化，并且为朋克文化喜爱者提供一个交流空间，同时也为咖啡街区提供一个休闲娱乐场所。

研究聚焦于朋克文化在当代审美语境下对建筑形态的扩展性，以朋克文化为艺术桥梁，进行对空间感受、视觉体验、展示交互手段等多方面的糅合，使得建筑能够更好地呈现朋克艺术效果，由此营造出一种有意义的空间体验而不仅仅是一系列的视觉图像，以便能够更好地进行朋克文化的传播与发展。设计主要在形态、表皮、色彩方面融入朋克元素，形成视觉上与空间上的相互渗透，与游客形成丰富的对话。

城市"农·家·乐"

作者 / 高雯婷
指导教师 / 赵祥
西南科技大学

面对高密度的城市环境以及高强度的城市生活，人们往往希望能够脱离网络的掌控，故而对旅游、农家乐、博物馆等场所的需求逐渐增多。但是，随着城市范围的逐步扩大导致农家乐的距离优势逐步丧失，而通过调研发现文化中心相较于其他类型的文化类馆，使用频率和知晓率都较低，未能真正地实现复合功能下的优势特点。故而，希望能将城市中缺少交流活动特质的传统文化中心和活动场所与丰富但是缺乏场地的农家乐建筑类型进行结合，延续农家乐建筑模式的优势，形成异变却更加贴近生活的文化中心。

通过对农家乐的分析了解，将"农""家""乐"转译，强调自然空间和建筑的紧密结合，并通过院落组织各个功能空间，回溯家的温馨体验，并通过对农家乐活动的分析，强调互动，包括人与人以及人与自然，形成多样的局部五感空间加以丰富，希望能提供多交流途径和场所，以及不同体验感的建筑空间和环境，让变味的文化中心回到市民的日常生活中来。

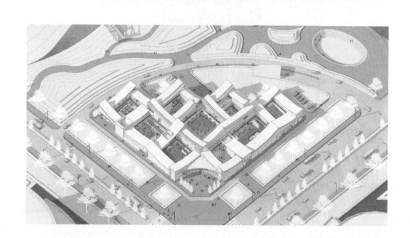

盐汇贯通 · 黑井古镇记忆形态修复设计

作者 / 王治锟、古丽、刘晓萱、李方玲
指导教师 / 王尧
云南师范大学、云南艺术学院

从小镇记忆视角切入，探索如何通过千年盐都记忆载体以及构建载体与主体之间的关联性，以重拾小镇记忆进而提升人们的归宿感。从黑井古镇古建筑入手，分析传统文化及古街区的活化与更新的叙事性空间设计，以传承黑井传统文化底蕴，使之焕发生机与活力，叙事主题以古盐记忆和市井记忆讲述千年盐都的故事，故事内容提取黑井古街巷和黑井古法制盐的场景，以重拾千年盐都小镇记忆要素中的文化符号为故事脚本，并以此结合节点现状与建筑空间类型，将故事赋予其中，使其能够体现出传统文化古都的魅力，从而进行古建筑的修复与保护，以及古都文化的展现和传承。

游戏领域：Homo-Ludens 研究所

作者 /Ana Stan
指导教师 / Professor Nic Clear、Hyun Jun Park
University of Huddersfield

铜奖

我们当前面临的全球挑战对在全球范围内举办文化活动的方式产生了重大影响。专业人士和参与者必须适应当前正在经历数字化转型的快速变化的环境。使用虚拟手段进行文化活动、聚会和活动的情况大大增加，这些创新方法将继续存在。

在未来技术将主导文化程序和实践的情况下，重点需要继续向参与者传递福祉，并使他们感觉融入到庞大的虚拟人群中。因此，设计适应性强的文化空间将有助于在不断变化的高科技空间中提高灵活性和功能性，这将有助于人类轻松地适应动态的数字化过程。这些空间需要具有适应性，以跟上技术进步的步伐。

Homo-Ludens 的"游戏领域"研究所提出了一个概念，即创建两个中心；一个代表社会可持续性机构，一个接近文化活动。参与有趣的虚拟 AR 环境将是研究所的重点，其范围是提供身临其境的文化体验，并让用户参与到利用虚拟现实和增强现实技术发现新文化和空间可能性的旅程中。虚拟环境旨在为玩家提供乐观的观点，并影响他对自己不确定的未来改变看法，使其成为更有前途、更积极、更乌托邦的愿景。

"游戏王国"独特的尖端文化学院将容纳全息甲板空间以及室内和室外虚拟展览，在镇上举办游戏节。身临其境的游戏体验将使玩家有机会与朋友一起创造自己的建筑体验，同时重新发现自己和社交活动的重要性。他们还可以选择由人工智能系统进行分析，并让它根据用户以前的生活事件以及过去的行为和回忆，为用户创建一个深度参与的环境。在这种情况下，用户熟悉的物体和设置由 AI 重新诠释和重新创建，具有未来感和神秘感，让游戏玩家有机会发现一个全新的环境，同时会感觉好像正在缓解其最好的经历的一部分，但是以一种新的未来主义外观让其能够一瞥未来难忘的新相遇。这将使人们聚集到虚拟社区中，并将带来文化聚会。

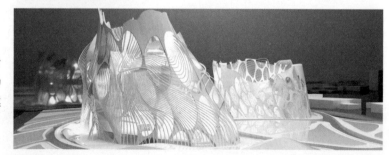

抛开对熟悉事物的普通看法，结果就是玩，似乎可以用新的眼光看世界。演奏仪式的重要性将通过这个节日得到体现。将任何事物感知为游戏对我们如何在建筑中试验空间的可能性以及我们如何感知宇宙及其空间性有很大影响。为展览设置的建筑组件是对世俗元素的重新诠释，并被转换成一个充满幻想和文化的乌托邦虚拟世界。

虚拟文化研究所 4.0 [IVC4.0]

作者 / Vlad-Aurelian CAZACU
指导教师 / Professor Nic Clear, Hyun Jun Park
University of Huddersfield

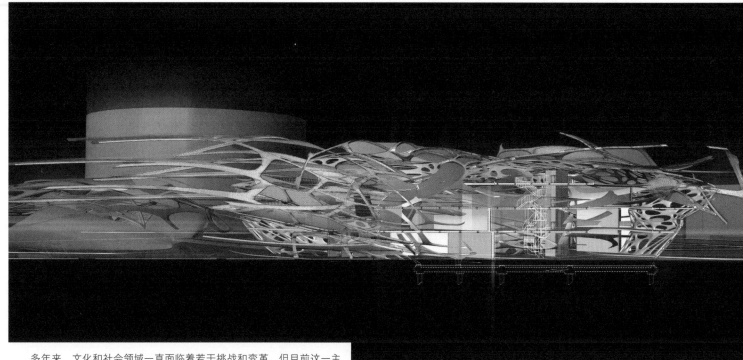

多年来，文化和社会领域一直面临着若干挑战和变革，但目前这一主要领域正在发生重大变化。文化表演正在经历从传统会议到虚拟过程的重大转变。IVC4.0 中心植根于这个由尖端技术来定义我们生活方式和思维方式的时代，第四次工业革命将体现尖端技术的混合，采用尖端技术和人工智能方法寻求提升文化领域的方式吸引观众。

IVC4.0 将为参观者举办文化和社交活动。该概念的主要目的在于振兴后疫情社会各方面的空间和时间，并在文化分支中实施人工智能的方法以及大数据和物联网系统。人们在无法社交或聚会时因社会感受了疏远和封锁，但现在 IVC4.0 概念将通过为公共展览和艺术活动创造空间来改变游戏规则，这些空间可以改变城镇并改善城市人、时间、空间和文化之间的关系。

大数据、物联网和人工智能方法的融合将对文化领域产生有意义的影响，例如为虚拟社交聚会提供聚会的手段，从而提高用户的生产力和健康福利，同时还可以根据数据中的信息生成重要的统计数据以及从参与者那里收集到反馈意见。

人工智能方法对文化的潜在影响可能是评估事件不同结果的能力，根据这些结果预测可能发生的缺陷和不便，并避免发生，从而改善未来时间和空间的仪式空间。大数据将通过收集和存储反馈数据来帮助持续改进的结果，并在这些创新体验中发挥重要作用。

此外，文化产业应充分接纳数据分析和人工智能的理念，以追求、增强、修改、存储和整理参与者的信息为目的。人工智能、大数据和其他方法之间的协作可以通过利用尖端技术和各种机器、设备、传感器和智能小工具来完成，这些机器、设备、传感器和智能小工具将负责控制整个性能过程并做出自己的决定如果需要提出建议、改变或选择。

在概念的社会方面，IVC4.0 概念将在振兴后疫情社会和文化问题的过程中发挥至关重要的作用。该概念的目标是重新整合社会活动，以促进交流，促进该地区居民的当地娱乐和社交聚会。该场地还将举办艺术展览，游客或当地人可以在一个适应不断发展时代的新空间中聚集和欣赏数字艺术作品。

鼓鸣寨夯土民艺馆建筑设计

作者 / 张波
指导教师 / 陶雄军
广西艺术学院

铜奖

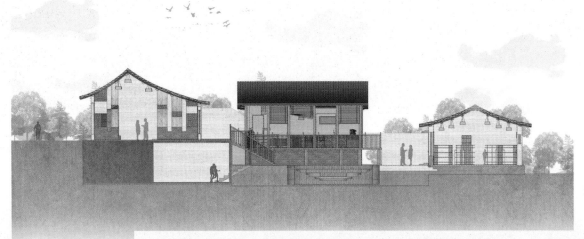

本方案为"鼓鸣寨夯土民艺馆"建筑设计，选址于南宁市上林县鼓鸣寨古民庄旁。鼓鸣寨为传统壮族壮寨，至今仍保留大量原始夯土建筑；本设计方案立足传承西南民族特色建筑为出发点，以新形式、新手法、新工艺对鼓鸣壮寨传统民居进行回应。通过设计手段挖掘当地文化特色，将"夯土""壮寨""民居""展馆"等元素融为一体，集展览、宣传、教育、休闲等功能于一体，意在以夯土建筑形式展现广西壮乡文化特色，以新表现的形式传承地域文化，服务于乡村振兴。

本方案创新点主要体现在四个方面：一，以壮寨自然山水为灵感，对宛若世外桃源的鼓鸣寨闲适生活进行表达。二，以新的建筑形式对壮族夯土建筑的历史痕迹进行回应。三，采用院落形式对当地原始宗族文化进行阐释。四，以多功能的建筑组合形式表现地域文脉，传承壮族民俗文化。

滴水育沭地 —— 忆水逸舟

作者/吴宇琪
指导教师/彭颖、罗瑾
广西艺术学院

古希腊泰勒斯说过"水生万物，万物复归于水"，水是万物的本原，水是孕育的载体，水也是文化的传承。在水木明瑟的海南岛上，有着一个孕育大地的明澈水库，从前荒芜的水库原始生态，净化为之孕育沭地，一滴清水，一片绿地，一个生命水库，环绕着双环脐带，它可以说象征着万物魅力，代表着海南明珠，意味着长久寻故人。

水利万物而不争，处众人之所恶，这样的品性最接近大道，中国上下五千年，多少文人墨客趣事都在这一水一舟中，苍茫若失又怡然自得。一绿一水秀美幽，一溪一舟水中游，一弯一曲尽忧愁，一我一你聚乐秋。

Three secret realm

作者 / 唐雪沁
指导教师 / 甘萍
广西艺术学院

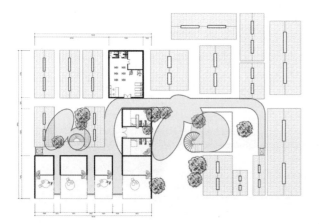

黄氏故居是南宁市文物保护单位，也是南宁市保存最完整的清代民居建筑，已有 300 多年的历史。然而，与雄伟的外观和历史文化形成鲜明对比的是，黄氏民居建筑却比岁月的痕迹更为孤寂和破旧。所以我想把这座老房子改造成新老房子，既可以供游客使用，也可以供当地居民使用。

跨越 · 交融

作者／黄林芳、植昆凤
指导教师／涂照权
广西艺术学院

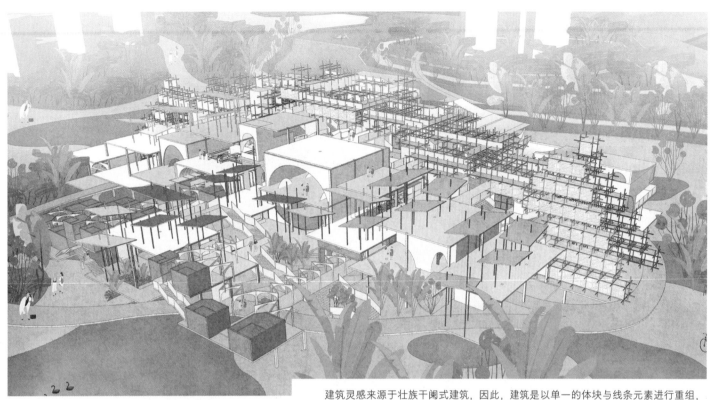

建筑灵感来源于壮族干阑式建筑，因此，建筑是以单一的体块与线条元素进行重组，从而得到一个富有趣味性的交错空间，以错综复杂的楼梯作为跨越不同空间的桥梁。在建筑与景观的处理方式上突破以往的局限，更加注重的是对它们之间相互交融的新形态的探索，使建筑与景观、景观与空间、空间与人之间跨越其本身界限，产生共鸣，增强人与环境的互动性；在功能分布上也尝试去突破旧的泾渭分明的空间格局，打造一个集展览、购物、休闲、居住、观光为一体的综合体建筑，使建筑成为一个共享的文化游玩场所，即建筑不只是建筑，是生态与建筑的融合，是小镇的焦点，是建筑与景观在相互独立之外相互交融的新形态。

摇问神韵处，悠然见夏均
——夏均坡祠堂综合体规划设计

作者／李长俊、纪耀逊、李思琪
指导教师／贾思怡、边继琛、王兆伟
广西艺术学院

随着时代的发展，传统祠堂的原始功能早已发生变化，有些祠堂已经遭到荒废和遗弃。主要原因是传统的祠堂建筑已经无法满足现代人对于日常生活的需要，跟不上时代的发展，所以该项目设计是以当地的传统祠堂为核心的祠堂文化一体式综合体。

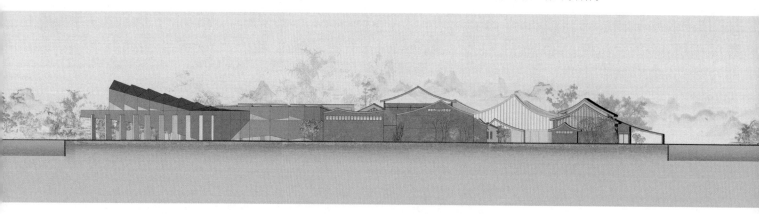

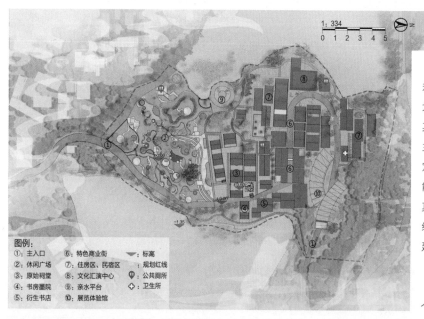

图例：
① 主入口　　⑥ 特色商业街　　▽ 标高
② 休闲广场　　⑦ 住房区、民宿区　　规划红线
③ 原始祠堂　　⑧ 文化汇演中心　　公共厕所
④ 书房墨院　　⑨ 亲水平台　　十 卫生所
⑤ 衍生书店　　⑩ 展览体验馆

首先，将整个村庄进行整齐划一的布局考虑，对于场地的规划设计以祠堂的发展历史流线作为主要动线。将整个场地规划分为五个群体部分，用规划后的主要交通道路对其进行串联。其次，在对于传统老祠堂，我们在保护当地地域性特色文化为主进行保护与修缮，并对其建筑的空间划分与功能性重新进行定义，使其在满足传统节假日和特殊时间里对祠堂的使用，又能成为闲暇时间里当地居民休闲娱乐的公共开放场所，使其从真正意义上实现功能形式的多样化。最后，此次关于祠堂文化综合体的规划设计主要是让祠堂文化在现代社会中得以保留、延续与创新。

面对即将被当地人民遗忘的传统老祠堂，我们要赋予它一个全新的含义，并将当地的地域性祠堂文化进行传承与发展。

返迹

作者 / 叶莉、黄忠臣
指导教师 / 黄文宪
广西艺术学院

"归"返回，回到本处，中国地大物博，每个地域都承载着中华民族遗传基因的重要组成部分，然而近年来日渐式微，频繁地改建抹去了历史进程中形成的特有地缘识别特征，历史是"勇往直前"的，博物馆是城市基因最丰富、传播最迅速的地方，在这记载着城市的历史以及民俗风情，是现代生活交流聚集以及休闲的发生器。

我试图在这样的背景下通过研究其地缘肌理，寻找值得记忆的地缘文脉，通过转译的方式与现代的博物馆建筑设计形体语言融合，试图寻求出一条既符合当下审美又蕴含地缘记忆的建筑设计，谦逊地融入环境中。

江西高校文化交流中心设计

作者／于鹏
指导教师／万征
四川大学

江西书院是中国现存文教建筑的重要组成部分，它独特的文化价值与空间形态对现代文教建筑地域化的发展意义非凡。纵观中国书院建筑之发展史，其滥觞于唐而止于清，在地域上尤以江西、湖南两地规模宏大，而江西遗存的大量书院建筑亦为本设计提供了丰富的研究材料。虽然书院已退出教育舞台，但其建筑的场所精神却依旧蕴藏于现代文教建筑之中，并伴随着场所文化、教育形式和地域特征的改变进行不断适应。但在消费社会的猛烈冲击下，文教建筑地域特征正在逐渐被磨灭，从而导致建筑主体与民族文化之间产生断裂。

本设计以江西书院为切入点，以在地性角度重新审视传统书院的选址、空间布局和处理手法，归纳论证书院建筑的基本形制。通过基于书院空间功能、文脉延续、场所精神和地域文化的转译形式设计江西高校文化交流中心，打造现代化文教场所，以做到对书院文教内核的延续。

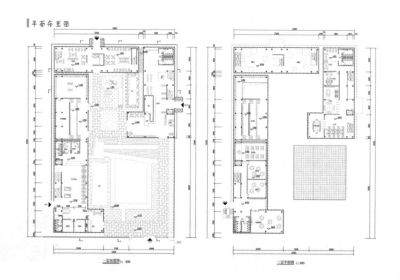

平面布置图

浮世

作者／申家宁
指导教师／代雨桐
四川电影电视学院

　　1959年为建造我国首个大型水力发电站——新安江发电站，始于汉唐年间的狮城、贺城两座古城、27个乡镇、1000多座村庄、30万亩良田都沉入了千岛湖底。29万人移居他乡，造就了旅游胜地千岛湖，但也把淳安的历史遗迹埋在了水下，据当时古城的村民回忆，在新安江水库蓄水前曾要对县城的所有住房拆毁和消毒，贺城基本被毁，狮城由于离水库很远，村民没想到水这么快就到了，根本来不及搬家，古城将永沉湖底。美丽的千岛湖以清澈的湖水、永恒的、变化的天空与绵延的远山举世闻名。为重新将古城展现在世人面前，在千岛湖水面上修建了一座古村落，村落将与两座岛屿相串联，给人们带来一种漂浮在水面上的视觉感受。

溯 · 宛
—— 沣河生态湿地科技公园

作者／谌子郁、杨宇辰、蔡文斌
指导教师／刘晨晨、翁萌、濮苏卫、王展
西安美术学院

　　"溯·宛"即沣河湿地生态科技体验馆，设计的出发点在于对黄河文化的传承和青少年趣味教育的研究。记述黄河生态的历史和发展，普及生态保护意识，发展生态保护技术。我们的设计灵感来源于诗经《蒹葭》。"溯"在金文中有水和月的表达，"宛"在金文中有家的意义。文字历史发展到今天赋予了它们更新的含义：溯表达了逆着水流的方向走，追求根源或回想的意义；宛表达了曲折向上发展和缥缈幽美意境的意义。建筑的形态设计就来源于蒹葭随风飘荡的自由形态。建筑的功能围绕着展览与研究结合展开，将水元素与月亮元素贯穿设计理念，表现出蒹葭柔韧和逆流向上不畏艰险的核心力量。"溯·宛"的设计意义在于对于历史的追溯，对于现状的记录，对于未来的展望。

未来黄河 2050 —— 未来居住构想

作者 / 李晨旭、陈捷彬、药家华
指导教师 / 濮苏卫
西安美术学院

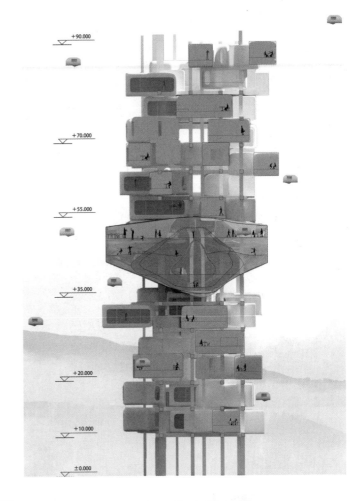

该方案致力于对 2050 年黄河流域居住空间的构想，同时结合了现阶段社会发生的一些问题，对后疫情时代的思考，5G 技术的发展，连带着各领域提出一些新的可能性构想。

首先，课题研究来源于自己所观看的科幻电影，通过观赏的科幻电影，获取了一些碎片化的想法。同时结合了现阶段社会发生的一些问题，对后疫情时代的思考、5G 技术的发展等。在经过思考与梳理后，得到了"技术发展对未来黄河流域居住空间模式与生活方式的设想"这个研究课题。在确定了对未来黄河流域研究的课题后，我们展开了多种对未来的设想模式与框架，以及推导各种未来可能发展与出现的新技术与新能源，最后设想出了几种在未来可预见性最高的技术与能源，主要包括人工智能、混合现实、超自动化、云端数据。在确定了前沿技术的设想后，在此基础上，我们主要从人类生存的基本条件，衣食住行为出发点，进行了研究设想。最终在以解决居住空间为主导的条件下，同时设想了未来交通、教育、医疗、饮食、购物模式的改变。

毓于无痕·生如夏花
——陕西省咸阳市烟霞镇袁家村民宿设计

作者／蒋俊杰、张栋林
指导教师／周维娜
西安美术学院

本方案设计紧扣竞赛核心要求，立足于西部本土，选址位于陕西省咸阳市礼泉县烟霞镇的袁家村。袁家村具有良好的商业背景，文化底蕴深厚，现依据周边的文化背景与自然资源，提升该区域人居环境面貌，并以民宿空间设计为例。

"传承"场地文化记忆是设计的重要出发点和落脚点，因此设计中大量保留了该场地的记忆元素，并引入无痕设计的理念，对其进行探讨：场所精神与乡土环境的再认识；关中地域材料的构建表达与当代呈现。其体现出的是现代人们对于传统建筑、景观的重新认知与整合。

敦煌 · 异境

作者 / 赵鑫
指导教师 / 刘虹、董美宁、蒋琳
西南科技大学

设计基地为甘肃戈壁沙漠，结合自然地形，联想敦煌文化，提取最有代表性的壁画飞天形象以及连绵的沙丘。取飞天曼妙的身姿与丝带，沙丘的连绵与质感，设计成两位飞天相聚，共举莲花之意。

时间之"延"是流沙的鸣响，是置身于荒漠中的生命思考，空间之"异"是围合的冥想，是面朝于佛像前的谦卑禅意。光与影的错动，变的是空间体验，不变的是人，是物，是面前俯视众生的佛。

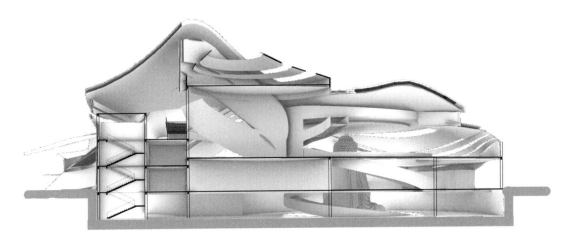

佛像处于一个通高四层的竖向空间内，是整个建筑内最重要的景观，主要的环形交通围绕佛像展开，串联起各个功能分区，包括壁画区、冥想区、石窟复原区、VR 虚拟体验区、休闲区等各个空间模块，从而形成一个游览的闭环。

成都市高升桥路高层综合体建筑设计

作者 / 周健伟、张宸菲
指导教师 / 蒋琳
西南科技大学

这次的商业综合体每一楼层的设计都彰显了灵活性与连通性，促进创意的萌发，提高生产效率，有益身心健康。除了超大的工作空间之外，每一层还有供团队协作和社交的区域，以及装点着自然元素、更为安静的放松区域。开放式的楼层布局十分灵活，可根据不同的工作模式调整布置，方便今后使用。以此来打造承载"生活、乐享、体验"于一体的理想街区超越商业设施范畴的生活中心。

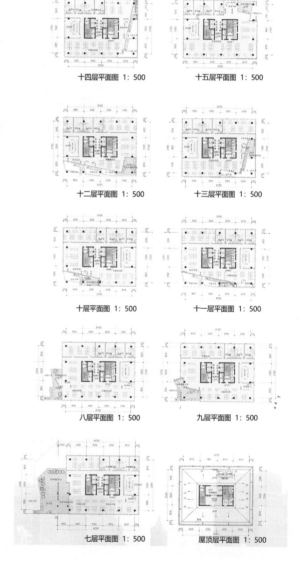

十四层平面图 1 : 500 　　十五层平面图 1 : 500

十二层平面图 1 : 500 　　十三层平面图 1 : 500

十层平面图 1 : 500 　　十一层平面图 1 : 500

八层平面图 1 : 500 　　九层平面图 1 : 500

七层平面图 1 : 500 　　屋顶层平面图 1 : 500

"城市商业综合体"是将城市中商业、商务、居住、展览、餐饮、会议、娱乐、休闲、购物和交通等城市生活及功能空间中的三项以上进行组合后的统称，综合体的出现是城市形态发展到一定程度的必然产物。因为城市本身就是一个聚集体，当人口聚集、用地紧张到一定程度的时候，在这个区域的核心部分就会出现城市商业综合物业。

Re:route 重新；路线 | 多式联运枢纽和公共论坛

作者 / Fionn Harding
指导教师 / Dr. Hazem Ziada 、 Dr. Ioanni Delsante
University of Huddersfield

"巷里蓝" 扎染农家乐建筑设计

作者 / 丁曼、初航
指导教师 / 杨霞
云南艺术学院

　　"巷里蓝"扎染农家乐建筑设计是关于乡村产业扶贫的设计。结合当下"奋斗、创新、奉献"主题结合新技术和"一村一品"等设计理念。从而制定出一整套通过发展多种特色产业，为当地提供更多就业岗位和拉动经济的策略。坚持"科学理性研究，理念先行"的原则，运用环境设计的理论知识，对该小村特色产业需求下的基础设施进行设计，希望能为巍山县特色产业扶贫提供参考。

　　"巷里蓝"扎染农家乐建筑设计是以扎染传统工艺为主的村落，在规划上我们尊崇先保护、先梳理、适度改造的思想。充分保护村落的原有街巷肌理、传统民居建筑风貌和民风民俗，完善村落的基础设施，同时考虑当地村民经济状况，设计科学适用的扎染产业相应功能布局。最后我们决定设计集扎染作坊、扎染手工艺店铺、住宿、特色小吃、扎染原料作物、田野风光体验、驻村艺术家工作室的综合农家乐体系。

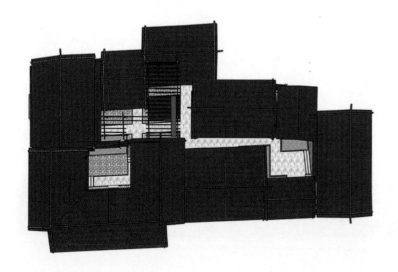

　　在建筑设计上面，我们通过改造和创新两种方式进行。我们保留了当地传统建筑的屋架，两面山墙，将建筑前后打开，将扎染设计元素提炼后运用到建筑的前后立面上，增强扎染主题元素的渗透。然后对当地建筑照壁、特色门头、屋脊、扎染工艺等元素进行提炼，设计出既可以和当地传统建筑相融合，又具有艺术性和时代特性的新建筑。

昆明呈贡老城商业中心规划设计方案

作者 / 杨瑞雄
指导教师 / 李卫兵、王睿
云南艺术学院

本次设计应坚持"以人为本"的理念,多方面满足人们的需求,吸引更多的顾客,只有吸引来更多的消费者,满足他们多元化的需要,才能获得更大的商业效益。成功的商业建筑项目应是一个具有鲜明文化内涵的建筑物,也是对一个地区、一个商业风格的浓缩,对延续历史文脉、彰显时代风貌、传播物质文明和精神文明起到积极作用。

本项目在设计上力求创造出具有现代化、传统化、艺术化——造型既有传统气息又有现代风格的商业建筑,尽力做到以人为本,建筑空间布局合理,体量组合协调一致,采用传统夯土材料,色彩处理淡雅明朗、简洁大方,给人以视觉上的享受。

建筑形体设计:将设计成为新的区域地标性建筑,建筑形体要简洁、大方、活泼、鲜明,传统商业气氛浓厚。

平面设计和功能分区:总平面设计以商业步行街为主轴,将各主力店铺贯穿连通,使各业态紧密联系。

以景观意境为线索,融入共城、共生的设计理念,运用轴线对称布局,参照传统民居合院的空间布局形态,营造一个多功能舒适的、令人愉快的、有云南传统民居建筑特色的娱乐购物和文化休闲的商业街区。

(1) 延续云南本地传统夯土民居的形式。
(2) 以坡屋顶为主,统一建筑风格和建筑色彩。
(3) 屋顶以灰色的瓦片为主,墙身以土坯墙,窗子可用稍现代的花纹铝合金窗,整体协调搭配,局部点缀石材。

昆明呈贡三台山休闲娱乐区概念规划设计方案
作者／钟玫珑
指导教师／李卫兵、王睿
云南艺术学院

本土：该地区多数老的建筑为土坯房。休闲娱乐区的设计立足于本土建筑，挖掘当地老式土坯房的特点，根据云南呈贡当地具有代表性的一颗印建筑组合方式，进行变化和设计，组合成新的平面布局形式。建筑材料上也考虑到当地特有的土坯墙，于是在设计中采用了当地建筑材料的再塑造，尽可能地能保留住当地的一些建筑特色。

创新：主要体现在休闲娱乐区中凸起的广场和建筑的立面造型上，整个休闲娱乐区外立面造型主要以大玻璃与小碎窗相结合的开窗方式体现，加以玻璃连廊相连接，曲折的屋顶以当地山脉的走势而设计。设有多个玻璃顶方盒组合而成的下沉空间，表面凸起，很好地均衡了场地过平的现象，使空间有起有伏，更为灵动。

休闲娱乐区建筑的内部功能空间合理多样，建筑造型新颖独特又保留当地特色，是本土与创新的完美的结合。

林断山明，竹影婆娑
——眉山市第一人民医院办公及康养综合体方案设计

作者／陈志权、陈远波、孙晨歌、陈敏婷
指导教师／王睿、李卫兵
云南艺术学院

　　本方案以"为健康而设计"为出发点，力图对现代医疗建筑空间与环境中人性化与地域化设计手法加以探索与诠释。项目选址位于四川眉山天府新区，涵盖眉山第一人民医院行政办公楼及康养中心建筑综合体及其附属景观环境等相关内容。

　　通过设计创作，对川西地区以罗城为代表的场镇空间中船形街与连厦屋等设计原型进行了抽象凝练，配合其取义于当地活泼且富于层次变化的屋面轮廓线条，以及立面构架运用中对于川西竹林环境意象的概括表达，力求既能营造出舒适高效的现代医疗办公与康养室内外空间，又能体现出当代现代医疗建筑环境设计对地域文脉的借鉴、传承和创新。

青田一筑：传统美学与工业文明的和解

作者／董津纶
指导教师／谭人殊、邹洲、向坤
云南艺术学院

这幢景观建筑位于云南省昆明市安宁区的白甸村，那是一个已经被现代文明所异化的村落，传统风貌几乎消失殆尽。设计首先分析了乡村原生性建筑的演化内涵，即现代民居为什么呈现出如此的模样。而后以混凝土框架为基础，通过模拟乡村建筑的自然肌理来呈现建筑的骨架，最后赋予其传统风貌的竹木表皮。

设计考虑了乡村原生性建筑的演化，考虑了工业建造技术的优势与适应性，考虑了传统美学的传播意义等。最终，辩证地融为一体。

瓦解

作者 / 王爽、施海葳
指导教师 / 杨霞
云南艺术学院

因为这次主要借鉴的是"大瓦房"的建筑形式，所以用瓦来作为一个贯通四个建筑的元素。旧时制瓦，先把陶土制成圆筒形，分解为四，即成瓦，也比喻全部解体或溃散。我们瓦解了原始的大瓦房建筑形式，构成了现在的一种新的大瓦房建筑形式。

这栋建筑将彝族传统"三房一院"一分为二，分解成为一个主房和一个耳房。堂屋和卧室布置在正面三间，是家中主要的活动场所，厨房、卫生间及老人房设置于耳房。二层通过楼梯间到达楼上的卧室和露台（可做临时晒台）。屋顶改变了传统大瓦房对称形人字屋顶，而是将两个人字形屋顶拼接在一起，并在一个人字屋顶上做了不对称的处理，使建筑外观变化性更强，更加灵活。

从建筑的材料与结构方面看，采用了传统土木结构和现代砖石结构相结合，保持了彝族传统建筑就地取材的特性，但却使得新建筑更加坚固，并容易与现代其他类型建筑取得材料上的呼应与协调。彝族建筑就地取材。本方案在墙体材料上采用与彝族民居土墙颜色相近的夯土肌理外层涂料和石基，并且大面积使用了木材，木材使建筑外观看起来更加轻盈。

平衡·失重

作者／赵骏杰、陈彦德、郑艳、王珩珂
指导教师／潘召南
四川美术学院

该作品是基于老旧的大学校园的教学楼进行的再设计，设计作品基于原始场地的问题、生态性、现代校园人际交往空间形成了设计方案。依据原始场地的建筑结构，将楼层空间重新划分，保留传统功能区，增加新的功能区域，扩大立面收光面，增加建筑立体绿化，形成打破重组后共享生态环境的有机循环。

针对传统大学教学模式产生的功能，新增的共享学习空间，使学生的空间使用感和体验感更加舒适的同时，有效地针对各专业侧重组合空间，形成了开放与闭合的对比形态。

空间中增添长廊步道将各个空间与楼层串联起来，增加交通流线的同时，增添空间的趣味性。建筑的最终表现希望通过漫画的样式来展现传统建筑到当代校园的有机转型和现代校园的趣味和美好状态。

织·木

作者 / 梁军
指导教师 / 余毅
四川美术学院

彝族传统建筑于中国上千年历史文化变迁中保留下来，它的存在是彝族人民生活的直接表现，是农耕文明下的伟大遗产。但是传统建筑已经不能够满足现代生活方式的需求。

城市化的进程让我们童年记忆中的村寨逐渐远离。在世界文化相互交融的今天，地域文化大都陷入困境，逐渐没落。因此，对地域文化的保护也迫在眉睫。

本次的设计对彝族土掌房进行了大量的调研，以"在地性"设计作为设计理念，突出地域文化传承，工艺上运用现代的材料结合传统工艺打造满足现代人生活需求的人居空间，建造符合原有村落村貌的当代土掌房。

251

重构味阁 —— 西安美院一食堂空间设计改造

作者 / 王翌轩、吴世婷
指导教师 / 王晓华
西安美术学院

随着现代社会的高速发展，建筑业元素的多元化可见一斑。建筑设计师们开始着手于如何利用一些自然元素与建筑空间相结合，满足不同受众的视觉体验以及心理活动。此设计方案是针对西安美术学院一食堂建筑空间环境进行的一次改造。该设计中借用梯田这个元素对西安美术学院一食堂建筑空间区域进行了食堂建筑自身及公共空间艺术性的优化处理。设计方案中的主要建筑与周围环境呈现出的是一幅和谐共存的自然景象，梯田状的建筑造型与周边公共空间的空间纹理交相呼应。在完备的绿化背景和校园硬件设备的加持下，概念设计中的美院食堂建筑空间不仅能成为一个用餐的场所，更能作为一个减缓现代人快节奏工作学习过后放缓脚步、享受自然的公共空间。

"一带一路"背景下乡村旅游生土建筑设计

作者 / 张振宇
指导教师 / 李群
新疆师范大学

以吐鲁番吐峪沟麻扎村为例，运用传统民居的模块化设计，提取了当地传统民居的标准样态，以传统民居和餐饮空间结合的方式进行设计，建筑分为两个部分，面对马路的是餐饮空间，后面是民居的部分。餐厅空间分为两层，民居部分为三层，带地下室，其主要功能是为了娱乐、避暑，其中晾晒房可以让游客体验到葡萄干的制作过程。

日暮边声

作者 / 王爽、施海葳
指导教师 / 杨霞
云南艺术学院

本方案主题为"日暮边声",此建筑的意境在于"大漠孤烟直,长河落日圆""日暮边声"取自"日暮风悲兮边声四起",形容荒漠草原的景象有苍凉辽远之感。荒漠总带给人们孤寂绝望的印象,所以我们想在这片荒漠中建一座"绿洲",绿洲是希望和生机的象征,我们想给人们带来生活的希望,成为人们心灵的绿洲,营造生命的循环。

扁平状构件的不断堆叠突出了建筑本身模糊的结构性。由于这种重叠元素的建造技术,建筑体量上除了主次入口外没有明确的开窗和洞口。尽管玻璃窗全部隐藏在坡状屋顶构件的后面,将内部空间牢牢围合起来,但也具有渗透性和开放性,开洞全部朝向室外景观打开。

生土空间的延异

作者 / 荣振霆、张旭冉
指导教师 / 余毅
四川美术学院

本设计以将吐鲁番吐峪沟村作为设计实践对象,对其村落进行实地调研后分析其景观现状,并结合当代游客与村民的需求,确立了以公共空间特色营造为主轴的村落景观设计。在设计中运用功能性、生态性、艺术性的设计方法,以整体村落肌理为景观特色导向,根据公共空间现状与需求进行景观设计,并对吐峪沟村特色元素进行梳理。以营造特色公共空间为目标,设计了游客中心、葡萄地观景平台、街巷节点空间以及观景长廊等特色空间。打造出独具特色的吐峪沟村公共空间,促进村民与游客的交流,以及乡村振兴发展。

综合设计作品
Comprehensive Design Works

金奖

设计将作者对音乐的浓厚热爱寄托于旧建筑的更新、改造，并赋予其"音乐社区"的新身份，使曾经辉煌的遗存旧工业建筑重获新生。

在满足相关从事音乐事业人群的基本使用需求之外，设计着重探讨新型的社区模式与音乐文化事业发展的耦合关系，使热爱音乐的人们在线下也有合适的、丰富的空间进行沟通与学习。为不同类型的音乐人们提供便利的展演场所与音乐制作空间，让不论是在社区生活或是参观游玩的音乐人都能找到自己的归属感。

作者意在将"音乐社区"作为一个连接人与人、人与场域的新载体，用空间去承载一切与音乐有关的精神层面事物，让人们在音乐社区空间里尽情表达。

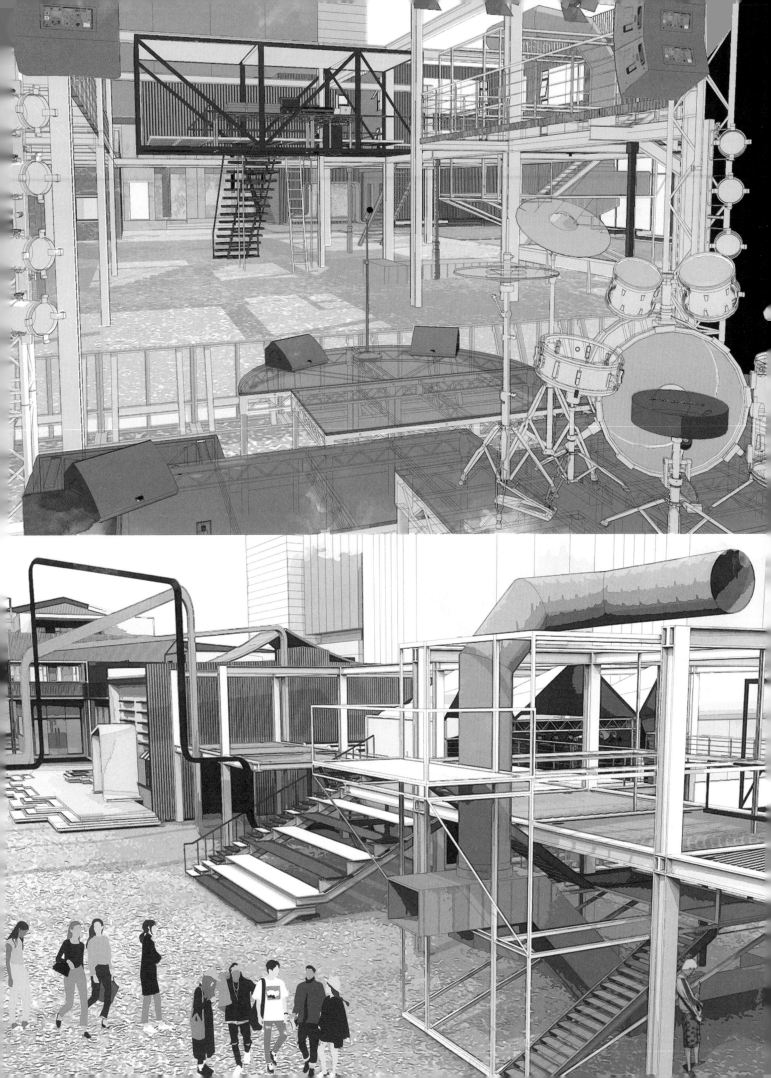

"比邻而往，区域自足" 以社交为目的养老空间设计探索

作者 / 王静、王诺冰、胡中远
指导教师 / 罗珂、林建力
四川大学

单一的养老模式已经无法满足现在"新"老年人的养老需求，他们对医疗健康的需求更加突出，对心理慰藉的需求更加显著，对文化娱乐的需求更加迫切，对主动社交的欲望更加热切，他们渴望遵从本心、发挥余热、实现自我价值。

遵循老年人的迫切需求，在进行养老空间设计时重点在于引导老年人进行自发性的个性化社会活动，让老年人以自己的兴趣为主导，自由"生长"出不同的社交群。

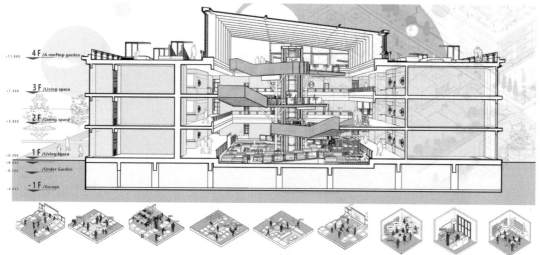

建筑轴测 /Building axis measurement

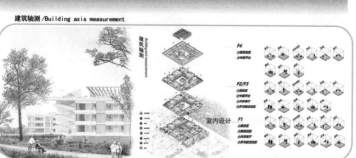

中庭活动平台 /Atrium activity platform

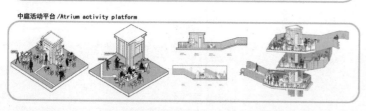

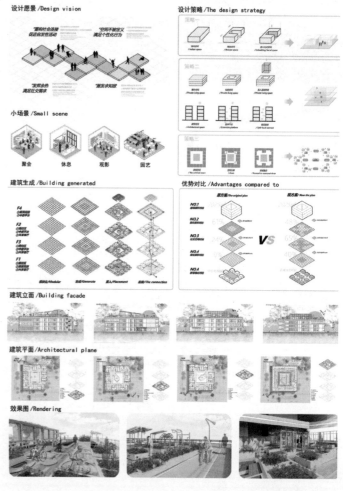

设计愿景 /Design vision

小场景 /Small scene

建筑生成 /Building generated

建筑立面 /Building facade

建筑平面 /Architectural plane

效果图 /Rendering

设计策略 /The design strategy

优势对比 /Advantages compared to

构建有私密层次的共享空间，去除目前养老院内最普遍的强制社交的问题，引导重构老年人与社会的连接，提高老年人的幸福感。

同时建立一个社会型的养老居所空间新模式，为养老产业居所空间设计提供新思路。

作者／崔守铭、王政宇、张耀丹、李曼瑜
指导教师／罗珂、林建力、周炯焱
四川大学

银奖

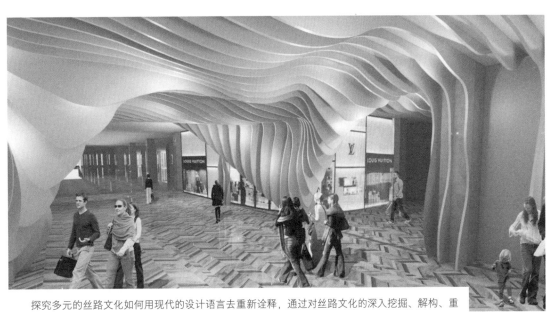

　　探究多元的丝路文化如何用现代的设计语言去重新诠释，通过对丝路文化的深入挖掘、解构、重组。以此制定出以文化韵味为内在骨架、现代设计为外在表现的设计策略，将传统文化赋予时代的气息，两者有机结合，创造出传统文化的新形式，打造一个人文社会交流的地下商业空间。

桃乡艺锦 —— 产业融合模式下桃谷体验型文旅规划设计

作者 / 左勇亮、刘骐铭
指导教师 / 李平毅、周靖明
四川轻化工大学

本项目依照天府新区永兴街道总体规划为重点发展都市农业生态功能。因此依托农业资源、根植文化内涵，以旅游、工美研学为特色定位，打造轻污染、轻经济、轻游乐三位一体的"轻旅居体验模式"文旅景观。

空间构思上，提取手工艺形式与技艺上的共性，融入场地思考，形成错落有致、生态野趣的景观。在精神文化上，从明代画家仇英的《桃源仙境图》中提取情感序列，形成场地游玩线索，隔空与古人对话，感受百年前的雅趣生活。同时，探寻成都的在地文化基因，营造安逸闲适的场所氛围，为都市旅人提供一处唤醒过往生活记忆的空间。

　　场地分为商业手工艺、商业餐饮、娱乐生活三大综合体区域，其中散布穿插自由探索、桃果采摘、林荫休闲、溪边戏水等自然体验节点。入口商业手工艺综合体设置工作室、博物馆、体验馆、售卖馆等功能，打造手工艺产学研一体化的发展模式。中部商业餐饮综合体，以特色文艺餐饮为卖点，体验自然农家美味。娱乐生活综合体以精品民宿场地分为深林、溪流、田野、湖景区域，旨在让游客于探索中寻觅归家之路，感受乡野乐趣。项目目标成为首个西部工美艺术中心，让传统工艺及其产业的发展，成为"地域振兴与建设"的核心，带动地域产业融合及发展，打造四川旅游新名片。

陈市寻续

作者／李靖雯、刘莹莹、麻筱
指导教师／贾思怡、边继琛、莫敷建、涂照权、王兆伟
广西艺术学院

基于后疫情时代、疫情防控常态化的背景下，探寻老旧农贸市场得以延续的更新方向，其中着重考虑市场在平时和疫时两种状态的运行模式，将市场内部摊位以及交通流线设计为两种可相互切换的形式，改变传统市场在面对大型公共卫生危机时首先沦陷的状况。

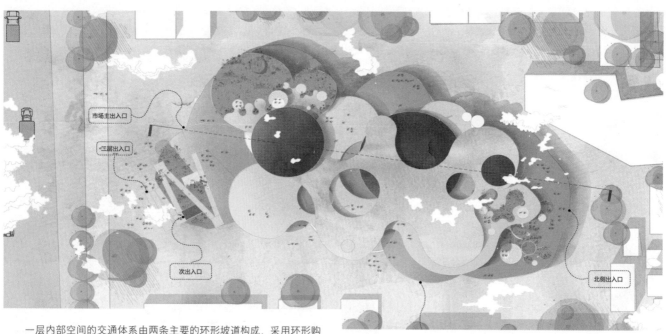

一层内部空间的交通体系由两条主要的环形坡道构成，采用环形购物模式。此外，交通设计为可进行平时与疫时双模式相切换的形式，同时附加无接触轨道购物体系，实现特殊情况下的无接触购物。二、三层为室内、室外和公共绿地组合而成的空间，与一层市场连通，设置商铺和休闲空间，主要用于满足附近居民的社交需求。

此外，考虑到市场的活动人群多为中老年群体，因此，本次方案也将中老年群体的行为活动及使用需求融入设计，在符合平时和疫时两种状态的原则上，分析总结当下农贸市场设施配置所存在的差异性问题，提出平时和疫时两种运营模式的设计策略。

清明上河图·浮生六记1+ —— 叙事性空间设计

作者/顾睿、刘子璇、禹良晨、俞莅悦
指导教师/胡月文、周靓
西安美术学院

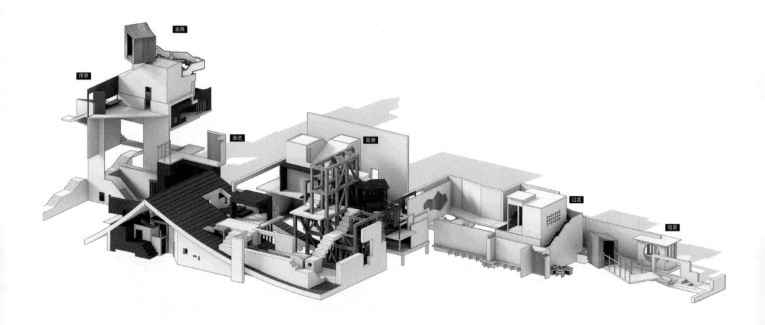

设计以北宋风俗画《清明上河图》市井生活空间为研究脚本，通过叙事性空间设计手法探究人居行为与社交文化，找寻现世生活中的"诗意栖居"之法。

在原有绘制画幅的民俗文化与生活百态中提取事件——设置"片段"、发展"片段"、重设"画幅"三个步骤完成设计构架。设计采用蒙太奇的空间转译手法，选取图中典型场所"郊野""河畔""街口""城墙下""香饮子"等作为空间原型，契入生活百态作为片段事件的叙事空间剧本，捕捉画幅中人物的"依、靠、蹲、踞、坐、立、观、走"等行为细节，体会空间意境，将中国画的散点透视阅读方式在空间层面进行系列叠合重组加以空间群构，舒解设计的叙事空间形态关系。

在观者与物像之间营造历史的心理时空与现世时空的并置，即清明上河图可见的市井与生活的烟火气是近千年的历史回眸。而设计目的以期回望传统，环视当下，凭吊古人所感，感怀传统叙事意境下深沉的生活意趣。

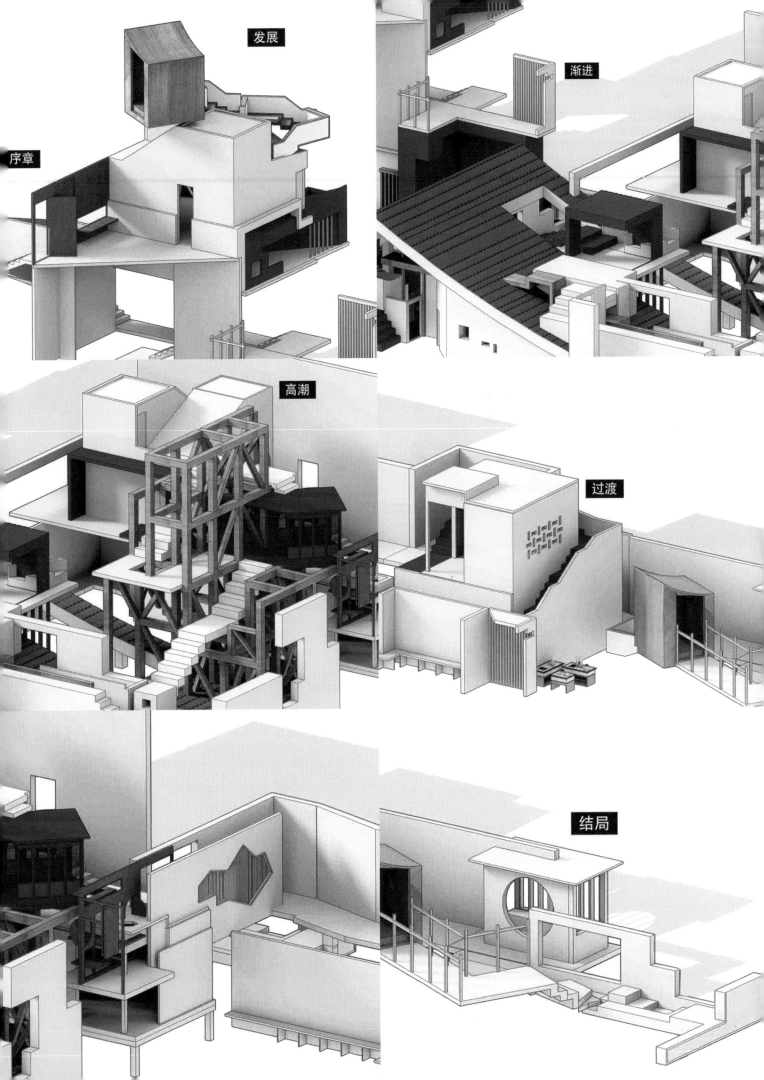

序章

发展

渐进

高潮

过渡

结局

树形生长·层间漫游 —— 未来健康智能化垂直社区设计

作者／周菱、凌静、喻芷琛
指导教师／石丽、张豪
西安美术学院

随着全球城市化进程的加快，越来越多人涌入城市，社区作为人们日常生活的必要空间，被越来越多的人重视。尤其是在后疫情时代，当人们被迫生活在狭小的社区内，简单的社区功能及服务已经不能满足日常生活所需，因此新的社区模式即将诞生。此设计就是从人的社会需求和精神需求出发，在传统的社区模式上，引入健康理念、智能化科技和垂直空间概念，设计出一个未来健康智能化的垂直社区。

设计选址位于西安创业咖啡街区，属于人口较为密集的场地。作为主题性的公共空间，这片区域75%的人群属于中青年人，是最能与智能化生活快速融入的群体。同时，这片区域虽然周围高楼林立，但功能单一，缺少一个多功能的社区空间来满足区域人群的基本需求。

因突发疫情，场地很多空间因没有应对突发状况的能力，从而失去活力。这些满足了我们对未来健康智能化垂直社区理念的初步需求。但如何将设计理念与街区空间融合，如何将原有功能融入设计，也需要进一步的设计。

本次设计通过引入智能科技系统，医疗健康设备，共享空间模式，以及紧急避险系统，来创作一种新的社区模式，应对后疫情时代下人们对社区产生的新的需求与依赖，从而实现这个可生长、可防控、可共享的健康智能化社区。

永新老城里的缝隙居所

作者 / 冼维维、尹凌飞、李婉莹
指导教师 / 赵悟
广西民族大学

我们希望通过在低成本、效应性和适应性的基础上，楼内联合当地居民和租客这两种群体，共同参与机制形成共同作用，促进永新城的发展。激励当地居民自主更新改造，让他们从中获利；提升生活品质的同时，使得租客在精神层面找到一种精神寄托，获得一种归属感和认同感。使永新城重新焕发生机与活力。将更多年轻力量引入永新城，同时给永新城带来一些经济效益。在此项目中提取了 6 个具有代表性的点进行更新改造，分别是二手书摊、自产自销售卖区、巷醇米酒铺、三层商业综合体建筑、永新小卖铺、三叔公钥匙铺。

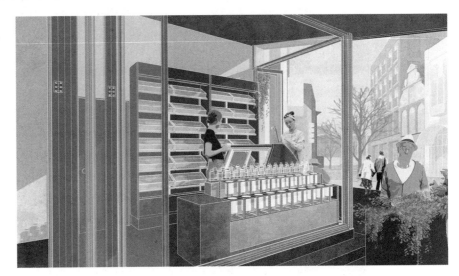

永新城带有永新区时代的烙印，在社区急待转型升级的情况下，我们希望通过做出一些改变设计使得社区重新获得活力，跟上时代发展的脚步，不做被遗忘的角落。社区内原住民与租客两者交流少、通过设计提供一种媒介场所使其增加交流、接触的一个环境，产生情感联系，使得新住客更好地融入社区、获得归属感。

舌尖上的 2077 —— 为中山路充值一套赛博朋克时装

作者 / 李文昌、梁昌杰、樊林林
指导教师 / 涂照权、莫敷建
广西艺术学院

铜奖

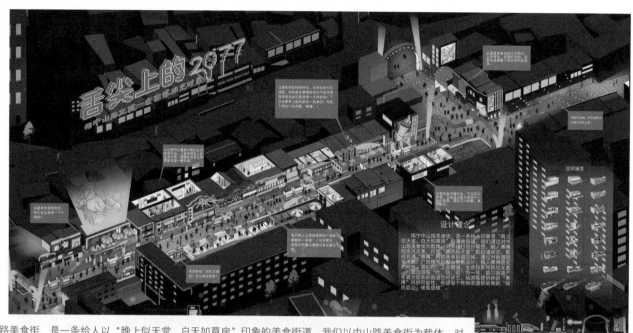

南宁中山路美食街，是一条给人以"晚上似天堂，白天如草房"印象的美食街道。我们以中山路美食街为载体，对其进行设计联想，融入赛博朋克风元素，打造"天天似天堂"的街道状态，形成充满"赛博"风的美食街道空间。通过对街道现有建筑、广告牌等的整合更新设计，植入赛博朋克的颜色、霓虹灯、工业管道、全息投影等视觉元素，打造出游客"吃、玩、逛"一体，能与街道产生最大联系的街道空间状态，给游客提供体验"赛博"风的可能性，希望每个传统街道都能做到"破而后立，破茧成蝶"。

Defend

作者 / 顾雪飞
指导教师 / 黄文宪
广西艺术学院

本次设计的摩天大楼旨在帮助贫民窟的民众做好最基础的隔离，以缓解疫情在该人群中蔓延的趋势，同时也为全球各地类似情形的设计案例提供参考意见。我们采取结构单元模块化设计手法，引入熵增及耗散的物理学概念，为民众提供大楼的内部磁力动线和参考的单元组织形式。在尽可能发挥他们主观能动性的前提下，建筑外观将随着时间的推移不断生长。由于住宅区由横向的发展转化为纵向的延伸，各体块之间的移动轨迹将被合理划分，以期降低民众间的交流，遏制病毒的传播。

该大楼以围合形式表现，外围的裙楼为住宅和商业区域，中间楼层为疫情的集中隔离区域，我们采用磁场的作用力，将每个民众居住的建筑体块放置其中。根据同性相斥、异性相吸的原理，楼中的每家每户将无法近距离接触，并沿着规定轨道移动，建筑体块自带有温度感应装置，正常情况下将标记为绿色，一旦发现户主体温异常，建筑体块会转化为红色，而磁场也会迅速增强，则同性相斥的力量就会增大，周围距离较近的建筑体块会被迅速弹开，机械臂即将感染者移动到裙楼的磁场控制区域外侧，异性相吸的作用力会使该感染部件向隔离区域移动。

抱海

作者 / 刘锐、王凯雯、王颖
指导教师 / 衣霄
新疆师范大学

铜奖

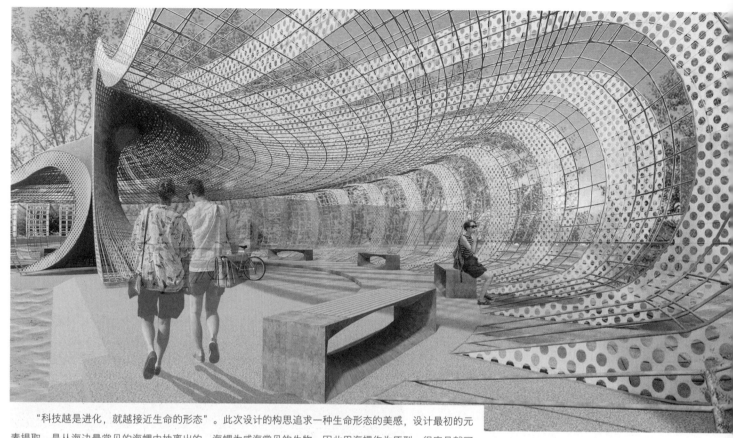

　　"科技越是进化，就越接近生命的形态"。此次设计的构思追求一种生命形态的美感，设计最初的元素提取，是从海边最常见的海螺中抽离出的。海螺为威海常见的生物，因此用海螺作为原型，很容易就可以与当地人文相融合。

水韵清禾 —— 茶园温泉生态酒店设计

作者 / 黄定达、杨艳金、王娅
指导教师 / 徐曹明
玉溪师范学院

铜奖

本次设计主题是茶园温泉生态酒店设计，名为"水韵清禾"。水，预示着生命。生命和水是密不可分的，生命因水而变得鲜活，生命由水而之存在。人与自然、建筑与环境、功能与艺术相互之间更是密不可分的。实现空间与生态的平衡，就像理解生命与水的联系一样，水韵也象征着灵气。

本设计选址地为腾冲的清河村，清河村有远近闻名的茶文化，也是茶叶种植的重要基地，"和"字摒弃一半的"口"，剩下的"禾"正寓意茶叶嫩芽芽苞初放，生机勃勃的场景。运用茶和温泉文化贯穿设计中，在这次设计中建筑设计我们根据山地走势，依山而建，建筑外观由方形圆形叠加变形，体现现代和传统相辅相成，融会贯通。景观部分既根据地形地貌，保留原始生态环境，又能体现出现代设计感。

"破局" 交流重启

作者 / 王佳蓉、段素娟、吴京联
指导教师 / 王尧
云南师范大学

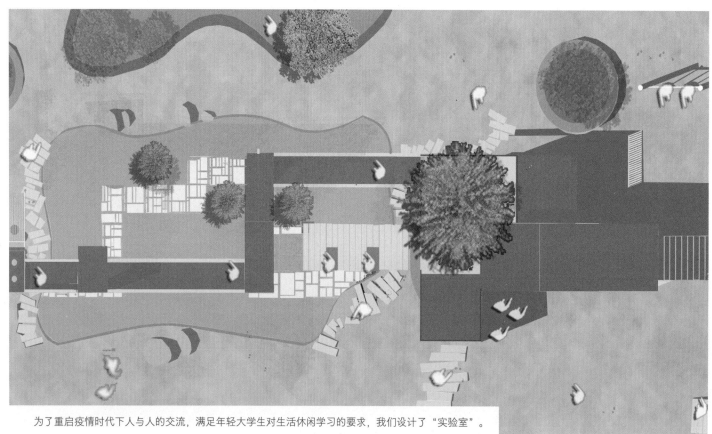

为了重启疫情时代下人与人的交流,满足年轻大学生对生活休闲学习的要求,我们设计了"实验室"。我们摒弃了传统公共建筑模式,建立小公共立方体实验室,实现空间共享,我们希望在青年大学生的生活和交流中,通过与建筑互动的无限可能,创造出更多的可能性,赋予建筑更复杂的意义。这是一个正在成长的建筑,一个正在发生的故事,一个正在产生的意义,一个正在形成的交流实验室。

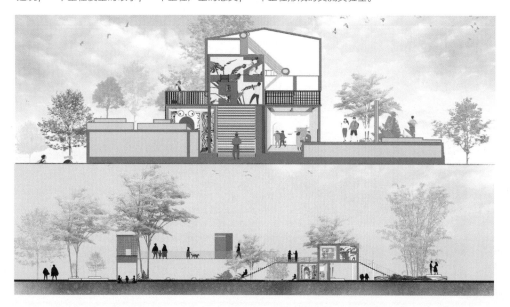

自由衍生 —— 大理巍山东莲花村综合商业街概念设计

作者 / 陈湘予、武浩扬
指导教师 / 杨春锁、穆瑞杰、张一凡
云南艺术学院

铜奖

东莲花村是一个典型的回族自然古村落，村落的景观风貌受到回、白、汉等多个民族的共同影响，产生了不同于传统印象的回族符号。因此，我们将东莲花最独特的回族符号作为设计切入点。

在布局上仿照自然村落的错落关系，自然村落有一种土生天养的生长关系，它与周边的环境非常和谐，似乎是大自然的一部分。我们的地块和东莲花古村在同一片土地上，所以希望我们的设计也和东莲花一样是自然生长出来的，这样就和东莲花村产生了联系，就好比东莲花村是一棵古树，我们的设计是古树衍生出的新生命。

在形式上主要提取了圆拱形、方形和三角形，进行不同形式的组合，并以综合性商业街的形式展现，在提供对外服务的同时，也对内满足村民更多的生活需求。东莲花村新建的商业建筑都强化了白族文化的部分，与大理古城似乎无异，因此，我们希望在我们的设计中能扭转这一点，只专注于东莲花村独有的东西，营造出区别于大理白族的景观氛围。

大理金梭岛书吧设计 —— 揉礁

作者 / 蒋连梅
指导教师 / 甘映峰
云南艺术学院

珊瑚生活在深海，易于被人们忘记它存在的意义是尤其重要的。珊瑚礁养活着四分之一的海洋物种，其中包括鱼类、甲壳动物、软体动物等。珊瑚礁是生态系统的必要部分，它与海洋的健康、地球的健康密不可分。

用仿生设计方法，以"珊瑚"为设计主题元素，寄托大理金梭岛书吧，意为告诫人们保护珊瑚礁、维护洱海深水生态循环系统，延异大理人民的洱海乳汁。

匠造园 —— 重庆大足家具博览园设计

作者 / 赵瑞瑞
指导教师 / 郝大鹏
四川美术学院

重庆的"天时地气"在全国范围内具有独树一帜的"雾都"特色，该园区的建筑环境设计在形制上遵循重庆特有的湿冷湿热天时条件以及"山在城中，城座于山"的独特地域性条件，减少为迎合视觉效益或时代潮流而作的非适应性设计，以及更关注文化本身与建筑形制的关系，使设计更具地域建筑文化特色与乡愁。

叙·园 —— 中国古典文学背景下传统园林空间的延伸设计

作者／张倩、卫洁、陈晓碟
指导教师／张倩
四川美术学院

《桃花扇》是清代文学家孔尚任创作的传奇剧本，所写的是明代末年发生在南京的故事。全剧以侯方域、李香君的悲欢离合为主线，展现了明末南京的社会现实。以《桃花扇》剧本为切入点，通过应用当代展示手法对"中国古典文学与园林"进行实验性空间解析设计，打破人们对传统园林空间的印象，重塑传统空间与人们的互动关系，在旧场地中以新的触媒催化对传统文化的解读。

在空间设计中通过多元化的设计手法融入"古典文学"的神韵，延展了传统空间在现代应用语境下的可能性。或者可以这样说，古典文学中具象物态组合成的"意境"，完全可以运用现代设计中的声、光、电、形、色以及空间来表达。由联想式艺术共鸣转变成视觉艺术共鸣，这样也无形中拓展了古典文学艺术的受众范围，由意象之美转变成视觉之美，使设计受众能够真切体会到犹如走入"文学意境"般的梦幻美感。

在整个传统园林中，试图用传统木构的现代构成手法表达古典文学与现代空间的结合，也表达出"离合兴亡两重悲，皆付一纸桃花扇"的戏剧文学核心。我们希望基于这种传统空间和古典文本的实验性结合，在当下尝试、探索空间更多的可能性，发掘一种"传统文化与现代设计共生"的模式，通过这种实验性空间达到空间的异变与延展。

东阳竹编博物馆

作者/阳湘
指导教师/孙敏、孙丹丽
四川美术学院

东阳竹编是全国竹编之乡，然而如今越来越少被人所知，创作内容以东阳地方卢宅代表性的建筑特色空间出发，打造出以卢宅特色为承载、东阳竹编为内核的东阳竹编博物馆。

东阳竹编博物馆依托东阳卢宅，将东阳竹编的高精尖特点体现在空间中，整体空间呼应展品造型和肌理发生变化，用竹编在阳光及灯光下产生的不同光影效果来强调人的体验性。通过空间中运用不同方法结合竹编元素，使人感受到竹之美时更深入了解竹编，爱上深深植根于东阳竹编的传统文化。

苏绣博物馆·苏作天工

作者／许瑾霓
指导教师／孙敏、孙丹丽
四川美术学院

铜奖

　　以《牡丹亭》故事情节构建空间节奏的外部结构，主题苏绣即构成本次设计的创意内涵，形成"戏中戏"两层架构，内外空间彼此相互支撑，相辅相成。平江区老城唯有在不断更新使用中才能不断地拥有活力，本方案选取的方向是老城区改造方向，即着眼于保留主题的历史文化性，延续城市文脉，增加社区活力，体现苏州味道。并着重关注传统文化与人、人与人、人与环境之间的联系，让古城重现生机与活力，意图设计成为一个能够承载文化延续、社会民生与旅游的可持续空间。

　　本设计通过适当地介入，修复城市文脉，留住文化记忆。将中国传统文化苏绣和昆曲艺术融合，充分发挥其具有的艺术属性和遗产属性，以苏绣为题的主旋律，在传统与现代、新与旧的交界处，遵循地域文化的延续性，追根求源，溯本开新，感受苏绣的魅力。

Through Time · cosmo · Nascita · Untitle · the Eye Of God · Untitle

作者 /Luca Marovino、Ramona Urbano、Claudia Saltarelli、Manila Granata、
Adriano De Micheli、Zhu Hengyi
指导教师 /Luca Marovino
意大利伏罗希罗内美术学院

铜奖

作品名：Through Ime
作者：Luca Marovino

作品名：Untitle
作者：Manila Granata

作品名：Cosmo　作者：Ramona Urbano

作品名：Untitle
作者：Zhu Hengyi

作品名：Nascita
作者：Claudia Saltarelli

作品名：The Eye Of God　作者：Adriano De Micheli

简寄——快递包裹环保展位

作者/刘明昭、张丽、章静静、范耀文、林纯茹
指导教师/贾悍
广西艺术学院

密斯·凡·德·罗的"少即是多"这一设计理念在建筑界深受推崇，而在快递包裹的包装上，也应该得到一定的体现。在现今的诸多线上商务业，取代了许多实体店，多渠道、新零售这些线上线下相融合的销售方式越来越全面，而其中的重要环节——寄递行业也悄然崛起。但它的快速兴起随着时间的推移问题也来了，这其中又以它包装产生的垃圾困扰最为明显。

寄递行业的主要服务客户之一是学生。在学校里的环境卫生影响因素中快递包装物的占比还是很大的。如何减少垃圾、简约化地使用包装用料，从而达到既能安全地运输物品又不导致太多的资源浪费，成为当下寄递产业应当转变的发展方向，也成为如今要化解的一个重要难题。为此，我们小组以瓦楞纸作为材料制作了本次宣传展位。拟让人们去认识和传达绿色包装的理念，加强环保意识，重视身边的环境问题，我们的生活环境才会更美好，美好家园的愿想才能实现。

共享·易市

作者 / 冯建旺、黎韦言
指导教师 / 贾思怡、边继琛、王兆伟
广西艺术学院

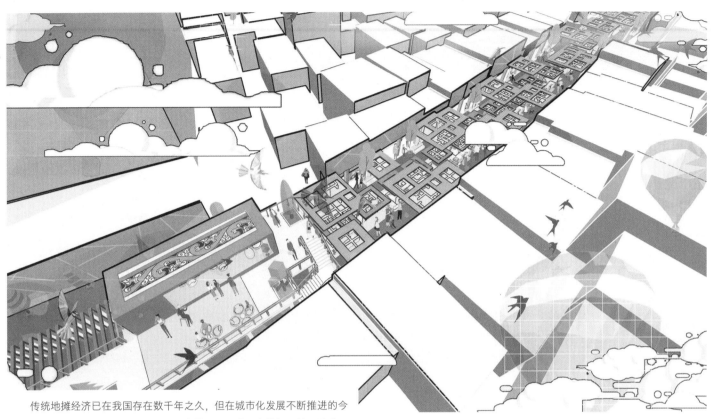

　　传统地摊经济已在我国存在数千年之久，但在城市化发展不断推进的今天，它的弊端也正在不断暴露出来，治安管理、环境卫生等问题数不胜数。但它的积极影响也是不容忽略的，如刺激消费、缓解就业压力等，所以本设计就传统地摊经济的优劣为出发点，研究共享摊位这一概念的可行性，并从共享摊位的分类和空间布局等方面提出设计方案，在继承传统地摊经济优点的基础上，科学合理地解决其存在的问题。

　　在摊位设计上，提出了"一摊多用"的概念，空间布局上，提出了"两点一带"的布局方式，除此之外，本设计针对"一摊多用"这一概念对摊位的分类还做了新的调整。意在打造便民、利民的"易市"，为地摊经济的发展添上浓厚的一笔！

云享汇集

作者／吴其娜、盘忠兰、李广裕
指导教师／贾思怡、边继琛、王兆伟
广西艺术学院

　　本次设计方案是在大数据更新的背景下，对批发市场空间的模块化设计。根据人群的主要消费流线与功能需求，在市场功能上做了加减的设计。将功能进行整合，具有针对性地定制模块。整体分为三大板块：展示区、购买区、储存区。主要分为十个区域：果蔬区、鲜肉区、水产区、活禽区、干杂区、日杂百货区、服饰区、家纺区、小吃区、休息区，以及最主要的仓储区域。

　　本项目选取广西南宁市南宁交易场作为设计对象，作为当地最大的集销售与批发为一体的综合批发市场，它存在着功能单一、流线混乱、封闭性过强、公共空间缺失等一系列问题。明确问题所在点，通过实地考察与分析人群活动模式与功能划分之间的关系，探讨科技时代下的智慧空间对批发市场提升的优势，设计出适合批发市场的空间模块，以曲面的墙体进行空间形态设计划分，在原有的造型基础上进行改建，局部保留，重新规划功能布局，一层和二层为主要购物、展示空间，三层为休闲娱乐空间，四层则是主要仓储空间。在仓储板块中，实现半自动化，以进货、取货两个流程为主要管理系统。重新对空间布局进行规划，建立一个完整的空间形态，打造一个规范化、智慧型的批发市场。

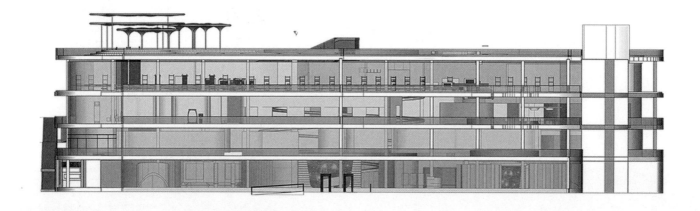

轮回

作者／谢雅怡、颜娇娇、王墨
指导教师／钟云燕
广西艺术学院

"轮回"灯具设计运用孩童时期的玩具车，少年、青年时期的交通工具的废弃可回收轮胎作为主载体材料，并融入独特的传统装饰图案——"花型"纹样进行灯具装饰创新。

通过造型的裁切和抛光处理，充分利用光影的设计，形成了花纹的光影效果，令具有工业化、结构美的轮胎有了新的诠释，让原本已黯然失色的废弃轮胎重新焕发新的光彩，用新的姿态重新述说当年的美好回忆。

百·越 —— 南宁档案馆设计

作者 / 徐克心、陈思晴、林佳、邓骢
指导教师 / 贾悍
广西艺术学院

南宁，广西壮族自治区首府，一个以壮族为主的多民族和睦相处的现代化城市，同时更是一座历史悠久的边陲古城，具有深厚的文化积淀，古称为邕州。本档案馆设计的主要目的是向大众介绍南宁市从清代末年名存实亡时期到现今政治经济文化快速发展的现代化时期的历史发展状况。为此，本档案馆设计以"百越之地，文化古城"作为主题。根据主题和档案馆地区文化特征，以时间顺序为轴设立清代末年时期馆、国民时期馆、中华人民共和国成立馆、改革开放馆、现代成就馆。主要从设计构思、元素来源、规划布局、展位效果、平立面尺寸图、工程预算报价六方面进行简单的阐述。氛围主要展现严肃温暖的感觉，同时主要利用了图文展示、影像展示、多媒体展示、虚拟展示、实物展示等手法将南宁的历史风貌呈现出来，并且用防火面板、硅藻泥、装饰面板、复合型石膏板、青砖和大理石将档案馆的氛围更好地诠释出来，并且以时间轴的方式将南宁的历史完整地展现，给观众带来良好的参观体验感。

利用本次设计，立足西部本土地域文化，强调区域化共性特色，以及利用本次设计的服务性，以有利的教育理念及方式促进西部地区的设计教育水平，促进交流，推动西部地区少数民族的历史文化发展。

乡村振兴（那团新村）—— 壮族风情的延续与乡村新时代的变化

作者／王晨、林谷、何宗蔚、甘晓惠
指导教师／林海、陈建国、莫媛媛、聂君
广西艺术学院

乡村振兴（那团新村）是壮族风情的延续，并且提炼出壮族的特色并用符号或图案、颜色等表示，与现代新农村的建筑及景观结合，打造出适应现代社会的历史文化新农村，是新旧的结合，是文化的延续，更是建筑景观的特色变化。

主要内容包括乡村规划、建筑改造（部分重建）、景观设计、三清三拆、三微设立等。

    DJI 大疆无人机特装展位总面积为 225 平方米，展位共分为六大区域，展位整体造型提取自无人机造型结合仿生鸟类，与无人机飞行主题契合，设计出翼状造型吸引观众。展位色调提取大疆无人机产品颜色以及 LOGO 颜色，整体色调为黑白色调，灰色点缀搭配现代简约展台以及地面 LED 白色灯带，呈现无人机现代科技的感觉，意图营造一种大疆无人机未来无所不能的感觉，以契合大疆无人机本身的设计精神。

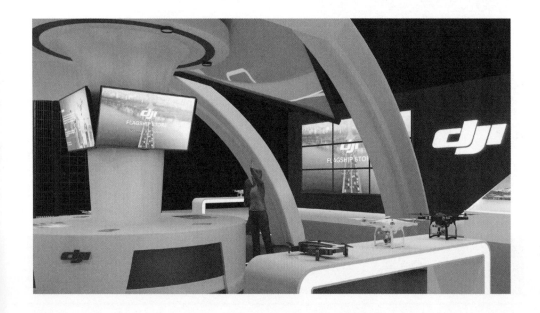

Coffee—逗·姥爷 —— 特装展位

作者／黄红观、徐克心、孙羽君、林佳
指导教师／贾悍
广西艺术学院

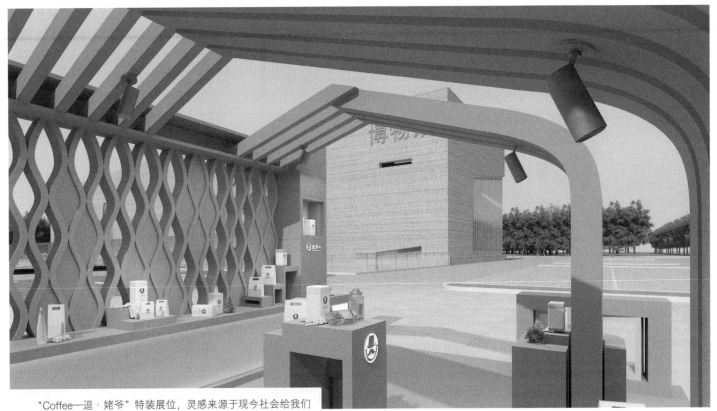

　　"Coffee—逗·姥爷"特装展位，灵感来源于现今社会给我们带来的各种各样的压力，熬夜成了我们的习惯，而咖啡是我们熬夜时所需的饮品，咖啡豆是咖啡的主材料。运用原始材料作为本次设计的"展物"，其展位意在打造一个轻松愉悦、让人感到焕然一新的展位。展位的主材料为瓦楞纸，充分利用瓦楞纸的颜色、刚性、易切割、缓冲性好等特性，使得展位在造型、落地、运输、搭建等过程中，都可以方便实行。由于瓦楞纸颜色单一，在材料运用中融入黄色的塑料中空装置作为辅助材料点缀展位，作为展位的一大亮点，从造型和流线等方面融入了音乐、Coffee 的"f"字母和展位名称的"D"字母相互呼应，环环相扣，是一个为产品与视觉同时量身定制的特装展位。通过展位的造型、颜色的点缀，不仅能冲击参观者的视觉，更能让参观者体验到心情舒爽的奇妙之处。其展位取名为"逗·姥爷"，"逗"意不为豆，其是主要表达展位给人的一种新鲜、逗趣、愉悦的感觉，"姥爷"意为年长来表达咖啡豆的历史的悠久，所为"逗·姥爷"。

　　"Coffee—逗·姥爷"特装展位，根据产品的需要、消费者的心理，在整体造型、展具、视觉效果与展示空间等进行了深入的研究与设计，严格遵循了美学与人体工程学，从而设计出个性化、多样化、视觉冲击效果强的展示设计。

功能转译 —— 侗族百年民居改造

作者 / 蔡国恒
指导教师 / 范昭平、张春艳
贵州理工学院

侗族民居建筑是侗族人民智慧的结晶，记载着纪堂村的文化和历史，承载了纪堂居民对过去的追忆，是社会、经济、文化发展的产物，是文化、经济、艺术相融的载体。建筑是以一种独特的语言诉说着过去的辉煌。旧建筑改造设计俨然吹动了建筑设计潮流的风向，在原本就有深厚历史底蕴的建筑上去雕刻，激活建筑的生命力，使旧建筑在废墟中浴火重生，重燃蓬勃的生机。而对旧建筑进行艺术创作、设计、展示和信息技术交流等文化创意产业，成为纪堂未来经济发展的新引擎，对纪堂形象塑造也产生了不可比拟的作用。

既然是文化，就有一个文化的继承和创新的问题。旧建筑历史文化承担起现代生活中新的社会职能，既可以对民族建筑文化保护产生正面影响，也可以带动一定区域的文化生活发展，推动民族文化繁衍生息，旧建筑保护成为推动纪堂文化发展的积极因素。纪堂民族特色古建筑功能置换（民居转民宿设计），是活化建筑本身较为合适的手段，保护民族文化的同时宣扬建筑魅力，同时创造最大价值。纪堂村作为贵州省首批"美好环境与幸福生活共同缔造"试点村之一，同时也是贵州省第一批特色传统村落，具有较高的研究价值。

元·川系列茶室家具套组

作者 / 凌菁、严慧茹、罗千千
指导教师 / 林建力
四川大学

中式传统家具一直以来都是中华文明的璀璨瑰宝，历史韵味悠久浓厚。并且随着时间的推移，中式家具也跟随时代发展形成具有现代化色彩的新中式家具这一概念。本次参展作品以家具为主题，在传统家具文化的基础之上，选用黑桃木材质为主，融入圆弧形元素，内含以线成面、虚实相间的设计理念，以创新的手法设计一套现代与传统、实用与美观兼备的茶室家具组合。

该系列的名称为"元川"。"元"同音"圆"，是套组中弧形部分的体现，除此之外元还有初始的意义。"川"呼应的则是作品中以线成面的线条部分，还带有随势变化、川流不息的意味。元川系列的名称具有继承传统中式家具，并随着内外环境源源不断地发展新中式产品的意义。

临在

作者／王梓玮、左云志、钟定超、唐子奕、杜佩怡
指导教师／朱桉卮、齐海红
四川旅游学院

　　作品是探索人类与空间的关系，对空间延展的思考设计。随着现代经济的不断发展，人们的步伐随即加快，想要翻越一成不变的生活围墙，寻找心灵的休憩乐园，越来越多的人想要奔赴山海，伴着林间枫叶，沾着海中腥咸，心灵和身体都在旅途上，临在于所想之处，所到之处。在茶马古道的旅途中，运用边茶文化元素，加入到民宿空间设计当中，让人临在旅途，沉醉于民宿空间中，每一刻都在享受充实的生命，感受空间带来的衍生。

重生

作者 / 唐子奕、王梓玮、吴永果、聂婷
指导教师 / 齐海红
四川旅游学院

作品是对空间的拓展与建构，体现人类对空间的认知与想象。作品基于藏族金属锻造技术再造特异性民宿空间，在经济信息化时代，能有一处人们可以休憩、感悟和反思的空间。对空间进行了延展，与历史语境进行接洽，重生空间。让人在空间中沉醉享受，生活更美好！

微海绵理论下的环保型花箱设计

作者 / 杨清霞、魏宇浩
指导教师 / 万蕊
四川农业大学

围绕成都街巷，我们希望用椅子的构成表达城市悠闲、包容的态度——设计中多样的组合方式，为不同地段的街道带来独一无二的解决方案，不规则形态的母花箱将两组方形子花箱嵌为一体，配合三把椅子，共同组成23套方案，而附着其上的文创图案像是具象化的语言，传达了成都人乐观的心态和鲜明的个性。

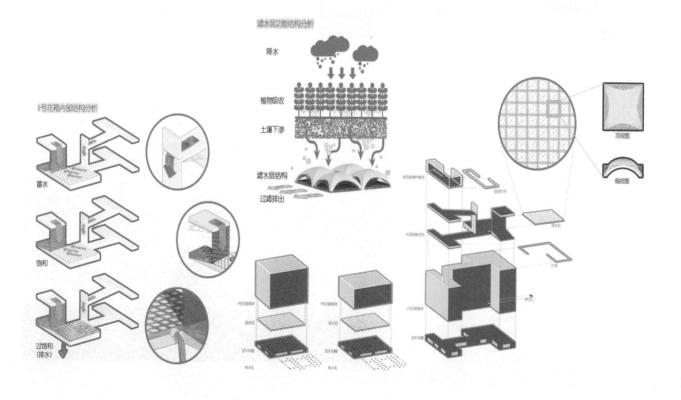

陕西省西安市体育中心地铁站公共艺术设计

作者 / 崔坤
指导教师 / 秦东
西安美术学院

　　陕西省西安体育中心地铁站公共艺术设计概念形态肇自古建榫卯叠加。对其进行相应的解构重组使其赋予新生。通过不同形式的空间架构设计，使乘客在异趣横生的空间形态中体会室内外空间所带来的交互性及其趣味性，而非通盘地割裂各个空间界面的关联度设计系统诠释雅致的低碳可持续理念；尊崇道法自然、合其法度的设计观。物质关联的理念贯彻设计的始终，设计的价值在于为乘客提供建立某种联系的可能性感悟设计带来的意趣。

 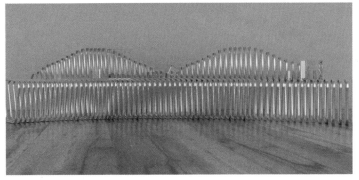

　　公共艺术的交互以崇尚人文为导向，彰显纯粹的艺术特点，让人们在高负荷的工作生活中找寻内心的真谛观。地铁作为城市交通体系砥柱环节，不再以单纯追求其功能性为目的而将地铁空间转为城市坐标体现的基点。在人们对城市生活的欣赏与反馈过程中，不同形式的公共艺术层出不穷，承担起衔接居所与工作场所的公共空间，逐步突破其职能、功效与精神的制衡。不仅满足其功能性，同时在开放性、认知性、影响性方面进行考究，因而地铁空间将担负着多元化、多维度的公共场所。公共艺术设计相比传统的地铁设施而言，充满强烈的美学感染力和艺术自由表现力，更能够直接和鲜明地显示地域的人文内涵和精神特质。

廊系望亭 · 水蕴稻乡

作者／段锐、黄俊翔、曹倩
指导教师／梁锐
西安美术学院

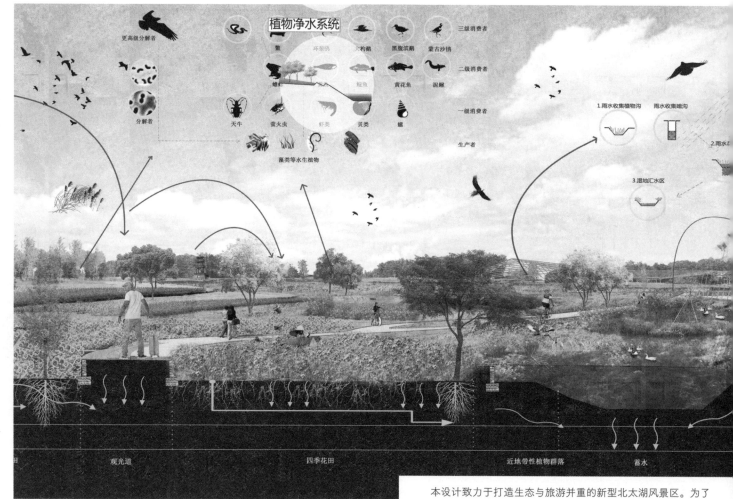

植物净水系统

更高级分解者　　三级消费者
环毛蚓　大杓鹬　黑腹滨鹬　蒙古沙鸻
分解者　　天牛　萤火虫　虾类　贝类　鲛鱼　黄花鱼　泥鳅　二级消费者
螺　一级消费者
藻类等水生植物　生产者

1.雨水收集植物沟　雨水收集暗沟
2.雨水
3.湿地汇水区

田　观光道　四季花田　近地带性植物群落　蓄水

本设计致力于打造生态与旅游并重的新型北太湖风景区。为了解决破裂水系和错综复杂交通路线带来村庄联系不紧密的问题，在不破坏原有自然生态的基础上，设计了一条"连廊"，贯穿整个北太湖景区，将地区内散点式的村落联系起来，并且将商业、景观、休闲等功能赋予这条"廊"。

以旅游集散中心为中心点，将乡创农创休闲聚落、休闲度假亲子聚落、特色文化体验聚落和果蔬农品体验聚落串联成为一体的游玩环线，打造特色生态旅游区，将北太湖的农业优势和自然景观优势充分发挥。结合村庄现状，结合当地居民的配合，修缮当地景观环境，打造新一代乡村旅游基地。

乡村振兴背景下平遥古城度假民宿改造设计

作者 / 赵乾斌、郑坤、张艺
指导教师 / 徐笑非
西南交通大学

民宿酒店将传统建筑和酒店形式相互结合，运用一种形态方式将传统民居建筑保护起来的同时，也为当地的旅游产业做出了一定的基础服务内容，并且是推动当地文化产物的一种载体，是由传统民居向现代商业空间的价值转化。在保护传统民居建筑的同时推动着当地经济的发展，使传统民居建筑重新焕发鲜活的生命力。本设计首先通过大量地查阅资料，了解平遥古城传统民居改造民宿的内在关联，其次了解当地的历史文化与传统民居的生活结构，探索传统民居的改造更新原则，再结合案例进行分析，提出设计要点，最终将此总结运用于本次设计中。

近几年乡村旅游在国家"乡村振兴"大的战略背景下快速地发展起来，民宿成为乡村旅游的又一种文化体验。随着人民的精神水平和生活水平层次的提升，人民对"度假旅游"产生了一系列的变化，民宿成为整个旅游环节中不可或缺的环节，民宿不再统称为酒店，它更多的是承载着当地的民俗文化、历史文化，具有标志性的一种当地独特建筑空间。

"焊字"屏风陈设品设计

作者／谢思雨
指导教师／魏婷
四川美术学院

"真亦假时假亦真，无为有处有还无。"远处觉得熟悉，是一个个书法的形态，走近却发现一个都不认得，而且是用与书法大相径庭的电子零件构成的。我想传达的就是给观众一个思维的空间，引发观众对传统文化的关注和警觉。这件作品也是在用最传统的方式来"反传统"，想法来源于近些年电子网络技术的广泛运用带来的文化迷失以及传统书法的落寞。

我选择中国书法作为核心元素，并从表达思想观念的物质媒介——文字符号的切入，是对中国文化传统进行解构的策略性选择。设计者试图打破汉字原有笔画规定去重新组构字体结构，使最具中国传统的书法成为一种现代视觉符号。为此，我只保留了书法字形的美学规范，将文字还原到笔画本身，变成一种纯粹的"点线结构"，一种横、竖、撇、捺的自由组合。由于剔除了作为文字符号的"字音""字义"，从而使"字形"的美独立突现出来，将使文字语言转化为绘画语言，使之成为纯粹的视觉符号。然而，也正是由于将文字变成了无法释读的纯视觉符号，才使它们具备了一种新的文化含义。通过这件作品我希望可以破除观众的思想藩篱，试图找到物理空间（真实的屏风陈设品）与虚拟空间（人们的想象空间）的"接口"，使真实空间的意义得以在虚拟空间中延异。

云弋系列新中式家具

作者／柳青云、殷平、罗嘉颖
指导教师／林建力
四川大学

思想内涵：本组家具名为"云弋系列"，以"云"和"舟"为主题元素，取自"直挂云帆济沧海"的乘风破浪之意，以"云""舟"为核心意象，塑造茶室空间，体现禅意悠长。

整体造型：流线结构，线面结合——透气，轻盈；复曲线，圆角——温和感，避免方正刻板。所有家具沿中轴对称，注重线条的变化与造型，沿袭明式家具的特点。

半满清风 · 禅意

作者 / 李文龙、杨生栋
指导教师 / 林建力
四川大学

半满清风·禅意是一款新中式茶桌椅柜组合。从中式家具中提取主要元素，设计出一款富有中式韵味，并带有现代气息的新中式家具。此设计集品茶、商务、储物和展示为一体。设计理念为考虑现代人在品茶时喜欢进行商务活动，为彰显格调与实用性，茶桌采用的干湿分区设计，为用户提供合理的办公和品茶空间。陈列柜设计采用多类型空间设计，既储物又展示。

取舍半满，打破传统的对称式结构，采用杠杆式均衡的法则，丰富结构形式美，并进行克制的设计，留给用户自己设计的空间。

设计装饰采用中式窗户的元素，作镂空处理，使空间互相渗透。半满清风·禅意，为打造一款功能性、美观性和实用性的家具。"以人为本"设计，为用户考虑，给予用户最好的用户体验。

新中式家具"绸"系列

作者 / 欧阳嘉璐、岳章、李奕璋
指导教师 / 林建力
四川大学

明清时期，中式家具达到设计顶峰，玻璃在中国得到了广泛应用，丝绸的贸易也达到了发展高潮，同时丝绸与佛教之间存在着相当密切的联系，佛教的消费构成了丝绸贸易的重要组成部分。而现当代青年人的审美风格已然偏向极简风、现代化、科技感等方向，中式家具的发展也必然需要打破桎梏。该系列家具设计将古代经典结构与现代简约材料结合、禅意与科技感结合，提炼中式家具中最重要的结构，用线、面的方式意向化设计并且进一步删减装饰结构使之更加简洁。同时以线之间、面之间连贯化处理，深化线和面的设计原则，通过形式的统一来深化视觉形式，对辅助结构以及装饰部分进行省略。最后赋予该结构以现代化的材料组合，增加轻盈的感受——家具平面使用玻璃或亚克力材质，以渐变丝绸图案做装饰，线性结构则选用不锈钢圆管进行连贯处理。

"纵"系列客厅沙发三件套

作者/尧海欣、毛子翊
指导教师/林建力
四川大学

此套家具设计名为"纵"系列，纵：意竖，直，南北的方向，与"横"相对。此套家具中运用了较多的竖枨结构，与沙发结构偏横偏长相对，纵横交错，不仅给人方正、均衡的感觉，使人感觉完善稳重和安全，在结构上也更加稳固。

沙发的设计将传统现代沙发的四个脚改为相连，增加了稳定性。沙发采用明式家具的罗锅枨的形状作为靠背装饰，用线性的垂直面装饰，更富有中式风格。以玫瑰椅和罗汉床为参考，用材单细，造型小巧美观，保留了靠背，扶手和椅面相互垂直的特点，给人一种轻便灵巧的感觉。同时作为沙发，加上了软垫与配套抱枕，符合人体工程学，减少了使用玫瑰椅的不适和拘谨感，作为摆在客厅的沙发，更加舒适。

方圆·书房家具设计

作者/刘芮、潘昱文
指导教师/林建力
四川大学

"方圆"系列书房家具的灵感来源于明清的一些家具设计，再结合现代的家具设计风格，从而形成了简约优雅的新中式风格家具。中国古人讲究"天圆地方"，人们认为天与圆象征着运动，地与方象征着静止。两者的结合则是阴阳平衡、动静互补。而这一设计理念，在中国古代的诸多方面均有体现。这套家具融合了庄重与优雅的双重气质，着重在家具的结构方面进行改造创新，既传承了中国传统的文化技艺，也很符合现代的审美。

基于 5G 时代下的智慧宁波城市概念展厅设计

作者 / 李灿房、乔瑛琦、黄佳欣、张凝绿
指导教师 / 江波
广西艺术学院

本方案展厅设计以"5G 时代—海洋经济—智慧城市"之间的关系为设计理念，利用当下新兴的 5G 技术结合智慧城市的模式，有助于宁波城市建设成集信息化、工业化、区域互联网化、智慧港口化等具有高成效，高质量的海港智能城市。

展示内容包括 5G 工业互联网概述及 VR 体验、5G+ 智慧港口、5G+ 区域工业互联网、5G 智慧海洋生物科技、5G+AR 质检、数字沙盘及实物展示等七大板块；展厅总面积共 165 平方米。

狮·态 —— 醒狮文创特装展位设计

作者 / 李灿房、乔瑛琦、黄佳欣、张凝绿
指导教师 / 江波、陈秋裕
广西艺术学院

随着现代社会的发展，一些非物质文化遗产正在逐渐流失，设计者将具有广泛群众基础的文化体系通过整合再创新，让非物质文化遗产通过空间的延续，得到保护和传承。展位以醒狮为设计元素，通过文创形式将醒狮传统文化运用空间及视觉的方式，结合文化内涵延续空间进行创作。展位整体元素提取自醒狮身上的波浪纹样，通过简化与变形并结合现代感的线条形式，构成折形展位。部分元素提取自舞狮时所需的梅花桩，努力营造传统与现代相碰撞的火花。

宁波海洋经济展览馆 —— 特装展位设计

作者 / 韦礼礼、时瑾、薛瑞、魏雨晴、贺雯洁
指导教师 / 江波
广西艺术学院

世界如一片汪洋，此刻酝酿着风浪。在风浪的中心有一个旋涡，那是中国。而浙江宁波应是旋涡中的明珠。宁波作为"21世纪海上丝绸之路"东方始发港，应是旋涡中心一般的存在，由中心发出吸引力，向外辐射。并且作为"21世纪海上丝绸之路"的海上礁，成为陆地抵挡海浪的第一道防线。

此展位考虑到城市形象展示，在18米×18米的特装展位中打造滨水甬城，心有潮鸣的海港风情形象展厅。展位的设计来源于海洋风暴，风暴中的元素包括：旋涡、海浪、礁石、阳光，以及它们之间产生的互动，比如海浪击打礁石，阳光照在海水上。运用这些抽象的元素，表现海洋经济文化，表现"一带一路"经济带对于宁波、对于中国以及对于亚欧非三大洲的影响。

吾药之源

作者 / 吴新港、黎芝秀、马业结、林少连、黄海鹏、董谊剑
指导教师 / 贾悍
广西艺术学院

对于中草药的研究与运用，在我国具有相当悠久的历史，经过我国历代专家和医学家的苦心钻研，形成了博大精深的本草文化，更是成为我国的文化精髓，守护了中华民族几千年。因此，我想通过设计小体量、可移动的特装展位进行专题展览的方式，对博大精深的中草药文化进行科普宣传，加强人们对中医药文化的认知，对中医药文化的传承、弘扬、发展起到促进作用。

在展位的造型创意上，提取了叶子、太极图、药碾、五行、经脉、山水等元素和理念，以瓦楞纸为建造材料，搭建一个16平方米的特装展位，通过中草药、中医用具等实物去传达展示信息，以气味、声音、灯光等方式去丰富展览的趣味性，最终达到我们想要的科普宣传目的。

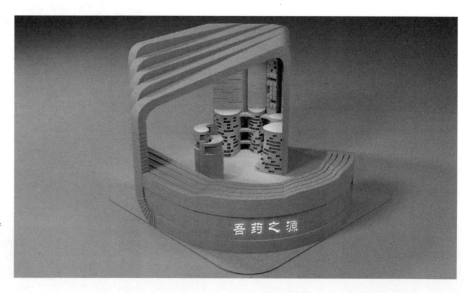

京剧博物馆

作者 / 刘玉华、莫霜霜
指导教师 / 梁献文
广西艺术学院

　　这个设计是以国粹京剧与现代艺术结合的京剧博物馆空间，对空间进行研究和探索，此空间设计是根据京剧的《天女散花》为灵感来设计的，多采用了曲线、圆弧、方形元素进行设计，在墙面采用了曲面墙体取代以往博物馆平滑的墙面，并展示了脸谱和服装等呈现给观光者欣赏，舞台座位采用圆弧元素，进行抬升，形成座位区，再利用脸谱的图案进行放大、缩小、变形，进行氛围烘托，最后采用脸谱颜色点缀画面。

展 Zhan

作者 / 谭捷、周珊、杨铧湘
指导教师 / 黄洛华
广西艺术学院

　　因为经济全球化的带动，国家与国家的交流合作慢慢变频繁，社会生活的诸多方面快速进步，商业展示成为文化、经济合作必不可少的重要手段，在诸多方面发挥着至关重要的作用，但新冠疫情的突如其来使会展行业被迫停滞，遭受了重大的冲击和前所未有的挑战，展览迫切需要调整重构，以适应新环境。本设计通过分析疫情前后会展业呈现的状况，说明传统展位优劣势、展位搭建以及对可展结构与其优势，目前可展结构运用方面和发展前景的分析，并结合可展结构在展位设计中尝试运用。

学术论文 Thesis

反思与引导：云南原生性民居的生成机制与演化趋势

谭人殊 / 邹洲　云南艺术学院

摘要：本文通过对云南当代原生性民居的现状及其生成的因果关系进行探讨，梳理了当下流行的改造和设计策略，并评述其利弊。最终根据原生性民居自身的"民间意愿"进行推演，尝试着探索一种更为合理，且能够在功能、经济和美学之间达成相对平衡的设计引导方式。

关键词：原生性民居；演化；设计引导

一、云南原生性民居的现状

"原生态"一词来自于自然科学领域。"生态"的定义是"生物和环境之间相互影响的一种生存发展状态"，而"原生态"则泛指"一切在自然状况下生存下来的东西"。[1] 根据美国建筑理论家伯纳德·鲁道夫斯基（Bernard Rudofsky）的定义，类似"民居"这样的"非正统建筑"，其本质上就是一种人与环境之间相互作用的结果，是以实用功能和地域性的建造技术为主导的产物。因此，作为"没有建筑师的建筑"，"民居"则正是"原生态"的一种表象，具备原生性。

按照时间跨度和建造技术的迭代来区分，云南的原生性民居总体可分为"传统民居"和"现代民居"两大类①。传统民居的风貌具有极强的地域性和差异性，但现代民居的情况则正好相反，无论是滇西北的高原地区，还是滇南的谷地，如今的新建民居在风貌上都有着惊人的相似之处[2]：

1. 建筑形式：整体类似于"方盒子"，通常是平屋顶，并且大多在顶层上有所加建。加建的部分多以轻钢结构作为支撑，以彩钢夹芯板或空心砖等轻质材料作为简易的围护构件，并以石棉瓦或彩钢瓦搭建屋面。

2. 结构与围护体系：多采用以钢筋混凝土梁柱为主的框架结构来建造，而墙体则多选用免烧砖和加气混凝土砌块等填充材料。

3. 外立面和门窗：建筑的外立面通常会在入户的正立面会有所粉饰或进行瓷砖贴面，侧立面和背立面则大多直接以混凝土界面示人。门窗多选用模式化的铝合金、塑钢或铁艺门窗。

4. 院落：地处城市外围的远郊乡村，且建筑层高能够控制在 3~4 层以内的民居，大多仍保留了宽敞的院落这一特征；但类似于"城中村"这样地处城市内部的原生性聚落，因为土地价值剧增，且丧失了农耕诉求，因此其建筑层高往往在 6~8 层。所以，大部分"城中村"的民居，其院落已经退化为狭小而深邃的天井，或彻底消失。

虽然还有一些介于两者之间的过渡产物，但总体而言，原生性民居呈现出了由"传统民居"向着"现代民居"积极演化的趋势，而推动这种演化的内因却无一例外是非常客观的。

首先是技术原因。框架结构以其坚固稳定且布局灵活的优势取代了传统的土木结构。譬如，因为框架结构的诸多优良秉性，使得民居在建筑高度上有了突破。此外，在框架结构的体系中，开窗的自由度得到了极大的发挥，再加上对于玻璃等现代材料的运用，所以现代民居的室内采光便不再像传统民居那样受到构造体系的限制。再者，拥有女儿墙和雨落管等设施的平

屋顶既能够有组织地排水，又可以增加建筑的露天空间。如此一来，传统的坡屋顶便丧失了其功能意义。而对于建筑采光、通风等起主要作用的天井也因此在功能上被弱化了很多。进一步说，现代建造技术的优越性足以应对不同地区的人居环境问题，因此传统民居中那些为了应对各类地域环境所衍生出来的丰富多样的建筑形式便逐渐消失了，最终都趋于以类似"方盒子"的状态来呈现。

其次是经济原因。在经济学中有一个概念叫作"资源匹配"，其描述了一种事物的流行是和当时社会上的各种资源相互连接、相互作用的结果。[3] 随着时代的发展，工业化建筑材料因其生产高效、模数化和可复制等优势，性价比远高于传统的建筑材料。并且由于当今高效的交通运输能力，致使采用现代化建筑材料来修建的新民居无论在成本控制还是施工的便利性等层面，其优势都远高于传统建造。

由此可见，民居演化的动力主要是建筑技术和资源匹配的共同结果。

二、浅析当前的设计改造策略

当前针对各类原生性民居所进行的设计改造，总体而言，分为以下两类措施：

第一类措施是整体风貌整治，其常见于各类村落的"保护与发展规划"中。这类措施大多以某一个地区中的传统民居作为参考，对其中的传统元素进行提取，并分门别类地编制出相应的改造导则，期望以此来完成整个村落风貌的统一。此类措施的初衷是将现代民居从风貌上恢复到传统样式。这样的措施针对建筑高度仍控制在 3 层以内的现代民居还是颇有成效的，但对于 3 层以上的对象，层数越高，其最终的成果就越不理想。究其原因，是由于从传统民居中提取出来的建筑元素，譬如门窗形式、大小以及屋顶坡度等，都是和传统民居的原有尺度相匹配的，且大多与其构造之间存在着紧密的逻辑关系。可当它们被简单地复制到现代民居的外立面上，以装饰元素来呈现时，那些原本存在于传统民居上的建构逻辑便不复存在了，使其仅仅成为一种附属物，并最终与现代民居自身的建构逻辑产生了矛盾，从而导致了比例和尺度上的失衡。

第二类措施是"节点式设计"，而这也是建筑师们所进行的作品化表达。所谓"节点式设计"，常常会选择某一些特定的公共建筑来呈现，譬如村民活动中心、村落博物馆等。其设计手法大多会反映出对于传统建筑形式

和传统材料的尊重，但又会结合一些现代设计的表现方式。"节点式设计"的初衷是通过在原生性聚落中的某些重要节点上注入一种优质的"设计元"，以此来引导居民们的建筑审美，并期望他们能够自主地模仿和学习，最终潜移默化地来完成现代民居的风貌优化。譬如，云南艺术学院乡村实践工作群在昆明的海晏村中所进行的设计尝试便属于此类措施。这种措施颇有教化意义和理想主义色彩，且相对于第一类措施那种大规模的"穿衣戴帽"工程[②]，"节点式设计"更为小巧和精致，并在理论上能够逻辑自洽，因此得到了当前的主流认可。

但值得反思的是，如果以上的两种措施在现实中有所成效的话，那么在这些措施所推行的近20年来，云南的原生性聚落在其自然演化的趋势上就应该有所改变才对，哪怕这种改变只是局部的。但事实上，除了政策性干预的某些特定区域以外，大多数原生性聚落依然固执地保持着自己原有的演化方向，并未过多地受到现行改造措施的影响。这个现象引人深思。

反观上述的两类措施，可以发现一个共性：那就是"对于传统建筑符号的借鉴"一直贯穿于整个改造和设计理念之中。究其原因，这其实是当下主流的评价体系对于以乡村为代表的原生性聚落保持着一种刻板印象，故而始终在"传统风貌"上有所坚持。那为什么会这样呢？这或许得回归到"经典审美"与"民间意愿"的探讨上来。

纵观整个中国建筑史便可以发现，传统的建造技艺和建筑形式历经了数千年的发展，早已自上而下地在国人的意识形态中成为一个文化符号，并升华为一种"经典审美"。但如今，全国范围内大量出现的原生性现代民居其本质上却是由西方工业文明的"舶来品"所演化而来的，是现代主义的产物。就像前文所探讨的，民间之所以会选择现代民居的建筑形式完全是出于对建筑技术和资源匹配的考虑，是以功能和经济为主要导向的，是一种"民间意愿"。而这种"民间意愿"也有其理论基础，譬如：结构理性主义的代表人物奥古斯特·舒瓦齐（Auguste Choisy）在其1899年的著作《建筑史》（Histoire De L'architecture）中便有这样的观点——"建筑的本质是建造，所有风格的变化仅仅是技术发展合乎逻辑的结果。" 综上所述，便可以看出："民间意愿"在有关建造的选择上更倾向于技术和经济的适用性，而"经典审美"则是自上而下的，其更关注的是艺术性和文化性。这便是整个问题的矛盾所在。

三、探索与借鉴：设计引导的新思路

综合上述的各种分析和推演可以发现一些症结所在：首先，如今的"现代民居"以"民间意愿"为出发点，对于类似"方盒子"的建筑形式非常坚持，但这种坚持的结果则是较为粗犷和杂乱的，在风貌上缺乏美学意义，因而难以被主流所认同；其次，主流的评价体系所倡导的传统美学其出发点是艺术性和文化性，但从技术性和经济性的角度来看，却又和"现代民居"的意愿相违背。因此，产生了一个悖论！

其实，要解决这个矛盾的核心在于能否让"现代民居"在建筑形式和风貌上得到更为准确的定位，并予以优化。所以，思考的焦点还是应该回归到"现代民居"的本质上来。

就像前文中所探讨的那样，当前的"现代民居"，其本质实则源自于西方的工业文明。因此，如果要从美学意义上来对其进行优化，那便应该遵循现代主义建筑的形式逻辑，而不应该再在其基础上固守中国传统建筑美学的符号化。

在理解了上述的逻辑和因果关系以后，又该如何对当下的原生性民居进行合理地设计引导呢？其实，现实中的一些案例已经给出了方向。以意大利著名的世界文化遗产五渔村为例，这个滨海的景区其本质上就是一处"现代民居"的聚落。五渔村从格局上来看充满着自由意志，建筑多为村民的"方盒子"自建房，建筑密度极高，且建筑高度通常在4~6层，这和我国的"城中村"非常相似。但五渔村在旅游特色上却遵从于这种现状，并没有刻意去还原欧洲的古典主义，而是在其基础上通过环境优化和色彩搭配等顺势而为的手法，来凸显聚落本身的特质，并取得了成功。

而这种顺势而为的改造思路近年来也逐步在我国的村落实践中有了试点：譬如深圳市大梅沙村中的"欲望之屋"和广州市南坑村中的"闺蜜养老房"，其改造对象原本都是村中的"方盒子"自建房。设计师们在对此类建筑进行改造时均摒弃了"还原传统建筑符号"的观念，而是遵循其形式现状，且最大限度地保留其建构特征，最终以现代建筑美学的手法来予以优化。

从上述案例的呈现效果可以看出，在保留"现代民居"现状形式的前提下，运用现代设计的手法来予以优化处理，其成效是颇为明显的。这样的改造不需要过多的装饰符号赘加，优化手段顺应着建筑本身的建构和功能逻辑，其出发点完全遵循"民间意愿"，但又能在美学价值上达到相应的社会认同，这或许是一个值得乡村建设设计者去探索和思考的方向。

注释
①本文中的"民居"特指在用地性质上隶属于集体用地，在建造性质上属于居民自建房类型的住宅。而土地性质隶属于城市住宅用地，并经由统一地规划许可，且严格按照相关建筑法规来修建的住宅类型并不在本文探讨的行列。
②泛指当下乡村建设中出现的一种改造模式，通过将传统符号简单地进行粉饰和堆砌，希望以此来复原乡村的传统风貌。这种模式因为粗犷和流于表面，所以被社会大众所广为诟病，比喻为"穿衣戴帽"工程。

参考文献
[1] 张云平. 原生态文化的界定及其保护 [J]. 云南民族大学学报, 2006(4).
[2] 贺龙. 乡村自主建造模式的社会重构 [D]. 天津：天津大学, 2016.
[3] （美）马克·莱文森. 集装箱改变世界 [M]. 北京：机械工业出版社, 2008.

中国传统住宅建筑形制的趋同性研究
——从物质生活层面分析"院落式"布局的适用性特征

林建力　四川大学艺术学院环境设计系讲师／四川大学历史文化学院博士研究生

摘要： "院落式"布局不仅是中国传统住宅建筑在空间布局上的主要表现形式，同时也在世界各地的人类居住建筑中得到广泛应用，这使得我们有必要回到物质生活层面来再次审视这种稳定建筑形制的适用性特征。本文主要从设计、技术和生活三个层面来探讨"院落式"布局与中国传统住宅空间的诸多关联要素，以此回应中国传统住宅建筑形制趋同的物质性原因。

关键词： "院落式"布局；物质生活层面；适用性特征

前言

纵览人类住宅建筑的发展历程，"院落式"布局不仅是中国传统住宅建筑在空间布局上的主要表现形式，同时也在世界各地的人类居住建筑中得到广泛应用。无论是在古希腊、古罗马，还是两河流域、印度文化与埃及文明等，院落式布局都以其良好的适用性特征成为历史上理想的人类居住模式。纵然建筑具备丰富的精神和文化方面的内涵，但历史上这一现象的广泛出现，使得我们有必要回到物质生活层面来再次审视这种稳定建筑形制的适用性特征。基于此，本文从设计、技术和生活三个层面来探讨"院落式"布局的适用性特征，主要侧重于从物质生活层面来回应中国传统住宅建筑形制的趋同性原因。

一、设计层面：生存空间的优化

在建筑的历史经验中，出现过两种不同的扩大建筑规模的方式，一种就是"量"的扩大，将更多、更复杂的内容组织在一座房屋里面；另一种是依靠"数"的增加，将各种不同用途的部分分处在不同的"单座建筑"中，以此形成一个建筑群落。[1] 对于过往历史时期的人类生存空间而言，后者无疑是一种更加优化和智慧的选择。

1. 安全性

"院落式"布局可以被视为人类早期向心式聚居形态的发展与延续，空间围合所形成的防御性与独立性特征是人类在生理和心理上对居住安全需求的重要表现。历史上改朝换代导致的战乱不断以及和平时期出现的盗抢纷争使得中国各地的传统民居无不表现出封闭式围护的共同特征，它们通常采用院落式布局，通过四周建筑或高墙的围合形成一个封闭的体系。对于外界，这样的布局方式是出于安全的考虑，高墙的外观也表明中国传统住宅的营造重在空间，不在形式的实用性追求，由此形成对外封闭、对内开敞的院落式空间模式。[2]

2. 通风及采光

"院落式"布局中的院落是露天空间，虽然传统住宅四周封闭围合，但住宅内的建筑单体可以通过院落空间来组织自然通风和采光，在低技术条件下就能提供较好的居住物理条件。尤其是在气候炎热潮湿的地区，院落空间通过室内外空气的有组织流动，从而实现调节微气候的功能。比如在我国南方地区的传统民居中，幽深的庭院往往成为一个凉风天井，它不仅有利于遮

阳避雨，而且还能将凉风吹向各个房间，使得建筑内部闷热潮湿的空气迅速上升，加速散热降温，形成对流通风。而我国北方地区由于气候较为寒冷干燥，因而院落空间的尺度较大，建筑出檐也较短，以保证太阳光尽可能多地照射到建筑墙体，开阔的院落地面本身也可以吸收更多的太阳辐射热量，从而有助于院落四周房间的保温。

3. 有效组织空间

"院落式"布局是形成较大建筑密度的一种有效处理手法，尤其是在建筑技术无法建造大进深单体建筑或高层建筑的时候，这种布局形式很好地解决了单位土地面积范围内人口密度较高的居住要求，因而在适合人居的亚热带及温带地区得到广泛应用。[3] 院落式布局不仅可以在横向布置上彼此紧密相连，形成传统的街坊空间形态，而且就单座院落式住宅的虚实空间比来说，南方不少民居的建筑实体空间甚至远大于院落的露天空间部分，建筑布局十分紧凑。此外，院落式布局在处理复杂的平面关系时，其方形特征及轴线关系往往具有识别性强、易于表现空间序列的递进，形成连续变化且富有节奏感和戏剧性的空间和景观效果。

二、技术层面：土木结构的顺应

不同于西方的砖石结构体系，中国传统建筑一直以来都保持着以土木结构为主的建筑技术体系。"院落式"布局除了上述设计层面的适用性特征，还与中国传统的建筑结构技术密切相关。

我们首先就材料性能来说，木材在取材和加工方面都较石材更为方便，建造成本也相对较低，尤其是在建筑结构的承重和围护方面，比较容易做到两者的分离，这使得建筑门窗的布置具有很大的灵活性，中国传统建筑也因此较西方砖石建筑表现出更多的通透性和开敞性的空间形式特征，它们在采光和通风方面也更能适应封闭围合的院落式布局。

同时，木结构受自身材料特性的局限，在建筑结构上也表现出无法回避的缺陷，尤其是在建筑的稳固性、耐久性及向高空发展方面显然不及砖石结构建筑。受材料尺度及建造技术的限制，木结构建筑并不适宜建造大跨度和大体量的单体建筑，这也导致在需要建设大规模建筑体量时，中国古人通常会采用将单个建筑组合起来形成院落式布局的方式，通过数量的优势来彰显体量的宏大。另外，材料的易燃性一直是木结构建筑最致命的缺陷，尤其是大体量或向高空发展的木结构建筑，其防火问题十分严重，一旦发

生火灾，整个建筑将付之一炬，而利用院落式布局将单体建筑在平面上进行组合与分隔，有利于火灾的扑救和减少损失的优化选择。

此外，施工快速是"院落式"布局的又一个突出特色，在相同建筑面积的情况下，中国传统建筑的施工时间比西方传统建筑要节约不少时间。西方石结构建筑的内部空间较为复杂，同时侧重往垂直纵深方向发展，虽然它们在建筑体量上要优于中国传统的单体建筑，但由于建造技术的原因，对人力、物力及时间的消耗都非常巨大。反观中国传统的院落式布局建筑，其建筑的规模是由多个院落的积累而形成的，由于院落是位于地面的水平分布，面积范围广，施工操作面大，不同的院落空间可以同时进行工作，再加上建筑单体采取的标准化和定型化结构方式，中国传统的"院落式"布局建筑还可以通过严密的施工组织发挥最大的效率。[4]

三、生活层面：农耕经济的保障

人类的生产活动是最基本的实践活动，它是决定其他一切活动的基础。几千年来中国古代社会都是建立在以土地为对象的农耕经济基础之上，历朝历代实行的都是"以农立国"的基本国策。农业文明与游牧文明及渔猎文明不同，它需要一个稳定、平和的定居环境，并尽量防止他人的侵袭和干扰，以保证农业生产的顺利进行，这是中国传统住宅建筑的院落式布局得以生成的核心要素。

在以农耕生活为基础的传统社会中，"男耕女织""以织助耕"的小农经济模式是中国封建社会经济的基础，这种经济模式是自然经济的一种类型，其主要特点表现为：分散性、封闭性及自足性。小农经济强调以家庭为生产生活单位，通过农业和家庭手工业相结合的方式，来满足自家生活的需要，是一种自给自足的自然经济。这种经济模式决定了社会中个体成员的生存与发展必须依靠家庭或家族的集体力量，通过家族成员在生产及生活方面的互助互利才能得以实现，这种生产方式也进一步推进了"聚族而居"模式的生成。

此时，住宅不只是一处提供居住的庇护场所，它更像是不断巩固和深化着以血缘关系为纽带的家族堡垒，家族成员在其内部完成生息繁衍所必需的物质资料和人自身的生产与再生产。这种以家族为核心的聚居心理反应在空间上则主要表现为：对外是厚重、冷漠、封闭的外墙，强调的是明显的边界特征与防御性能，建筑外墙成为区别"家人"和"外人"的根本界限；而对内则是以庭院为核心的开敞与通透式布局，家庭成员因共享内部空间而产生强烈的归属感。这种院落式布局是木构架建筑体系适应宗法制家庭形态的最合适、最自然的组合方式。[5]

中国传统住宅建筑不仅是居住的庇护所，同时也是小农经济的基本生产单位，这要求住宅必须具备各种生活和生产要素，它不仅要有用于会客、议事和居住的功能，同时还需要有生产、储存和晾晒的场所，这使得以院落为空间组织核心的建筑布局成为居住的理想形式。从住宅的院落式布局上看，庭院往往占据着住宅的几何中心，由它来联系和组织周边的房间，不仅

很好地划分了不同功能的建筑空间，而且使得建筑与院落的结合趋于完美，成为建筑部分的延伸空间。正是这样一个能够满足多种使用功能需求的"弹性空间"，使得住宅单元没有必要为满足各种生产生活功能而去建造大体量的建筑空间，"庭园"的出现不仅是住宅空间在经济性方面的优化选择，同时它还在很大程度上调和了与"房屋"在空间上的二元关系，避免了建筑单体因程式化的外观而造成的单一空间感受。此外，院落的生机和自然属性还为人们提供了丰富的生活情趣。[6]尤其是到了特殊日子，院内可举行各种活动，比如结婚、庆寿、赏戏等家庭的公共事件几乎都可以在庭院里发生和完成。而在平日闲暇时期，庭院内青砖铺地、盆景点缀、绿树成荫、鸟语花香，此时的庭院已经转换为一处可供纳凉、用餐、读书、沉思等极富艺术与生活情趣的小天地。

四、结语

任何一种稳定的建筑形制都应该满足使用功能的需求，同时又受限于建造技术的制约，这是建筑形制得以生成的最基本条件。"院落式"布局在安全、通风采光及空间组织上都具备优良的适应性特征，这是院落式布局得以广泛应用的先决条件；"院落式"布局与中国传统建筑的土木结构、材料特性及建造施工效率的高度适应是其得以生成的技术基础；"院落式"布局能够满足中国农耕社会对稳定平和的定居环境的需求，并成为以家庭为生产单位的小农经济模式的重要空间保障，这是院落式布局得以生成的核心条件。它们一起构成了"院落式"布局与中国传统住宅建筑在物质生活层面的适应性特征，这也是中国传统住宅建筑形制趋同的根本原因。

中国传统住宅建筑"院落式"空间布局形式与生活环境的契合更多是一种自发而优化的选择结果，本文对其适应性特征的分析与研究，有助于我们今天探索中国传统院落空间布局形态及意蕴在当代建筑中的现代性表达，以及传承和发扬传统院落空间布局的文脉与智慧。

参考文献
[1] 李允鉌 . 华夏意匠：中国古典建筑设计原理分析 [M]. 天津：天津大学出版社，2005:130.
[2] 汉宝德 . 建筑母语：传统、地域与乡愁 [M]. 北京：生活·读书·新知三联书店，2014:148.
[3] 方晓风 . 家园的批判与继承——院落格局住宅的文化比较 [J]. 装饰，2008(03):20.
[4] 李允鉌 . 华夏意匠：中国古典建筑设计原理分析 [M]. 天津：天津大学出版社，2005:24.
[5] 侯幼彬 . 中国建筑之道 [M]. 北京：中国建筑工业出版社，2011:190.
[6] 柳肃 . 营建的文明——中国传统文化与传统建筑 [M]. 北京：清华大学出版社，2014:329.

自然教育视角下居住区儿童活动空间景观构建
——以新加坡碧山宏茂桥公园景观设计调研为例

周莹　广西艺术学院建筑艺术学院

摘要： 随着国家城市化和建设的快速发展，钢筋和混凝土正在以惊人的速度将我们包围。在这个大的环境下，提供给儿童在城市中的玩耍空间越来越少，众多儿童患上了"自然缺失症"，原因是他们长时间和自然远离。以自然教育为中心，通过对新加坡碧山宏茂桥公园研究和调研，进行儿童活动空间的景观构建研究，探讨融入自然教育的居住区儿童活动空间的设计策略，分析儿童活动空间与景观元素、景观环境的关系，帮助自然教育在儿童活动场所中找到合适的表达路径。

关键词： 自然教育；儿童活动；景观设计；碧山宏茂桥公园

一、背景

居住区的活动空间是居民活动的主要场所，也是与儿童在日常生活中体验自然最直接便捷的地方。它既是一个重要的环境教育场所，又同时提供娱乐和接触自然的功能。孩子可以在玩耍的同时意识到生态系统和人在自然生态系统中的地位，这对建立人与自然和谐相处的理念也很有帮助。对于在居住区长大的孩子来说，居住区的儿童活动场所的意旨非常关键。研究表明，在正常自然环境条件下玩游戏长大的孩子比在传统的室外操场游戏环境中长大的孩子有更好的身体和运动技能发展。体育锻炼、亲子活动、自然教育、环境教育和艺术等都应该融入居住区的活动空间，成为人们日常生活的一部分。

二、相关概念

（一）自然教育

自然教育理念最初的提出者是法国思想启蒙家卢梭。他认为，为了回应孩子的天性，必须有教育者的引导和环境的经验。这样可以帮助孩子成长为完整、独立、健康的人。如今，自然教育被定义为：以自然环境为背景，以人类为媒介，运用科学有效的方法，促使儿童融入大自然，通过系统的手段，实现儿童对自然信息的有效采集、整理、编织，形成社会生活有效逻辑思维的教育过程[①]。

（二）自然教育对儿童的重要性

史蒂芬·凯勒顿于2005年发表的《自然与儿童成长》著作中归纳了二者之间的密切关系。他指出："无论从智力、情感、社会、精神、身体等任何一个角度来说，自然对于儿童的成长发育都十分重要。"[②]

一些研究数据表明，大自然对于提高儿童的想象力和创造力很有帮助。大自然的空间可以让孩子观察、思考和研究，它对孩子的成长有着重要的意义，儿童在与大自然相处的过程中可以获得许多技能。当我们为孩子的成长创造环境时，往往会因为我们不太了解孩子成长的自然规律，从而导致儿童缺乏主动性、创造性和意志力等。自然教育引导儿童主动了解自然，注重培养人与自然的情感联系，让儿童在大自然中学会思考和创造。

三、碧山宏茂桥公园的儿童活动景观自然教育设计特色分析

（一）碧山宏茂桥公园公园简介

居住区景观有许多尺度，其中居住区公园就是一个非常典型的尺度，2006年，新加坡国家公用事务局提出了"活跃，优美，清洁（ABC）——全

民共享水资源"的宏伟计划[2][③]，碧山宏茂桥公园与加冷河修复是此次计划中的旗舰项目之一。碧山宏茂桥公园位于新加坡市中心，紧邻南北地铁线上的Byeoksan站和一个大型居住区公园，主要目标是周边居民和儿童，公园使用率高。

碧山宏茂桥公园的儿童活动景观设计有三个特点：

第一，对外开放。公园场地和周边住宅小区以城市道路为界，没有栏杆，居民可以自由接近河流与自然。

第二，功能分区合理。公园内有遛狗区、足疗区、滨河区、池塘、草坪、游乐场。

第三，着重教育。公园的树干上贴着"先思考后放生"的字样，让人们正确对待动物。例如，通过在周末举办家庭友好指南，并且将此纳入社区园艺，它为"观察自然"等文化活动提供了一个场所，实现了公众与自然的互动，加深了对生态的理解。

（二）生物多样性

碧山宏茂桥公园保留了30%受河流重塑过程影响的树木，并将其转移到公园的另一个位置。植物在水中生长形成一个群落。沿河设计缓坡，增加亲水性并提升美观。此外，生态绿化设计为动物提供栖息地，为鸟类和其他动物在公园行径创造不同的路径以及生物多样性条件[④]。除了已经发展了生物多样性之外，公园中的物种也确保了适应性发展，确保了物种的长期生存能力。结合新修复的水道基准线和蜿蜒的河床，建造了各种类型的流水模式，这些模式为创造生物多样性和各种自然生物多样性提供了环境基础。

（三）趣味性设计

游戏是孩子的天赋，在玩游戏的体验中，孩子们可以在锻炼身体的同时提高智力。此外，孩子们成年后获得的许多技能大多来自童年。公园内有两个游乐场，每一个都有十分有创意，使用了梯子、轮胎桥、滑梯、秋千、平衡木，这些设施集中摆放，孩子们在游乐运动场地中追逐嬉戏，似乎已经成为居民日常生活的一部分。公园内的现有设施得到了改善和翻新，娱乐设施也利用河道改造中废弃的材料得到了增加。混凝土板被用来建造景观和安装现代雕塑。此外，人工材料被用来设计一个小的交换空间。比如椅套的材质是不锈钢，叶子形状设计在外侧，与周围的植物相协调，增添了更多的愉悦感。

（四）生态设计

1.材料

在儿童活动空间中，应尽可能使用自然材料与自然交流。与自然材料

的互动有助于儿童心理、身体、道德和情感的发展。后来对一些设施进行了改进和翻新，增加了许多新设施，改善了娱乐氛围，建造了生态水循环系统。设计师还回收了旧混凝土建材并重复使用在公园里建造了三个操场、一个餐厅和一些新空间。

2. 驳岸

碧山宏茂桥公园结合新改建河道的基线和蜿蜒的河床，建造了各种流水形式，这是自然河流系统的一个特征，它创造了生物多样性和生态系统。这样一条柔软的河流驳岸可以为人们放风筝、跑步和交友等娱乐活动提供一个开放的空间，增加儿童的亲水活动，更平添了乐趣。碧山宏茂桥公园儿童活动水池的水源来自经过生态净化和社区处理的水，富有创意和联想的空间设计让孩子们通过嬉戏互动来观赏和体会水的价值。

3. 植物

绿色植物设计有利于儿童爱观察和探索的天性，通过四季的变化让儿童意识到植物的季向和生命周期的变化，使其成为一个良好的自然课堂。碧山宏茂桥公园儿童活动区的植物设计结合了不同的草本和木本花卉，"三界有花，四季有景"，自然风光韵味十足。根据当地特点选择适合热带气候和土壤条件的乡土植物，不仅可以展现当地特点，而且提升了绿地的生态效益。植物对孩子来说是软质景观，会将儿童的活动空间与外部环境隔离开，从而可以形成相对封闭的空间，保证儿童平安地在其中玩耍，同时减少场所内外的相互干扰。

4. 铺装

碧山宏茂桥公园儿童活动空间设计中的景观铺装设计，将传统的儿童活动空间从单调、枯燥乏味的铺装设计中解放出来，把结构、材料、色彩、尺度等元素与整体环境融合。通过从孩子的角度观察地方。通过了解环境，了解孩子的心理和行为，体验孩子真正想要的环境景观，使用清晰、简单的设计和生动明亮的色彩，让孩子对新事物产生好奇心，更加愿意亲近自然。

（五）安全性

1. 游戏场地

安全在儿童活动空间设计时是很主要的原则之一。在确保儿童安全的同时，其实很难创造一个既可探索又富有冒险精神的活动空间，中国的儿童活动区的设计规范也在被人为修复的过程中越来越保守。在碧山宏茂桥公园中，儿童活动区的安全设计有一个坚固的沥青地板，儿童三轮车和玩具车允许在里面行驶。控制游戏设备的高度，以防止儿童受伤，游戏设施下方和周围有沙子和木屑的柔软区域可以保护儿童在游戏过程中不受伤。由于场地地板和操场设备上的突起，以及尖锐的转角和边界会伤害儿童，故公园内木材光滑无分支。对于碰撞，公园应选择有一定缓冲作用的软材料装置，并注意装置的安全使用范围，保护孩子在使用装置时不会互相干扰，在该区域铺设草坪，以便家长们可以休息放松。

2. 水安全

自然和野生条件并不标志着危险。公园设计也在考虑水安全，如果发生严重的洪水，河水水位会缓慢上升，游客会在水边度过大量时间。暴雨和警报将在水位上升前发送给公众，公园内还安装了一个全面的监测和警报系统，包括河水水位传感器、警示灯、警报器和广播。

（六）儿童的参与

通过强调儿童对景观的参与，建立有创造性的互动空间，尽可能少地限制儿童特定的游戏方式，儿童可以在这个空间中表达自己的想象力，用各种各样的游戏方式来获得快乐，发明游戏不用局限于活动设施。儿童的参与也是设计中非常关键的一部分。在这里，孩子们可以近距离地看到和触摸小溪，而年轻的学生们在游乐场上画画，设计师做了一些动物的复模，把孩子们的名字刻在上面，用硅胶做了彩色的模型，放到游乐园里。公园里有很多签着孩子名字的属于他们的艺术作品。当孩子们和他们的家人去公园时，孩子们可以非常骄傲地说："看，这是我的大作！"这对居民产生公园归属感十分有意义。

四、结语

现代社会中大多孩子都身陷于室内游戏，并不是因为他们喜欢电脑游戏和枯燥乏味的布偶玩具，而是因为随着经济的增长和城市的发展，他们身边的环境不再为他们所用，真正对他们有用的自然环境离他们越来越远。孩子们长时间待在室内，没有了与花草鸟虫的亲密接触，没有了风吹日晒的亲身体验，没有了因为游戏合作带来的团队信任，就会让那些本该不属于孩子的情绪如自闭、焦虑、烦躁等慢慢在孩子身上体现，这种长时间在室内缺少了自然的童年生活，让孩子失去的不仅仅是观看花草接触大自然的机会，更失去了受感动、受教育的机会。

由于儿童每天接触的大部分城市景观来自景观设计师的手，设计师有责任利用景观设计重新唤醒人与自然的和谐关系。设计师可以利用景观环境和游戏内容结合的形式，积极开发儿童的审美和情感能力，为儿童提供各种设施和条件，充分发展孩子的天性，让儿童在认同的过程中逐渐学会分享和珍惜，将离孩子最近的、最有教育意义、最吸引人的空间变成一个课堂。通过设计，孩子们可以在活动空间中体验大自然的细微变化，即水温和光线的变化，知晓春江水暖、体会叶落知秋。相信孩子们在未来的生活中会更加珍惜和尊重自然，减少破坏环境的行为，从而实现人类和自然的共存。

注释

① 百度百科对"自然教育"的定义。
② 摘自史蒂芬·凯勒顿《自然与儿童成长》。
③ 摘自《加冷河——碧山宏茂桥公园》。
④ 摘自《基于恢复生态学视角下的基础设施生态化策略研究——以新加坡碧山宏茂桥公园与加冷河为例》。

参考文献

[1] 于桂芬. 居住区环境景观设计中的儿童游戏场地开发 [D]. 咸阳：西北农林科技大学，2009.
[2]（德）迪特尔·格劳，吕焕来. 加冷河——碧山宏茂桥公园 [J]. 中国园林，2012，28(10):88-92.
[3] 胡剑锋，刘畅，曹奕璘. 邻里交往空间实践探索——亲子成长与运动活力视角下的社区公园 [J]. 风景园林，2018，25(02):116-122.
[4] 陈姝倩. 株洲市城区户外儿童游戏空间景观构建 [D]. 长沙：中南林业科技大学，2014.
[5] 巨先. 成都市邻里公园景观设计研究 [D]. 成都：西南交通大学，2009.
[6] 孙宇，许大为. 浅谈居住区儿童活动空间铺装景观的设计 [J]. 黑龙江生态工程职业学院学报，2010，23(03):16-17.
[7] 孙斌丽. 基于游戏行为的儿童游戏设施综合设计研究 [D]. 天津：天津科技大学，2009.
[8] 张家希，张晓燕. 基于自然教育的居住区儿童活动空间景观设计研究 [J]. 设计，2019,32(14):140-142.
[9] 张家希. 基于自然教育的城市公共儿童活动场地景观设计研究 [D]. 北京：北京林业大学，2020.
[10] 杨芬. 探析居住区儿童活动空间植物景观设计 [J]. 现代装饰（理论），2013(09):27.

陕西柏社村地坑院空间的 BIM 数据分析及改造

卫夏蒙　西京学院

摘要：在建设美丽乡村的大语境下，位于陕、晋、豫三省交汇处独有一种特殊建筑形式，人们称之为"地平面之下的院落"——地坑院。这些具有特殊建筑形式的乡村特色老建筑该如何借用最新的科学技术手段进行修复与改造，使其更加宜居，是本文讨论的重点。BIM（建筑信息模型）是时下建筑行业信息化的新型技术手段，通过软件建立建筑的三维模型，并模拟建立建筑工程信息库，可以精准地掌控建筑建造的每一个环节，目前该技术手段主要用于建筑行业与工程制造业。本文选取地坑院较多的陕西省三原县柏社村为试点，选取一座现状较好的地坑院使用 BIM 技术进行采光、通风等数据的分析，并提出合理的维护与改造建议。同时对其他特殊古建筑的维护与改造提供一定的技术层面的借鉴。

关键词：生土建筑；地坑院；BIM；数据分析

前言

地坑院，又称地坑窑、地窨院，属于生土建筑中的一种特殊的建筑形式，是一种在地平面之下的、带天井庭院的下沉式窑洞。地坑院建筑历史久远，早在战国末年或秦汉之际的《礼记·礼运》最早记录了有关人类的穴居活动，内容如下："地高则窟于地下，地下则窟于地上，谓之地上累土为窟"。"地高"的形式或指黄土塬上的穴居，为避风寒而穴于地下，这可能是一种竖穴，今西北黄土高原上的下沉式"坑窑"就是这种穴居的遗风[1]。近几年研究地坑院的学者慢慢增多，对地坑院营造修复与改造方法这一方向的研究文章也逐渐增多。王茹等学者在《建筑经济》上发表文章《基于 BIM 的古建筑保护方案经济指标体系构建与评价方法研究》中提出[2]，我国现存古建群数量巨大，其保护工作需要大量的人力物力财力，BIM（Building Information Model）技术的引入可提高古建保护工作的效率，使古建保护工作更加科学合理。黄丽在其硕士论文《基于 BIM 的陕县地坑院建筑信息模型的研究及应用》中提到，使用 BIM 技术应用到地坑院室内环境改善设计过程中，帮助建筑师进行准确、有效的建筑空间分析、构件制作、能耗分析等，以便更好地为地坑院传统民居形式的保护和发展提供更有效的方法[3]。本文是对使用 BIM 技术进行地坑院的参数进行分析，提出更加适宜的维护与改造方案，并对后续其他特殊古建筑的维护与改造提供一定的技术层面的借鉴。

一、相关概念研究

（一）地坑院在中国的分布概述

地坑院主要分布于陕西省中部、山西省南部、河南省西部，三省交界的黄土地质区域。目前河南省陕县地区、陕西省三原县地区有大量保护完整的地坑院村落。

（二）柏社村地坑院情况概述

柏社村历史悠久，据地方志记载，柏社村已有 1600 余年的聚落发展史，柏社村包括多个自然村，居住约 3750 人，据调查现存有 780 余个窑院，其中村子的核心区域面积为 92.97 平方公里，集中分布有 220 多处窑院。2010 年，在柏社村召开了第四届"为中国而设计"全国环境艺术高峰论坛，会议明确提出了"为农民而设计"的学术主张[4]。2014 年 3 月，柏社村入选第六批国家级历史文化名村[5]。在 2018 年初对柏社村进行了多次实地调研中发现西安建筑科技大学对个别地坑院进行了翻新与修复，并在地上建设了生土建筑形式的公共厕所[6]。

在对柏社村的实地调研中发现，该村大部分的地坑院已经大门紧锁，没有人居住，有将近一半的地坑院存在着不同程度的损坏与坍塌现象。只有在村子主入口以及主干道两侧有少量的地坑院保存与修缮得较好，但也不是作为本地村民居住的民居，而是摇身一变，成了"展览馆"与"农家乐"，也成了柏社村振兴旅游业的最佳资本。本文研究的地坑院选取自国家科技支撑计划课题"西北地区历史文化村镇社区功能提升技术集成研究与示范"项目资助改造后的某一座地坑院。

（三）地坑院的建筑特色

地坑院建筑的建筑特色是，在建造时首先在地势平坦区域自上而下挖一个类似于天井的深坑，长宽大约 8 ~ 12 米，深度约 6 ~ 8 米，挖好后晾晒一年，有效地蒸发土壤中的水分；其次在坑内的四壁挖 8 ~ 12 孔窑洞，窑洞一般宽 3 ~ 4 米、高 3 米、进深 5 ~ 8 米，其中一个窑洞由地下至地上开凿成为甬道通向地面，为地坑院的入口，挖好后再晾晒一年；最后将地坑院的庭院中间凿一口井，并对庭院部分地面进行处理，形成中间低四周高的地势，这样在雨水丰沛的季节便可以有效地排水与蓄水。

1. 地坑院建筑的优点

第一，由于地坑院所处的地理环境，在春、秋、冬三季会有多风沙天气，处于地平面之下具有防风防沙的效果。第二，地坑院内窑洞的顶部一般距地面有 2 ~ 3 米的距离，有十分厚的土壤层作为保温隔热层，故而具有保温隔热性能好、冬暖夏凉的优点。

2. 地坑院建筑的缺点

第一，由于地坑院内窑洞是属于单面开口的建筑形式，只有一侧设有门和窗，且窑洞的进深较大，一般有 5 ~ 8 米，故而室内的采光和通风会比较差。第二，每年夏季降雨较多的时节，窑洞内湿度会较大。

二、BIM 技术在建筑领域的应用

（一）BIM 技术概述

BIM（建筑信息模型）是以电脑三维模拟为基础，是整合建筑工程各个环节信息的工程数据集约化模型。BIM 理念的工作流程是：首先用 CAD 绘制二维平面图，然后将 CAD 图导入 Revit 中进行建筑信息模型的创建；其次把在 Revit 中创建好的模型导入 Phoenics 软件中进行风环境的模拟、导入 Ecotect 中进行采光模拟，通过对模拟数值的分析发现问题，进而提出优化的方案。

本文在 BIM 技术中尝试使用比 Phoenics、Ecotect 软件更加简单便捷的国产软件——绿建斯维尔进行地坑院的各项参数分析。绿建斯维尔软件主要用于绿色建筑相关的模拟分析，可进行一模多算，其中包括能耗计算、日照分析、采光分析、住区热环境分析、建筑声环境分析、建筑通风分析等方向。它的优点是可以直接将 CAD 中绘制的三维模型导入绿建斯维尔中进行参数分析，省去了将 CAD 文件导入 Revit 建模之后再导入 Phoenics 和 Ecotect 的步骤，更加方便快捷。本文根据地坑院建筑的特殊构造情况，主要从日照、采光、通风三个方面进行分析，力求精准地找出地坑院在居住使用上的问题，并对其改造提出可实施性建议。

（二）BIM 在古建修复领域使用的探索

BIM 技术目前在国内外主要用于建筑工程方面，国内的斯维尔软件主要用于工程建设行业，包括工程设计、工程施工、工程监理、造价咨询等，以及提供行业信息化产品及解决方案和 BIM 及绿色建筑咨询服务。在我国，目前将 BIM 用于古建的模型信息收集以及数据分析这一方向的研究还比较少。在知网中输入关键词：BIM、古建，搜索可得知，目前在知网中关于 BIM 技术在古建筑上的使用主要是在古建筑的模型建立以及建立古建筑三维模型信息库这一方面。例如，西安建筑科技大学王茹教授发表的"明清古建筑信息模型设计平台研究"中提到，使用 BIM 技术来构建全新的传统民居保护和利用的研究平台[7]。而本文主要的研究点是通过 BIM 技术对地坑院进行数据分析，提出具有针对性的地坑院保护与更新的措施，提升地坑院的宜居性。

三、陕西省三原县柏社村地坑院的 BIM 数据分析

（一）地坑院 BIM 数据的建立

地坑院有别于其他建筑的一点在于，大部分建筑都是在地平面上建造建筑，而地坑院是在地平面上向下挖掘与延伸，是中国一种特殊的"负建筑"。通过对选取的地坑院进行实地测量，获得较为详细的一手数据，根据测量数据直接在 CAD 中绘制地坑院的三维模型。然后将模型导入绿建斯维尔软件中进行三维模型的创建。在三维模型的绘制中，所有与高度相关的数值皆为负值，这为模型的搭建与后续数据的分析增加了较大的难度。模型的建立过程能够较好地体现现实地坑院的建造过程。

（二）地坑院风环境的模拟分析

由于地坑院的建筑构造较为特殊，一般会从地面向下延伸 5～8 米，且窑洞是单面开口，故而会存在一定的通风问题。首先选取柏社村所在的咸阳市的气象参数，咸阳市常年主导风向是东南风，风速 1.6 米 / 秒。首先使用绿建斯维尔在距地坑院的庭院地面 1.1 米处对地坑院整体的风环境进行模拟。地坑院距地面 1.1 米处最大风速为 0.01 米 / 秒，最小风速为 0 米 / 秒的庭院部分风速为 0.005 米 / 秒。然后对窑洞内部的通风进行分析，得出窑洞内部最小风速 0 米 / 秒，最大风速 0.007 米 / 秒，仅在靠近门窗处通风较好。

通过对地坑院庭院空间以及窑洞内部空间的通风分析可得出地坑院在通风上存在以下两点问题：第一，因该地区常年风向为东北风，故而仅有南向的两口窑洞通风较好，其余方向的窑洞通风都较为不好；第二，各个窑洞均仅在入口处通风稍大，窑洞内部均为最小风速。

（三）地坑院光环境的模拟分析

用于研究的本地坑院距水平面 -5.5 米，窑洞窗户距地坑院的庭院地面高 1.2 米，窑洞进深 5 米以上，窗户与门在同一侧。柏社村属于我国第 III 类光气候区，通过软件的测算，室内除靠近窗口处区域外能够达到 2.0 的标准值。窑洞内部有近 60% 的空间达不到国家采光标准。

（四）关于地坑院宜居的改善建议

1. 关于通风情况的改善

因柏社村地坑院窑洞进深较大且只有一端向外，这是窑洞通风不佳的最大原因。推荐以下两种改进办法：第一，可在窑洞最后部的顶端开凿通风孔，使室内空气流动起来；第二，可在靠窗户一侧的窗户顶端安装排风扇，加速空气的流通。

2. 关于采光情况的改善

在对柏社村地坑院的多次实地调研中发现当地村民在白天基本上都在户外活动，在室内活动时间较少。根据村民的生活习惯推荐以下两种改善办法：第一，扩大窗户的面积、将整扇木门改为上窗下门的门扇，从而增加采光口的面积；第二，在室内安装反光装置，使光线可以延伸至窑洞更深处。

四、结论

将 BIM 技术用于陕西省地坑院的建筑信息化建模与参数分析中属于一次新的尝试，其中使用我国新研发的绿建斯维尔软件对生土建筑进行参数分析也属于一次新的尝试。本文主要想通过新技术手段对地坑院进行科学的、精准的参数化分析，发现古民居影响居住舒适度的问题在哪，将问题用科学的方法解决，从而提升居住的舒适度，使当地的村民愿意继续居住生活在地坑院中，使地坑院这一特殊的建筑不至于因为时代的发展而被彻底荒废掉。另外文中提到的关于地坑院宜居的改善建议仅仅是作者基于以往对环境设计方向学科研究的经验提出的，并未对该地坑院进行实际改造，故而无法提供改善前后的数据对比来印证改善建议的有效性与可实施性。

参考文献
[1] 常 青. 建筑志 [M]. 上海：上海人民出版社，1998.
[2] 王 茹，张 祥，韩婷婷. 基于 BIM 的古建筑保护方案经济指标体系构建与评价方法研究 [J]. 建筑经济，2014，35(6):110-114.
[3] 黄 丽. 基于 BIM 的陕县地坑院建筑信息模型的研究及应用 [D]. 郑州：郑州大学，2016:3.
[4] 雷会霞，吴左宾，高元. 隐于林中，沉入地下——柏社村的价值与未来 [J]. 城市规划，2014(11):88.
[5] 吴 昊，张 豪. 柏社村地坑窑洞民居环境改造文化成因 [J]. 西北美术，2015(1):34-37.
[6] 黄瑜潇. 柏社村地坑窑院建筑的现代应用设计机器生态低技术研究 [D]. 西安：西安建筑科技大学，2017:10.
[7] 王 茹，孙卫新，徐东东. 明清古建筑信息模型设计平台研究 [J]. 图学学报，2013，34(4):76-83.

浅析空间延异中"场所精神"的营造与表达

赵晟旭 / 马霞虹　新疆师范大学美术学院

摘要： 本文以观景台为切入点，对"场所精神"在建筑中的艺术表现形式进行了深入分析，推演出以时空为契点，以空间差异性与时间流逝性为创造的建筑语意。以微观至宏观的形式打破当下设计的定性化、常规化，旨在以个性、独特的创作风格与创作形式，以别样的视角来响应时空延异这一主题，让人自发地、主动地对建筑本身产生共鸣、认同与感悟，从而诞生出仅在此时此地所独有的艺术精神感知，而这种感知将是永恒的。

关键词： 人；场所精神；环境；建筑；空间

前言

随着时代的不断进步，人们的审美和心理需求也在不断提高，建筑形制却并没有随着人的需求变化而改变，现代主义建筑虽标榜为"大众建筑"，但其非本源演化的演化形式已经逐渐发展成为"新式精英主义强制性为大众服务"。体量化的建筑形制以普适化、理性化准则，决定了今后几十年乃至上百上千年全球人类的居住形式，也因此造成了现在模式化、商业化建筑在各个城市的矗立，这些冷冰冰的高楼大厦在人们刚开始感叹便捷性之后的现在，已经丝毫不能引起人的情感共鸣与心理震撼。

当下，人的精神需求与现代主义建筑的机器化、技术化、理想化所带来民族特色的消退与建筑情感的隐匿成为主要矛盾。因为，世界建筑的"趋同性"虽然降低了建设成本、提高了生产效率，但却在一定程度上磨灭了建筑的"特性"。

一、在这"娱乐至死"的时代

哥伦布发现：地球是圆的；托马斯·弗里德曼发现：世界是平的。伴随科技革命，全球化的进程在不断加快，"世界"不断从宏观缩小至微型，平坦化了我们的竞争场地[①]。人们每天都在被快节奏的社会状态、被爆炸性的零碎信息推着前行，导致我们生活的方方面面都正在"被娱乐化"[②]。与我们生活密不可分的建筑，又可以称其为成千上万冰冷的"盒子"。建筑形制的更替只有过去与现在、破旧与崭新的分别，充满"理性的现代主义思潮"周而复始地冲击着人们，而我国的现代城市建筑又大多只是停留在对西式建筑表皮和建造方式的模仿，现代主义建筑精神在建筑商的利益中越发模糊，并与现代建筑大师最初提出"大众建筑"的设计理念渐行渐远。丑恶的商业建筑让大众的审美趋同，没有人对此提出质疑，即使出现个别质疑也无法撼动庞大的商业群落。

二、空间延异下场所精神的建构与表达

（一）场所与精神

场所，是指在文化、历史、社会等人文背景下，建造具有鲜明民族特性的建筑，与人、环境在交互共生中诞生的"氛围"。精神是指人在精神追求满足后产生的感知能力。如同叔本华所说的"生命意志"，生命意志是世界上最本质的东西，是不可抗拒的，是永不停歇的[③]；人为满足自身的欲望，这是活着的驱动力，这种欲望可以是金钱、权利、名望、奉献等，精神正是这种玄之又玄的词汇，同时，受语言、文字的产出影响，就连人本体也无法丝毫不减地把精神通过媒介阐述出来。

（二）场所与空间

亚里士多德在场所包含于空间概念的关系论中阐述了：自古希腊至近代之前，在建筑设计领域中"场所"支配着"空间"领域。他认为确立"空间"的唯一范畴就是"场所"，并把空间与场所看成物与物之间相对关系的体现[④]。空间只是场所精神的重要组成部分。一个设计、一个建筑存在的根本意义就在于：被人使用。在世界领域中，建筑如果只是建筑，不被人所介入，那其本身就毫无意义。因此，人建造建筑，建筑与人产生精神世界与现实世界的双向关系，才是设计成立的根本原因。

在"人"与世界的概念中，又可以将其划分为：精神世界、现实世界以及半精神半现实世界，这三方世界都穿插着繁密复杂的空间关系，精神世界可以指代为"场所"；现实世界可以指代为"空间与形式"。场所精神应该处于半精神半现实的三维世界里。这里的三维世界包含了人和环境在建筑的存在实体中营造的空间氛围，而"场所"则完美地平衡了三者之间的关系，体现了人对环境与建筑的精神感知。"人"的感知是场所在三者交互中的重点。因此，场所与空间则更应该是人与物之间相对关系的体现。

（三）人、场所与空间

人建造建筑，建筑成就人。建筑诞生的前提就是满足人最基本的生活需要，自此之后应大力探索不同建筑设计给人不同的精神震撼。而现在与人密切相关的建筑设计则多体现在现实世界里——人在被动地适应设计，进而忽略了人对设计的认同感与归属感，当代建筑的冷漠是最直接观感[⑤]。如果强行把空间与场所划分为两种不同的独立范畴，把空间与形式作为设计的主要衡量标准，让整体失衡，那么这个设计就是病态化的、畸形化的。

笔者认为，针对目前的现代建筑而言，对场所精神的追求应该高于对空间、形式的追求。人赋予了设计"使用"的意义，建筑也应满足人的精神需求。德国哲学家马丁·梅德格尔也曾指出："建筑的本质是居住，人类必须有一个可供栖居的家，才能真正立足于社会上，建筑的本意就是为了使人能够回'家'，这里的'家'一个是指居所，另一个是指精神。"现代城市的飞速发展满足了人的居住需求，但过度的理性空间令场所精神淡漠，从而无法真正地满足人的精神需求。

空间是相对客观存在的物质形式，精神体现着人主观的意象形态。建筑赋予了人一个"存在的立足点"[⑥]，当氛围诞生于人的具象存在与抽象感知中，此时的氛围就衍化成了场所，场所精神在这时是"身体化了的"物理空间。因此，若只重视"空间"与"形式"，忽略"场所"，则必将使设计失衡。

正如斯蒂文·霍尔在《寻找锚固点》一书中所说："只有跟场所相融合，将特定场景所具备的各种意义汇聚于自身，才能实现对物质和功能的超越，满足人的情感需求。"

三、空间延异下观景台设计的思考与表达

（一）设计背景分析

随着经济的不断发展，人民的生活质量得到了明显提升，对外出游玩的需求也在不断提高。因此，各地自然景区的建设也不断展开，而观景台作为自然景区不可或缺的重要组成部分，需求量也在不断上升。我国的旅游人数呈逐年递增形式，这也造成了每逢节假日各个景区载客量呈现出过度饱和，从而导致了游客的观景感受极度下降，游玩从另一方面变成了负担。这正体现了我国现阶段人民日益增长的美好生活需要同不平衡不充分的发展之间的社会主要矛盾[⑦]。

（二）设计思路来源

经过考察统计显示，我国观景平台大多以承载容量为设计前提，此类观景台的设计多采用纯木质架构或玻璃建造，缺乏新意，一味追求感官刺激，与自然环境格格不入。正如我们当下城市的写字楼、小区等建筑类似，20%的甲方与设计师往往直接决定了绝大部分人的居住形式，而这些"盒式建筑"在多数情况下承载了一个人、一个家庭一辈子的生活状态。

当代的大部分建筑仿佛与自然脱节，只有城市、社区等绿化形式是通过人为自然的手法与人们的生活连接。在现实生活中，我们的绝大部分时间都是在建筑之中度过，大自然历经着春、夏、秋、冬的洗礼，但却与我们所处的建筑空间毫无联系，阳光除了照明之外无法赋予任何其他意义。建筑的所有特质、所有空间序列被无限简化，"拼贴式方盒子"的生存空间让人被迫居住，机器时代下的建筑逐渐退化成只剩下了居住这一最基本需求。就如同柯布西耶所说："人居住的奇差无比、千篇一律、毫无特色，这是我们当代动乱最深远而真实的写照。"[⑧]

（三）在场所精神中观澜台的建构分析

恰如英国哲学家阿弗烈·诺夫·怀特海所说："艺术的进步是在变迁中保存秩序，并在秩序中产生变迁。"对此，笔者认为从当代认知科学与建筑学的角度出发，人、建筑、环境的"平衡"才是一个设计的核心所在，观澜台正是基于此设计理念，选定环境艺术中景观建筑小品这一设计类别进行创造的。以新疆维吾尔自治区巴音郭楞蒙古自治州的塔里木胡杨林国家森林公园作为设计作品的场地选址，利用拓扑学的设计手法，以空间序列的线性排列掌握整体观景台的空间尺度，让人的行走流线由宽阔到逐渐狭窄再到豁然开朗，通过具象的设计手法来营造深层次的意象表达。室内空间则通过观赏区：虬枝、瀚海、漏光；沉思区：羌管、驼铃；走廊区：穿顶、苍茫的划分，人可以有"明亮—好奇—震撼—冥思—观赏"多种不同却又层层递进的心理情感转变。把建筑的外在形式赋予最简化的艺术凝练，利用建筑的高差对比进一步增强设计本身的神圣性。设计材料采用了混凝土、木材、玻璃等，通过不同材料不同比例的组合，增加了设计的丰富性、多样性与独特性。令独有的环境磁场在人、树木、建筑的交互联系中弥漫，

"共生"赋予彼此全新的含义，进而建构出充满意象的"场所精神"，给予人独一无二的精神感受。

四、总结

场所是空间概念中人同建筑空间与自然空间中相互作用的产物，而人、环境、建筑，在交互共生关系中，所营造出的"氛围"才是场所精神认同的唯一范畴。观澜台在此时已经超越了人对观景台设计本身最基本的功能诉求，进一步地把"人"融入了整体环境之中，营造了其所特有的"一方世界"，而不是只停留在人对自然、建筑的表面观感。在这里，场所精神赋予了"人"对环境与建筑最深层次的精神感知，正如杨华先生在《建筑——作为释义学的对象》中所述："建筑是人化的空间，其根本的特征在于满足人类的物质与精神需求，并蕴含着人活动的意义……使今天的人们从'冷硬的房子'走向文化的回归、人性的回归，必将成为新时代的建筑创作倾向。"[⑨]在当代充满理性的建筑设计大趋势背后，我们更应关注满足人的精神需求。如同德国哲学家马丁·海德格尔所说："人类通过世界的存在而存在，世界是由于人类的存在而存在。"建筑拥有无穷无尽的表达空间，现在的发展只是现在的，对未来的思考才是未来的，人对真理的探索是永无止境！

注释
①引用于（美）托马斯·弗里德曼所著《世界是平的：21世纪简史》一书。
②引用于（美）尼尔·波兹曼所著《娱乐至死》一书。
③引用于林欣浩所著《哲学家都干了什么？》一书。
④引用于凌天翔所写"建筑学里的空间和场所有什么区别？"一文。
⑤引用于凌天翔所写"建筑学里的空间和场所有什么区别？"一文。
⑥引用于诺伯舒兹著、施植明译《场所精神：迈向建筑现象学》一书。
⑦引用于十九大报告。
⑧引用于（挪）诺伯舒兹著、施植明译《场所精神：迈向建筑现象学》一书。
⑨引用于单琳琳所写"民族根生性视域下的日本当代建筑创作研究"一文。

参考文献
[1]（挪）诺伯舒兹.场所精神：迈向建筑现象学[M].施植明，译.武汉：华中科技大学出版社，2010.
[2]（美）托马斯·弗里德曼.世界是平的：21世纪简史[M].长沙：湖南科学技术出版社，2010.
[3]（美）尼尔·波兹曼.娱乐至死[M].北京：中信出版集团，2015.
[4]单琳琳.民族根生性视域下的日本当代建筑创作研究[D].哈尔滨：哈尔滨工业大学，2014.
[5]杨华.建筑——作为释义学的对象[J].新建筑，2001(4).
[6]凌天翔.建筑学里的空间和场所有什么区别[EB/OL].知乎.
[7]茶叶人.如何与树交流[EB/OL].（2016-06）.知乎.

浅论传统城市公共空间的社会功能的消失与重组

时卓玉　四川大学艺术学院

摘要：在现代的公共空间设计思维中，设计者大多看重空间在视觉效果上的营造，而忽视公共空间作为人们活动和交往平台的重要性。经济全球化与高新技术的发展打破了传统的空间需求模式，人们对传统公共空间的共享性、人文性、复合性提出更高的要求。通过对现代城市公共空间进行现状调研和问题分析，提出公共空间的设计与规划上的策略，从而解决传统城市公共空间在功能重组后，要如何承载时代的发展与城市居民的期许。

关键词：城市公共空间；都市生活；消失和重组

一、公共空间的演变与发展

（一）公共空间的界定

城市公共空间在服务于公众日常活动的同时，为人们进行广泛的社会活动提供物质空间环境——兼具可达性与社交性的空间，也是体现城市风光和魅力之所在。

公共空间与传统意义上仅供休憩观赏的开放绿地和休闲公园是不同的，它可以容纳人们进行自发的社会活动和丰富多元的城市生活。它包括了城市绿地、市场街道、公园广场等多种城市空间设施的基本构成，承载着人们的休闲娱乐、节庆聚会等日常活动。真正意义上的公共空间一方面为地方政府推动地方经济发展，另一方面为城市市民提供游憩场所，提升城市美学形象。公共空间不仅是一种景观设计，还是文化活动的中心。人们共享同一空间，在其中进行社交，同时还会倾注一定的情感。在这个过程中，人们才会意识到自己属于"城市"这个社会共同体。

（二）中西方同时期城市公共空间的对比

西方多数国家地广人稀，广阔的土地往往在现代社会城市大规模的重建中转化为公共用途。因此，西方城市的公共空间功能发展得也较为完善，并具有阶级性、实用性、宗教性、艺术性的特征。"公共"这一概念的定义也是建立在种族、阶级和性别之上的，在中世纪的专制统治下，公共空间也成了政治权利的表达工具。教堂或者与市政厅相结合的大型广场成为这一时期最主要的空间类型，而作为贸易集合需求量大的市场则会相邻教堂而建。整个西欧城市最广泛且地位高的社会组织就是基督教会，宗教活动支配着城市的文化教育和精神生活，许多社会活动都是围绕着教堂展开的。

而我国的古代城市受到不同的地域文化影响，中国古人向来尊崇自然，强调"顺应天时""天人合一"的哲学思想，人们依据天时来安排社会事务、生活节律。在城市的规划建设中表现为不破坏自然环境的山水城市，主张顺时而发的自由空间布局和象法天地的人与自然关系。

与西方中世纪同期的我国唐末宋初，为了适应商业发展的需要，逐渐打破了以纵横相交的街巷组合出棋盘状城市的"里坊制"，打破方正的坊墙朝沿街设立门店。商品的流通不单单局限于一个坊，而是整个城市，从而出现了通宵达旦的夜市生活。娱乐生活也随之丰富化，戏曲演艺在勾栏瓦舍里唱响，人们在街头巷尾可以进行最有效的人际交往。由此，中国古代城市公共空间最主要的"街巷制"便取代了"里坊制"。这一时期的公共空间由线性空间占据了主导地位，大街小巷成为主要形式。

二、消失还是重组

（一）逐渐消失的社会功能

言及公共空间功能的"消失"，并非是说公共空间不再具有封闭性、可达性、适应性等自身原有的功能属性，而是说现代的公共空间逐渐偏离了最核心的社会功能，它似乎在与市民最根本的需求相对立，在生产时代转变到消费时代的今天，我国城市公共空间功能依然缺失，原因是复杂的。

城市公共空间被私有化，消费和利润成了最终目的。繁杂的商业活动、无意义的品牌堆砌正在蚕食着公共空间复杂多元的社会功能。此外，缺乏有效的空间管制制度，公共空间的设计常通过错误的标准化、符号化来快速地达到外观形象的需求，单一的形式主义让公共空间变得"中看不中用"。因此，我国城市公共空间的功能依然处于缺失的状态。

（二）公共空间功能如何发生重组

互联网的飞速发展打破了传统的地理空间上对人们活动的限制，人们可以通过网络进行高效便捷的工作和学习。电子商务的出现，让城市的消费状态也逐渐从注重功能向注重精神转变。越来越多的年轻人习惯将社交投入于"线上"，移动社交让人们渐渐远离了面对面交流的温情。反观"线下"，原有的公共空间不再适应空间功能复合化的需求，人们对于公共空间的环境品质成了第一要求。

因此，我们不能一味地去强调公共空间服务于市民活动、承载着社会教育、传播着政治话语的功能，也不能将商业与娱乐作为绝对负面的因素去看待，忽视了它们所带来的愉悦身心、休憩放松的生活之乐。消费时代下公共空间的社会功能并未真正"消失"，只是以另一种复合型的方式重组。例如，许多大型的购物商场都会在每层楼或临街门面处设置休息区、咖啡屋或微型书店，人们在购物之余可以有干净舒适的公共空间来消磨时间。除了这些室内的商业空间外，一些商业街区、主题公园、节日广场也能很好地满足社会公众新的需要。

三、现代社会所需要的城市公共空间

（一）适合我国居民的成长环境和精神需求

对城市的期待直接关乎我们的价值观，每个人都希望自己能够生活在有温度的城市中。那就需要认识到怎样的公共空间才能够承载我们对文化和生活的期许。

创造具有共享性的集体公共空间。中国传统居住空间中的四合院、筒子楼、胡同等都具有很好的借鉴意义，这类空间中居住的人群常会将住所周边的餐馆、菜场、道路等视为他们生活空间的一部分，并将其作为共同财产进行自发性地维护。而在现代城市的居住公共空间中，最需要的就是加强人与人之间的沟通与信任，产生更多的社交活动。从而满足居民在公共空间的娱乐、交流和情感需求，打破如今的高层单元住宅所带来的"陌生人城市"。

近年来，国内许多青年公寓和共享社区已经有了初步的尝试。例如，在社区内创办"线上＋线下"的共享平台，在社区内进行技能、物品、信息的共享。这样既可以解决一些闲置资源的浪费，又能够促进邻里之间的信任感、熟悉感。"共享"一词在这里不仅仅是场地和设施的共享，更是情感与观念的共享。

传承历史记忆，赋予空间场所精神。可以通过测绘、采访、对比研究等方式发掘独特的本地记忆和故事，对老城区的公共空间进行更新设计以续写城市的历史文脉。依据当地的风土人情、居民的行为习惯进行因地制宜的开发建设。充分利用现有的资源，完善并升级配套的公共服务设施。唤醒老城的历史风貌和文化基因，成为城市功能的延续和补充。通过将可持续发展和生态理念等设计理念融入城市设计，以延续城市的传统文化特征。通过营造不同地域文化的城市空间环境与建筑形式，突出城市的个性，反映当地的人文精神。

（二）符合现代社会发展的需求

打造业态复合型的公共空间，加强空间的使用灵活性和功能多样性。改变既定且单一的空间功能，依据时间的变化或活动类型进行功能的重新定义。对周边的微空间更新再利用，融入更多的功能。使原有的公共空间成为一个大型功能复合体。例如，一些节日广场或主题公园既可以满足人们的日常休闲体验，又可以将体育健身活动、文化艺术活动、娱乐创意产业等多种社会资源整合在一起。

优化城市公共基础设施。在大力倡导发展智慧城市的背景下，应当充分利用现代高新技术，将公共服务设施智能化。云计算、大数据技术可以避免数据重复造成的资源浪费。物联网和网络通信技术能够促进信息的流通，从而提高公共设施的使用率，减少监管人员的工作量。优化后的公共服务设施作为重要的空间媒介，可以满足城市居民在医疗、教育、出行、消费等多个领域的需求，促成城市智能化服务的实现。

自上而下，公共空间设计全民参与。互联网给社会各阶层市民提供了发表言论的机会，市民可以通过线上平台对社会事务直接提出意见和建议。因此，城市的公共空间在规划设计之初应当邀请公众提出意见、监督过程并进行体验反馈。例如，在公共空间的建设中，在已有的空间去置入新的、临时性的装置或建筑。通过一段时间的"实验"和反馈，去了解到人们真正的需求。协调好政府部门、设计从业者和公众之间的利益，有助于形成更加社会化的、更加有人情味的公共空间。

四、结论

随着城市化的迅猛发展，公共空间的建设过程中常出现错误的"形式主义"。忽视城市居民的行为模式和日常需求，"遗憾工程""千城一面"的现象屡见不鲜。经济全球化的浪潮，致使大量的公共空间转化为利益至上的私人所有。种种原因导致了许多传统意义上的公共空间正在面临着"消失"的危机。

公共空间不该是仅供参观的，它实质上是供人使用的公共性场所。"互联网＋"的大环境下，人们的工作与生活越来越依赖于网络的便捷，对于实体公共空间的需求不再仅仅是视觉和使用功能，而是更高质量的空间体验和更优美的环境品质。公共空间的功能便在不知不觉中发生了转变和重组。

城市公共空间的设计过程更需要强调户外活动空间的重要性，延续城市文脉，加强对于人性的关怀。在现代都市生活下的我们，更需要的是一种能够顺应时代发展，提升市民素质，塑造城市精神文明的公共空间环境。

参考文献
[1]（美）克莱尔·库珀·马库斯，卡罗琳·弗朗西斯.人性场所——城市开放空间设计导则 [M].俞孔坚，译.北京：中国建筑工业出版社，2001.
[2]（丹麦）扬·盖尔.交往与空间 [M].何人可，译.北京：中国建筑工业出版社，2002.
[3] 陈虹，刘雨菡."互联网＋"时代的城市空间影响及规划变革 [J].规划师，2016(04).
[4] 赵渺希，王世福，李璐颖.信息社会的城市空间策略——智慧城市热潮的冷思考 [J].城市规划，2014(01).
[5] 陈竹，叶珉.西方城市公共空间理论——探索全面的公共空间理念 [J].城市规划，2009(06).
[6] 李文娟，易西多.城市公共空间人性化尺度的感知与思考 [J].艺术教育，2018(23).
[7] 马剑虹，刁艳.城市公共空间与社会生活发展互动——以辽宁省鞍山市为例 [J].建材与装饰，2019(10).
[8] 陈水生，石龙.失落与再造：城市公共空间的构建 [J].中国行政管理，2014(02).

环境空间型学
——数控空间形态参数设计研究

王仕超　四川美术学院建筑与环境艺术学院

摘要： 数控空间形态研究是在现代数字技术的条件基础下研究环境空间更多的可能性与创造性的实践设计研究。以数字建造为研究方法，利用现代设计软件模拟实际建造过程中的编程数据，并记录各种数控类型中的空间形态与活动范围，结果得到不同的数控空间都有着不同的空间类型，将参数化设计应用到空间建造当中，让数控空间形态的应用从基本型入手，基于参数化Grasshopper平台下进行数据模拟生成模型，再利用现代先进的数字切割、数控机床设备进行实际建造，从仿生态逻辑条件下的数控空间结构到基于抽象人工形态的数控空间，再到数控空间形态延伸——表皮肌理模拟一系列的设计实验当中对于空间形态的推演、形式与功能的统一以及建造过程的流程都有着全新的研究成果，这有利用当今提升设计师对用空间的感悟，探寻环境空间的参数化方法，创建更加多样可能的数控空间形态。

关键词： 参数化；数控空间；数据；形态；仿生

一、绪论

（一）研究背景

现如今的计算机数字技术发展十分迅速，其中参数化设计兴起也为现在的设计行业拓展了更多的发展空间。参数化早在20世纪工业领域已出现，作为数字技术发展的一个全新方向，重点以数字技术中的参数为基础，参数既可以是普通数值也可以是调控的数据信息，用调整参数数值来改变结果和产生变化。参数化设计是以数字计算机为基础而进行的设计活动，通过数据的更改产生全新的、可控的设计结果，进而运用到设计项目之中。参数化设计是在传统设计方法上开拓式的进步，是一种高效的设计方式。近年来参数化融入现代设计项目，数字建造的精准运用在设计中起着重要的作用。

（二）研究的创新之处

本研究的创新之处在于以下三个方面：第一，数控空间形态采用新型的计算机技术（Rhino\Grasshopper）为载体，结合形态学、仿生学的设计原理，在基于参数化设计的基础上进行空间形态的研究，与时俱进，紧跟时代发展趋势，具有较高的前瞻性与创新思维；第二，数字技术飞速发展的今天，使得许多曾经的大胆幻想成为实践，使得逐渐与艺术相独立的设计行业重新回归，将数字技术融入设计，将设计与艺术相统一，产生新的设计建造方式，打破传统艺术的局限性；第三，又为空间形态增添新的方向，创新出艺术与技术相结合的表现形式。

（三）研究目的

参数化设计在现代技术的推动下日益成熟，数字建造开始在设计邻域中站稳脚跟，传统的矩形空间形式已经跟不上设计师天马行空的设计思维，越来越多的设计师开始追求新颖、造型夸张、富有生命力的异形曲面空间。本研究的目的就是在数控空间形态的生态条件下研究环境空间的创造性。将参数化设计应用到空间建造当中，利用现代仿生形态的设计理念，能够激发设计师对于空间的更多创造能力，探寻环境空间的参数化方法，结合现代新型材料，与传统活动空间相互影响、相互促进。

二、参数化设计概述

日新月异的数字计算机软件每日都在更新换代，飞速发展的设计手段层出不穷，在越来越多的人利用计算机软件进行设计时，参数化设计总会占据

其该有的一席之地。从20世纪90年代起，参数化的设计思维就一直影响着渴望追寻新形式的设计师们，参数化设计是对传统设计思维的一种改变，这种改变能够让更现代的设计行业迸发出无穷的设计想法并逐步成为现实。

参数化设计就是在设计过程中将参数作为主要的设计方式，通过前期赋予的逻辑结构、数据信息进而生成最后的设计结果。这种设计方式和传统的设计过程并不相同，传统的设计方式往往是设计师提前规划好设计内容，再通过例如手绘、软件表现出来的过程，这样的过程主要注重于设计师的想法与思维。而参数化设计却是一个反向的设计逻辑，由数字参数决定最后的结果，这种过程需要设计师有较强的逻辑推导能力，再借助计算机软件技术辅助生成最佳形态，这种形态往往是设计师都不能提前预想的，更注重设计初期的分析与规则的制定，用一组参变量得到无数个设计结果，这就是参数化设计。

三、参数化设计下的数控空间形态

作为对于参数化设计的初步研究，本文以笔者自身的设计课题为主体，探索参数化设计下空间表达形式的可能性与多样性，利用数字软件技术，从最基本的空间原型开始着手，逐步衍生到现代建筑空间的利用，创建更为多元可能的空间形态，为现代空间设计做出更大的贡献。

（一）主要内容

数控空间形态研究，第一步，从最简单的形体为切入点，衍生出基本的数控空间结构，例如方形、三角形、圆形等形体的数控结构，进行组合、分解、集合从而研究数控空间的基本性质。

第二步，细化到源于有机形态的数控空间，例如多面体逻辑的数控空间、源于数字秩序逻辑空间结构、仿生态逻辑条件下的数控结构等（任选其一），从有机形态数控空间中发现创新性的空间内容，为现代空间设计做出更大的贡献。

第三步，将参数化与艺术相结合，探索艺术的新奇表现形式，从艺术中得到宝贵借鉴。如基于抽象人工形态数控空间、托尼·克拉克雕塑的数控空间描述、蒙德里安抽象主义绘画数控空间营造（任选其一）。

第四步，进行当代著名建筑数控空间结构转换研究（任选其一），例如柯布西耶建筑形态数控空间演绎、弗兰克·莱特建筑形态数控空间演绎、

弗兰克·盖里建筑形态数控空间演绎和文丘里建筑形态数控空间演绎等。

（二）数控基本原型

本文的研究从数字控制的三原型入手，即球体、方体、三角体。从简单的体块空间中找到数字规律，并加以衍生应用，进而反思现代建筑的空间语言和建造方式。可以想象，简单的几何原型也是一个空间的存在，我们通过对几何形体的空间划分，创造出了多个空间几何体，每个集合体内都划分出了若干个子空间，由子空间形成集合空间，如果把垂直方向的切片设为墙体，或空间隔断体，那么每个横向的切片可视为空间平面，后续在从基础数控原型进行推演。

在数字控制的基础上，对几何空间进行分解，通过 Grasshopper（草蜢）来对数据进行控制，几何形体的容积不变，内部子空间可根据数据进行自由控制，调整数轴 Y 轴、Z 轴方向空间数量，数值越大，划分子空间的数量就越多，空间容积越小；数值越小，子空间的数量就越少，空间容积就越大。通过这样的数字手段，设计师就能够更好地把控空间形体、大小、尺度等数据变化，选取最优的方案数据。

这只是数控空间的初步应用，用来加以证明空间的数据化与可视性，第二步就是通过数控基本原型背后的逻辑关系进行各种空间类型的模拟。

（三）仿生态逻辑条件下的数控空间结构

提取自然形态仙人球为空间形体，研究发现仙人球有其特有的中轴对称、单元旋转阵列排序的空间结构，其相对数字化的结构方式是作为数控空间研究的最好载体。首先利用 Rhino 的曲面建模模拟仙人球的生长结构，概括提取研究对象的空间特征，以植物丛生生长的概念形成一组仙人球空间结构。其每组单体采用 16 根中轴对称垂直结构作为主要支撑结构，表皮特征延续仿生结构的曲面肌理，整个空间结构皆为曲面，没有直线造型。

通过数控基本原型的研究方式将对象进行切片处理，细分为中心结构切片与表皮切片，用简洁的数字切片概括仙人球的基本形体，内部中空，形成空间。从 Grasshopper 中计算横向表皮切片的参变量，依据实际建造的尺度信息，设定切片间隔为 150～250 厘米，这样既能够保证空间结构的稳定又能够组织造型中的疏密关系。

最后将数字模型按照 1:1 比例进行实体建造，将数字切片整理进行排料，横向与竖向切片采用传统插接结构，切片之间相互联系，成为整体，并没有用到第二类连接节点，仅靠自身的结构关系进行搭建。在竖向支撑立柱上增设底部连接结构，铺设龙骨，用多孔盖板将结构相互连接牵引，使整体更加牢固。

自然形态的空间建造，相对于传统的空间模式更具体验性和生态感，尤其是像仙人球等自然对象内部所蕴含的数字逻辑，在仿生态逻辑条件下，数字化空间仍然有迹可循，这对于现代建筑空间是一种新的尝试，同时也是一场开拓式的空间延展，打破传统对于空间的固有认知。

（四）基于抽象人工形态的数控空间

这部分是对于空间结构与艺术作品相结合的研究方向，从经典的艺术作品中吸取灵感，尝试运用三维数字语言模拟艺术空间形态，最终选择了著名雕塑家亨利·摩尔的作品《女人体》进行空间提炼。摩尔的雕塑作品曲线流畅、造型优美，充满女性人体的想象，例如本次的研究载体 " 斜卧的女人体 "，摩尔的作品包含着很多的寓意。其作品一如他的气质——温和而简洁。将其作为数控空间第三步的延续是对之前仿生态形态空间的进一步理解。

同样用 Rhino 曲面模拟雕塑形态，对于任意曲面的造型 Rhino 都能够轻松驾驭，这也是体现了前文所说的新技术带来的更多空间可能。在确定好形态载体后，按照数控基本原型的切割方式，进行横向与纵向的数据切片，分割空间，分别排好切片分组，将所有连接部分开好插接口，采用双向插接的方式使形体更加稳固。

实体模型建造采用了 "有机玻璃" ——亚克力板为原材料，亚克力通透的质感能够更直观地反映空间在其内部的形态变化。方式运用了数控机床的辅助，首先将分类好的切片排序整理，罗列在 CAD 图纸之上进行排料；然后传输致数控精雕机的控制面板，用切片图纸进行雕刻，以达到更加精确的亚克力切片板材，提前计算好插接口位置；最后将切割好的双向结构进行实体拼接。

实际建造出的数控摩尔雕塑通体透亮，这不仅是对于数控空间形态的研究，同时也是一件空间艺术品的再创作，艺术与空间往往不可分割，材料与建造的表现形式也是本文的主要研究方向之一。

四、结语

随着参数化的逐渐普及，运用到设计领域的机会也越来越多，用数字控制形态比传统设计多了一份理性，多了一份内部蕴含的序列。但是参数化设计仍然只是设计的一部分，往往只是一些辅助手段，最重要还是提升设计师自身的设计素养与职业的自我要求。数控空间仍然有着多种多样的形态等着我们去发掘、去运用，参数化设计对于数控空间的把握确实有着自己的优势，所以我们需要好好地利用这一优势进行设计与创造。在时代的推动之下，还会有更加先进的技术被实现，所以需要我们设计师不断地去学习，不断地去创新，才能够做出更多更好的设计作品。但是在追求参数化研究带来的创新形态之外，同时也要注意理性的设计原则，避免过度痴迷于创新而影响设计内容的现实存在性。应当用正确理念运用参数化方法去研究更多的空间形态，探索参数化条件下的数字空间更多的可能性。

参考文献

[1] 张家子 . 参数化设计在景观设计中的应用研究 [D]. 大连: 大连工业大学, 2019.

[2] 隋浩 . 生态建筑的表皮空间化设计研究 [D]. 大连: 大连理工大学, 2009.

[3] 姚小龙 . 参数化设计下建筑形态生成研究 [D]. 武汉: 武汉纺织大学, 2017.

[4] 孙宏洋, 闫子卿 . 基于参数化方法的空间形态及表皮设计研究 [J]. 现代装饰 (理论), 2015(11):102.

[5] 徐炯 . 美术院校中的参数化设计与建造教学实录——以南京艺术学院为例 [J]. 世界建筑, 2013(09):120-123+138.

[6] 游亚鹏, 杨剑雷 . "参数化实现" 设计的一个建筑实例 杭州奥体中心体育游泳馆 [J]. 城市环境设计, 2012(Z2):240-251.

城市公园拆围透绿之空间延异
——以成都市人民公园为例

邓萌　四川大学艺术学院

摘要： 拆围透绿是通过解构边界实现开放型空间双向延伸和开放性绿地空间的重要手段，对开放型城市绿色生态空间的达成有重要意义。本文以城市公园拆围透绿为思考的切入点，在对成都市人民公园进行实地调研的基础上，从案例情况、公园拆围透绿对公园内部空间环境的影响、拆围透绿对公园外部空间环境的影响、公园拆围透绿下空间延异设计这四个主要方面进行了分析，以期对城市公园拆围透绿的设计思路提供参考和借鉴。

关键词： 拆围透绿；开放型城市绿色生态空间；空间延异设计

一、关于"拆围透绿"

（一）拆围透绿的概念及缘起

"拆围透绿"顾名思义是拆除围墙透露出围墙内部的绿色空间环境。在我国城市被围墙划分为各个孤立的功能区，每个区域都有自己的生活生产模式，形成一个能独立运行的小社会，不允许非本区域内的行驶车辆任意出入，围墙也阻断了城市支路。在这样的土地利用模式下形成的城市交通道路网已不能满足现代交通发展的需要，想要保持交通顺畅，就需要拆除围墙。与此同时，人们对城市公共绿地需求的日益增长，城市绿色生态空间的开放是不可逆转的时代潮流。但是由于历史发展和传统文化等原因，部分城市绿地仍是一个由砖墙和乔木围合的封闭空间，导致城市生态绿地景观一直以孤立的状态存在于城市中心，围墙在某种程度上成为城市绿色共享空间延伸和发展的一大障碍。因此，拆围透绿成为实现开放型绿地空间的重要手段。

（二）拆围透绿的发展现状

目前我国十分推崇拆围透绿，许多城市突破围墙的边界都取得了不错的成效。不仅还绿于民创造了城市绿色生态空间，还带来了巨大的经济效益。2010年广州率先开始拆围透绿行动，明确拆除公园的景观围墙打破公园实体边界，进一步延伸城市空间，塑造开放型城市绿色生态空间。例如广州天河公园，公园在实施拆围透绿之前，边界植株十分茂密，加上实体围墙，无论是视线上还是行为上都在一定程度上隔绝了公园与周边景观、公共空间的联系。因此，2018年开始对广州市天河公园的边界实施改造设计，营造空间开敞、视线通透的疏林草坪等景观空间，让公园内部景观与周边公共区域互融共生、协调发展。当然，目前仍有很多拆围透绿的做法并没有取得良好的效果。

本文针对成都市人民公园拆围透绿的实例，结合案例分析并提出关于拆围墙的思考，这也许会给现代城市公园中相关拆围透绿的设计提供解决思路。

二、案例基本情况调查

成都市人民公园位于成都市祠堂街少城路，紧邻天府广场，交通便捷、人流量大，占地约11.2万平方米。人民公园已然成为成都休闲文化精神的浓缩之地，可以称得上最具有成都文化底蕴的旅游景点之一，深受市民游客欢迎。它不仅是繁华市中心规模最大的公园，也是成都市第一个拆围透绿、还绿于市民的开放式公园。成都市人民公园历史文化悠久，其围墙的存在也要追溯到建园之初。人民公园原为"少城公园"，因为以前成都城基分为大城和少城，而人民公园园址位于少城区内，故称之为"少城公园"。开始修建公园是在清代末年，成都"少城"从清代康熙时期入驻八旗子弟兵后，便修建了城池围墙不让人随便进出。后来旗民们的生活日渐窘迫，迫于生计在公园里另谋出路并收门票，允许游览参观。少城围墙的拆除使汉族和其他民族的百姓可进入少城，满汉及各民族之间的交往增多，联系日益增进。尽管之后拆除了少城东墙，但少城区域内的许多围墙都留存至今。人民公园修建初期不太关注公园围墙的造型，也没有考究园区内部环境和街道空间之间的关系，认为只要建起围墙到达阻隔汉族人员进入的目的即可，因此只考虑了单一的功能性。现在看来，这种做法极大地影响了城市街道景观质量，也不再符合现代开放城市公共空间的发展理念。

自2019年5月以来，成都市政府要求进一步开放城市公共绿地，拆除综合性公园的围墙，先后对成都市区部分公园进行了拆围增景，实现景观优美的开放型城市绿色生态空间。2019年9月，成都市人民公园在开放公园城市理念指导下率先拆除围墙，但这一举措引来了多方意见。本文将以成都市人民公园为例，浅析拆围透绿后对人民公园的内部空间以及外部空间的影响，意在指出公园拆围墙的利弊问题。

三、拆围透绿对公园内部环境的影响

围墙最早是被用来划分空间区别内外的，因此，我们在讨论拆围透绿之前首先需要建立"内部"空间与"外部"空间的领域观念。如果将人民公园的围墙作为参照，那么围墙以内则是内部空间，围墙以外即为外部空间。芦原义信在《街道的美学》[1]中认为把空间统一来考虑是极其重要的，所以笔者将通过拆除围墙后对内外部空间的影响进行整体思考。

（一）积极影响

1.进一步提升园区活力

随着人民公园地铁站的开通，为街区带来了人流量的同时也为公园注入了活力。公园作为市民游客休闲娱乐的地方，拆除围墙使市民游客更方便入园，许多公共性的聚集活动也在这里举行，老年合唱团、相亲活动、摄影大赛、书画展、菊花展等丰富多样的文化娱乐活动进一步激活了园区，而人民公园也成为展现成都"慢"生活与市井文化的窗口。通过拆围墙的方式，能最大限度地强化市民和游客的交流与沟通，促进公园的活性化。拆除围墙，不仅仅是单纯的延伸空间，提升园区的活力，更是延续和传递成都的包容精神、开放精神。

2.创建开放型城市绿色共享生态空间

在城市中心地区土地越来越紧缺的背景下，推倒公园的围墙，可以提高绿化用地的利用率与使用价值。尽管在围墙拆除之前，人民公园已经是免费开放的，但园区内的景观绿化却没有实现真正的资源共享。拆除围墙后，让公园与城市空间有机融合，有助于打造生活生态空间相宜的，人、园、城和谐统一的，景观优美的开放型城市绿色共享生态空间。

（二）消极影响

拆围墙的"弊"，其核心问题在于现存的封闭式公园几乎是按照传统封闭思想而修建设计的。如果拆除围墙，内部空间的整体格局将受到影响，包括道路交通系统、景观系统、休闲绿化系统，同时还将涌现出新的问题，甚至有可能引发更激烈的矛盾。通过采访调查发现，成都市人民公园拆围透绿后对内部空间环境的消极影响主要存在以下几个方面：

1. 开放式公园的安全隐患增加

公园拆除围墙后，小商小贩、乞讨者、无业游民乘虚而入，盗窃发案率增加，监管难度大，治安、防火等安全隐患突出，特别是偷、盗，报案率倍增。拆除围墙后，夜间偷盗更加猖獗。拆除围墙后，原本封闭式管理的园区完全开放，这种过度开放导致园区混乱失序，安全隐患大大增加。

2. 文物古迹以及园林景观的保护难度加大

人民公园作为成都历史文化保护单位，园区有著名历史文化遗迹"辛亥秋保路死事纪念碑"。围墙用来保护纪念碑，延续人民公园传统文化精神与真诚热烈的爱国主义精神，就围墙本身而言，也是人民公园历史文化建筑的重要组成。一旦拆除围墙，不仅不利于对历史遗址的保护，还有可能使人民公园失去历史文化气息变为街头广场。人民公园以每年的菊花展而闻名，吸引众多市民游客前来观赏。园区内有许多珍贵稀有的植物花卉品类，破墙透绿后使市民更容易接触到稀有品种，这对人民公园的珍稀品种产生威胁以及园林景观造成破坏。

四、拆围透绿对公园外部环境的影响

（一）积极影响

1. 缓解人行空间的拥挤度

笔者对人民公园附近的道路交通情况、人群分析、街道景观进行深入调查，发现金河路在拆除围墙之前交通繁忙、人流十分密集、人行道空间狭窄，在人流高峰时段，路上行人、电动车、自行车多，堵塞道路并存在一定的安全隐患。拆除后，人行道空间大大拓宽，也释放了更多的"毛细血管"。现在，市民游客可以利用新增的木桥从蜀都大道一侧直接进入园区，附近居民也乐意把公园道路当作捷径，公园内部道路实现公共化后，既方便居民生活，提高可达性，也极大地缓解了城市道路空间的拥挤度，使得公园的资源利用率实现最优整合，社会效益达到最优。现在行人也不再占用机动车道，虽然车流量仍大但安全有序，通畅不少。

2. 美化外部街道环境

人民公园有许多临街的围墙景观，但是大多数景观都是在建园之初用小青砖堆砌而成，青砖上布满了青苔，围墙像一扇冷漠冰凉的铁门，把公园内部用地与周边道路生生隔断，也极大地影响了外部街道空间环境的美化。拆围后通过地面整治，的确起到了扩宽路面和美化环境的作用。此前用绿色铁丝围成的栅栏和传统青砖墙已消失，取而代之的是景观桥、人造湿地、水面、绿化植被和各种花卉，并扩建市民游步道，增设休闲凳椅使绿色景观与城市街景融为一体给市民营造一个美丽舒适的街道环境。

（二）消极影响

园内景观与街道外部环境不协调

人民公园由于历史悠久，内部的景观设计虽然经过几次翻新修缮，但其一些景观小品、景观建筑和硬质铺装略显陈旧。拆围透绿后，公园的内部景观设计与传统建筑景观是否与外部现代化的城市街道环境相适应相协调？同时拆除围墙后，透绿的初衷能否实现？有许多城市拆围透绿工程在拆除围墙后，不仅没有带来更多绿色和有序的空间，反而带来混乱与无序。就

人民公园来说，尽管其在内部环境与外部环境的过渡绿化空间上进行了边界设计处理，但这些边界设计并没有在平衡与协调中找到一个完美的契合点去衔接内外部的环境景观。

五、拆围透绿下实现空间延异的设计手法

1. 延续——植物景观处理

植物造景是模糊边界进行设计的最佳方式，植物景观的透露实现城市景观共享也是拆围的目的之一。因此，我们在空间边界设计时就需要注意其景观性、通透性、生态性和延续性。拆除围墙后，靠近街道的最外层植物景观作为边界景观，需要注意季节气候的变化，景观设计时应充分考虑植物形体、颜色、质地等物理特征来丰富边界植物景观，尽可能保证春夏秋冬都有景可赏，让观者体验到四季景观的延续变化。同时还需注意景观疏密程度，保持视线的通透，尽量让园内的景色外显。人民公园在边界植物景观设计上，采用了多季节变化丰富的植物、花卉和地被等进行复合搭配。

2. 变异——地形处理

地面的抬升和下沉也是景观设计中常见的变化手法。地形的抬升、下沉变化能增强边界景观的趣味性也能丰富路人行走的视觉体验。但是抬升与下沉的尺度要适中，不能给使用者增加负担。特别是公园，退休老年人与儿童是公园的重要使用者，地形变化的尺度过大会造成负面影响。因此，人民公园采用了堆缓坡，这种微地形的起伏变化不仅能模糊内外部空间的边界感，还能延伸出更多的步行体验趣味。

3. 活化——水体处理

自古便有水体划界，古时的城池、楚河汉界。不过城池在古代是作为防御性的边界，用以排斥外部事物的。而在现代景观设计中水体的作用则刚好相反。运用水体处理公园边界时，可以设计亲水平台、景观桥等，使行人与公园边界景观产生互动。人民公园在边界设计上就灵活运用水体，并且通过架木桥的方式搭建亲水平台。同时培养水生植物和动物，像金鱼、鸭子、蝌蚪这类活的生物为死水注入活力，实现人与景观的动态互动。这些设计提高了人的参与性与边界空间的活力。

六、结语

笔者认为，拆围墙必然是一把双刃剑，也是一个权衡利弊的过程。显然，拆除围墙释放更多的城市公共空间是大势所趋。公园与城市无界相融，延续发展，拆围透绿也将是城市公园发展的新方向。总之，突破并解构边界让内外空间双向延伸，变异出更多的空间营造可能性，但拆围透绿在空间上的延异在未来还需要更多的探讨。

注释
① （日）芦原义信. 街道的美学 [M]. 尹培桐，译. 南京：江苏凤凰文艺出版社，2017.

参考文献
[1]（美）简·雅各布斯. 美国大城市的死与生 [M]. 金衡山，译. 南京：译林出版社，2006.
[2]（丹麦）扬·盖尔. 交往与空间 [M]. 何人可，译. 北京：中国建筑工业出版社，2002.
[3]（日）芦原义信. 街道的美学 [M]. 南京：江苏凤凰文艺出版社，2017.
[4] 阳慧. 开放式公园景观设计——以杭州市钱江新城市民公园为例 [J]. 河北农业科学，2009(6).
[5] 俞孔坚. 高悬在城市上空的明镜再读《美国大城市的死与生》[J]. 北京规划建设，2006(3).
[6] 赵鹏，李永红. 归位城市，进入生活——城市公园"开放性"的达成 [J]. 中国园林，2005(6):40-43.
[7] 徐琴. 街区制与小区"拆围墙"——新时期小区规划管理 [J]. 城市观察，2016(4):17-23.
[8] 韦鸿雨. 无界公园，无限景观——广州起义烈士陵园拆围透绿整治工程 [J]. 广东园林，2011, 33(4):42-45.

当代公共艺术的"扁平化"研究

崔守铭　四川大学艺术学院

摘要：公共艺术在介入城市的过程中需要主动适应城市形态和人类活动的变迁。一方面，现代城市的密集化生长挤压着公共空间，公共艺术品则通过压缩自我的维度寻求更多的生存空间；另一方面，经济增长在提高了整体生活水平的同时也为现代人带来了更大的生存压力，这份压力的膨胀时刻挤压着人们有限的精神空间，降低了人们对艺术的精神消费力。这对公共艺术的表意与内涵提出了新的要求。为此，城市公共艺术品从表现形式和表意内涵两个层面上都呈现出不同程度的"扁平化"趋势。

关键词：当代公共艺术；表现形式；表意内涵；扁平化

前言

如果说公共艺术是艺术对公共空间和公共生活的介入，那么公共空间和公共生活的发展必然会影响公共艺术的存在形式。公共空间是物理层面的概念，其对应的是公共艺术的外在表现形式，涉及艺术品与其存在空间的关系——是统治还是依附？是跳脱还是融入？同时，艺术是艺术家内心情感、思想观念的表达，当它介入到公共生活中时，实际上是对公众精神生活的介入。经济学中，生产与消费是彼此影响、相互促进的，对于公共艺术也是如此，公众对于精神生活的投入和要求反映出其精神消费力的高低，艺术作品所传达的情感与内涵越深邃，对公众的精神消费力要求就越高。因此，公共艺术品的成立基于与公共空间形成的关系，公共艺术品的成功与否则取决于能否适应公众的精神消费力。本文通过对当代公共艺术中呈现出扁平化特点的案例进行研究分析，讨论其表现形式和表意内涵两方面的转向，并究其原因，努力把握现代生活中公共艺术的创作趋势。

一、"扁平化"释义

"扁平化"是存在于企业管理、交互设计、产品设计、建筑设计等多个领域的概念。由于公共艺术是一种与设计关系密切的艺术形式，本文所提到的扁平化主要是指其在设计领域中的含义。

"扁平化设计"这一术语最早体现在交互设计领域，是由 Allan Grinshein 在他的一篇名叫"扁平化设计时代"的博文中提出的，Allan 认为"优雅的界面是用最少的元素达到最佳的效果的界面"。微软公司于 2010 年10 月推出的 Metro UI 系统作为最早将扁平化设计概念运用到设计实践当中的案例，体现了扁平化设计的极简主义观念。其 UI 设计舍弃了以往的诸如边框、反光纹理、阴影效果等各种修饰要素，而更加注重图形图标的几何形状比例、色彩和排版。

苹果和索尼公司作为产品设计领域的两大巨头，其推出的历代电子产品的造型和系统 UI 设计也逐渐呈现出扁平化趋势。其中最明显的一个变化就是按键的取缔，无论是苹果手机还是索尼游戏机，都从最初数量繁多的实体按键通过按键功能的合并逐渐减少，直至一个产品上只剩下不可缺少的几个按键，通过技术的革新，最终所有的实体按键都融入系统成为虚拟按键，产品表面只剩下纯粹的外壳。然而，其扁平化的进程还远远没有停止，我们手中的电子产品最终甚至会连外形都被消隐而只剩下透明屏幕中的图像。

至于建筑设计领域中的扁平化，主要体现在日本建筑界中。2000 年，日本艺术加村上隆出版了一本名为《Super Flat》的手册。"Super Flat"意为"超扁平"，他的艺术作品强调表面性，注重色块的形状和关系，拒绝透视和画面深度。在后来，"Super Flat"通过五十岚太郎的归纳整理进入日本建筑语境。其表现为"组织论"层面的平级、"没有差异的世界"和"强调表层"三重不同的意义。这在妹岛和世、西泽立卫、藤本壮介和石上纯也等日本建筑师的作品中都有所体现。

一方面，公共艺术创作的开放性和跨界性使其注定要受到不同设计领域的影响。然而，公共艺术的"公共性"使其不同于纯粹的艺术创作而必须关注与公共空间产生的联系。另一方面，公共艺术的"艺术性"使其相对产品设计、建筑设计更注重情感和思想的传达。因此，本文在分析公共艺术品的扁平化时，分为外在的表现形式和内在的表意内涵两个层面进行说明。

二、表现形式——从立体化到扁平化

首先应明确的一点是，这里提到的立体化表现形式并非只是造型维度上的立体化，还包括参观体验和呈现状态的立体化，近年来相当受欢迎的装置艺术正是能集中体现这种立体化特征的艺术形式。

装置艺术始于 20 世纪 60 年代，也称为"环境艺术"。尽管有着环境艺术的含义，装置艺术最初还是从博物馆展览开始，并一步步走进公共空间成为公共艺术的一种形式。我们一般性认为装置艺术源自于雕塑，但与雕塑不同，装置艺术最重要的特征是创造出一个能让观众置身其中的三度空间，是一种环境中的比雕塑更加"立体"的艺术形式。经过几十年的发展，声、光、电技术的持续革新为装置艺术带来了更多的可能性，从视觉、触觉到听觉、嗅觉，每一种感知方式都为装置作品增加一个维度，让其体验更加立体、丰富。

而当装置艺术在立体化的道路上越走越远时，扁平化的艺术风格悄然出现。上文已经说过，扁平化风格的最早实践是在电子产品的 UI 设计中。不同于曾经流行的拟物化设计运用光影效果、修饰线条力求让图标效果更接近所示内容的实物效果，扁平化风格摒弃一切修饰效果，通过符号化的几何形状、考究的排版比例，将界面和图标所代表的功能以最简洁、最直接的形式传达给用户。电子产品的普及将这一审美观念得以广泛传播，也间接影响了大众对公共艺术的审美。

从近几年出现的公共艺术案例中能更直接地反映出这样的趋势。"开放的房子"（OPEN HOUSE）是放置在南非开普敦中央商务区的一个艺术作品，由艺术家雅克科泽尔创作。作品是一面红色房子外墙，它拥有坚实的地基和阳台，树立在繁华的主干道上。其简洁的几何造型十分直观地呈现出房屋的形象，明确地传达出"此处可停留和休息"的信息；纯粹的红色块让其在环境中成为街道的焦点，提供一个能进行表演、演讲等活动的地点。作品将形成空间的房屋扁平化，只保留最具代表性特征的山墙面，以片状形式介入到街道空间当中，却创造出了一个全新的空间。另一个有代表性的作品是埃及开罗的一组壁画作品《感知》。艺术家锡德为曼什亚特纳赛尔社区创作的这幅巨型壁画，必须站在穆卡塔姆山上才能看到其全貌。作者将整个社区看作一面画布，运用带有个人风格的阿拉伯艺术风格文字作为壁画的基本元素来传达信息。从穆卡塔姆山上鸟瞰社区，原本高低错落的房屋被整合成了一张扁平的二维图画，效果强烈。

三、表意内涵——从厚重晦涩到扁平化

公共艺术的出现使得艺术作品从皇家庭院、博物馆走进城市空间，从展台上、橱窗里脱离出来，与公众近距离接触。然而，早期的公共艺术品尽管介入了城市空间，在物理意义上拉近了与普通民众的距离。但由于不少艺术家依然将个人情感和观念的表达放在首位来进行创作，这些作品无法摆脱精英艺术、先锋艺术的标签，成了对公共空间的占领。艺术界人尽皆知的关于理查德·塞拉的作品《倾斜的弧》的纷争便集中体现了这种当代艺术与受众之间的隔阂。这件受到大量反对意见的作品能被实际建造出来，是委托和评判机制的失误；而作品最终被拆除，则是公众介入后的不满和反抗。塞拉在《倾斜的弧》中所传达的思想观念在艺术界专业人士之间能产生共鸣和赞赏，却在公众层面受到不解和冷遇。这对于先锋艺术来说绝非稀奇之事。

艺术家想要立足于业界往往要在艺术研究上具有前沿性和先锋性，然而正是因为这一特点，其思想观念要被接受和理解本身就需要数年时间，而当这样的作品进入公共空间与公众直接接触时，作者和观者的信息不对等所产生的矛盾将被无限放大。这样的矛盾实在难以调和，至少在公共艺术创作上如此。时至今日，经济发展带来生活水平的提升和艺术教育的普及，似乎让公众对公共艺术品不理解和冷漠的状况得到了一定程度的改善。但实际上，非艺术专业的市民仍然占据大多数，而艺术专业的人士对于艺术的理解必然要领先于其他人。当代的公共艺术，相对于表达自己深沉的思想观念，能被观众所理解、接受和喜爱显得更加重要。为此，一些艺术家开始转而寻能真正与公众情感联系起来并且产生共鸣的方式去进行创作，力求以最直接的方式，将作品的含义直接呈现于表层，并以此形成个人风格。这就是本文所提出的表意内涵的扁平化。荷兰艺术家弗洛伦庭因·霍夫曼（Florentijn Hofman）就是他们中的代表。霍夫曼的作品经常以大型的动物玩具造型呈现在公共空间之中，可爱的玩具造型就像是被霍夫曼随意地"丢"在空间当中一样，它们以人们熟悉的姿态和陌生的大小被放置在熟悉的环境当中。其中，作品"大黄鸭（Rubber Duck）"是他的代表作之一。巨型橡皮鸭先后制作了多款并且在 11 个国家 14 个城市展览。2013 年 5月，大黄鸭来到了中国的香港维多利亚港，受到了香港市民的广泛喜爱。对于作品的初衷，霍夫曼是这样解释的："在亚洲，一些人每周工作六七天，这些人需要一些帮助他们逃离忙碌生活的东西。我认为我的作品具有这样的作用。最佳的逃离办法，就是纯粹的享受、玩乐。我认为最需要橡皮鸭的，就是人们生活中最烦恼的地方。"不单单是大黄鸭，霍夫曼的其他作品几乎都有着这一目的，相比于用作品测量人群的反应、反映社会现象、传播社会精神和引起某种反思，霍夫曼更倾向于制造一剂良药，慰藉观者的心灵。一名生活在狭小的公屋里、每天工作 10 小时、一周工作 6 天，并且背负高额房贷的年轻人不太可能花精力去细细品读横在上班路上的艺术品所反映的社会问题，并认真反思自己的行为和身边的现象。如果艺术家没有意识到这些问题，其创作出的作品始终也只会成为社会精英阶层的饭后谈资，违背了公共艺术品"与大众共享"的初衷。

四、走向解读的开放化和多义化

公共艺术的产生和发展基于社会和时代变迁，因而社会价值体系是影响其形式和内涵表达的根本因素。我们所处的时代毫无疑问是一个消费时代，消费行为分为物质消费和精神消费两个层面。公共艺术品自然就成了人们的精神消费对象之一。如果将人们欣赏和介入公共艺术的行为看作一种精神消费行为，那么对于一件公共艺术品来说，能否被人们所理解和喜爱，就取决于其价值是否能适应公众的精神消费力了。霍夫曼的作品能够受到广泛的喜爱，正是因为他对其作品的审美门槛拿捏得相当到位，既没有过度超出普通民众的精神消费力而难以理解成为"奢侈品"，也没有过分浅陋而显得平淡无奇。

霍夫曼如"城市玩具"般的公共艺术作品没有将某种深层的内在意义藏在其形象背后，作品的意义就在其表象中。而美国艺术家库尔特·佩尔施克的作品《红球计划》相比于霍夫曼，其形式和含义就显得更加开放化和多样化，与其说是作品基本没有任何的内在含义，不如说库尔特是通过这个红色的球体引发观者的想象。库尔特将一个红色的巨大柔软球体置于各种不同的建筑空间夹缝中，而大红球在每个特定的位置只会停留一天。对于当地市民来说，大红球就这样突然地出现在他们每天路过的建筑角落上，闯入他们的生活日常，然后又悄然消失，人们不禁要想象它来自哪里？又如何到了这里来？大红球本身并没有什么特别的含义，但正因如此人们可以将它理解为任何美好的事物，它可以是滑稽小丑的红鼻子，可以是一颗从天而降的红苹果，也可以是圣诞老人装满礼物的大袋子。库尔特为人们提供了一个对象，任何人都可以按照自己的理解去定义它，使其产生了无限的意象和各种各样的意义。大红球在真正意义上与观者产生了心灵上的互动。

五、结语

当代公共艺术中扁平化的表现形式和表意内涵，是适应了社会公众多元的消费需求和消费方式的一种创作倾向，是艺术家在探索更适合介入城市公共空间的艺术形式过程中开辟的其中一条道路，但这并不是一种普遍趋势，并不意味着当代公共艺术品就应该舍弃内在而追求表层。当代公共艺术的普遍趋势是多元化，不同的艺术形式是互相补充和互相启发的关系，任何一种艺术形式都有其存在的现实价值和原因。我们需要先锋艺术来探寻未来的方向，需要大众艺术来满足人们的精神需求，需要从经典艺术中寻求新的启发。从经典艺术提炼出与时代语言结合的形式，可能孕育出全新的先锋艺术形式；先锋艺术在经受时间的考验后也许能为大众所理解，甚至成为大众艺术；而那些能流传后世的经典形式，往往是曾经在普通民众之中流行并且经久不衰的形式。

参考文献
[1] 赵志红. 当代公共艺术研究 [M]. 北京：商务印书馆，2015.
[2] 董甜甜. 当代思潮背景下的扁平化设计研究 [D]. 南京：东南大学，2015.
[3] 张波，张早. "可爱"的建筑——亚文化视觉下的日本当代建筑管窥 [J]. 建筑师，2017(03).
[4] 顾虑凡. 理查德·塞拉"倾斜的弧"：一个"失败"的公共艺术案例 [EB/OL]. 有方主页君，2015.
[5] 赵志红. 艺术的空间转向与场域建构——从城市公共艺术景观论起 [J]. 艺术百家，2019(05).
[6] 臧小鹿，李黎. 公共艺术本质之争——评 Florentijn Hofman 橡皮鸭 [J]. 美与时代（城市版），2015(08).
[7] 孙妍. 物的狂欢：浅论消费时代的公共艺术 [J]. 美术，2019(10).

室内空间设计中的半墙
——家装半墙的发展、表现形式及其作用

梁轩　重庆工商大学艺术学院

摘要：目的——从家装室内设计角度出发，结合空间表现形式及其作用来阐述归类"半墙"这一重要分隔空间方法。

方法——收集截至目前实体及网络上已出现的家装半墙项目，分类半墙形式，总结其不同形式后的相关作用。

结果——视觉半墙：氛围营造、空间延展，隔断半墙：实用、空间延展、分区。

结论——搭建理论基础，为后续工装、景观等空间半墙形式及其相关延伸研究提供理论支撑。

关键词：家装半墙；室内空间设计；发展：表现形式；作用

前言

　　20世纪在医院、学校这类标准化建筑室内空间装饰上通用的粉刷半墙手法，在新世纪伊始，以"表里不一"的形式引发新一轮的室内设计热潮，流行于居家室内空间设计当中——"表"主要体现因材料技术进步而呈现的多品种颜色划分，"里"是丰富的营造室内空间手法。

一、半墙的由来及发展简述

　　半墙，就是字面上的意思——墙体垒一半。只是这个"一半"不是严格意义上的均等分：视觉上形成一半墙壁的效果都可如此称呼，不论平涂一半还是敲掉一半。概念源自建筑术语"墙裙"的延伸（墙裙是室内墙面或柱身下部分外加的表面层，这种装饰方法是在四周的墙上距地一定高度（约1.5米范围之内全部用装饰面板、木线条等材料包住，常用于卧室和客厅。[1]）。因为耐脏、易操作，且让大白墙显得不那么单调，因此具有普遍的实用性，最初广泛出现在医院、学校这类公共性的建筑中。"住宅不是单纯的材料堆砌和土地选择。随着时代的进步，社会经济、文化、技术的发展，住宅不再止于最原始、最单一的遮蔽风雨功能。"[2] 20世纪70～80年代伴随国内人民越来越开始关注居室室内空间的舒适审美营造，便非常自然地将在公共场合常见的半墙面貌引入到居家空间中，表现形式基本是以1.5米左右的高度为界，粉刷两种不同颜色的乳胶漆，通用白蓝两色。后互联网普及，受国际各类设计思潮的影响，半墙形式迅速淡出室内空间设计当中。近几年，就如同半墙的突然消失一样，室内居家空间氛围营造中半墙手法亦突然流行起来，随着材料的丰富和组合，以及人们对于居家舒适概念的不同见解，半墙在表现形式上突破了之前单一的颜色区分。衍生出了一些既美观、又实用、兼趣味性的"新"半墙形式。

二、半墙在家装室内空间中的表现形式

　　通过对目前已做出的且挂在公共网络平台中的案例进行汇总分析，基本可把半墙在室内家装空间中的表现形式分为两大类：满足用户心理空间需求的视觉半墙形式和满足用户物理与心理空间需求的隔断半墙形式。

（一）满足用户心理空间需求的视觉半墙形式

　　在此类半墙表现形式上，操作手法基本是在一面整墙上，粉刷两种颜色，以此呈现半墙的平面视觉效果，从而达到以下三方面的心理空间作用。

　　1. 通过颜色延伸心理空间

　　设计因解决问题而存在[3]。在室内空间构建中，业主诉求多样，大部分都有要求在有限空间内扩大实用面积的表达，比如"让房子看起来大一点、亮一点"，"而所有空间里的大尺度，到了家具，都会是各种使用上的微观尺度"[4]。这就要求设计师延伸有限空间，无论是视觉上还是使用上。蓝白两色粉刷墙壁，基本是20世纪70～80年代通用的公共建筑室内装饰的例子：深色满铺墙面下方，深色在视觉上具有后退的功能，视觉受引力影响，会自动往下看。如此这般，在空间上会形成视觉上的延伸。白色纯洁、干净，反光程度高，对于进深较远的房间具有均匀照明的优势。通体墙壁"上半白色，下半蓝色"，对于室内整体空间的视觉感受而言：一间既干净又敞亮的房子。如果颜色逆转则是反面教材了，会给人头重脚轻的感受，设计上基本禁止此类使用，除非在一些特殊的场景：比如科幻电影布景。

　　这种"上浅下深"的半墙颜色表现形式延续至今基本没有大的概念变化，只是配合材料进步、业主心理喜好、功能空间区分做了些个性化的颜色搭配而已。居家走廊的半墙颜色表现形式：加深空间的透视感，视线上具有指引功能，辅之天花板边角线条的强化，更强调了空间的纵深，地面万字纹的拼贴组合，蜿蜒曲折。绿色又是能够为动物眼睛带来安全和放松的色系。各种室内装饰手法营造的半墙形式主旋律，彻底更改以往一味通过光源的强照度来消除这种密闭空间带来的压迫和不确定性。

　　2. 通过不同材料营造氛围

　　"设计过程中应以关怀意识作为重要的理念贯穿其中，把它作为职场的一种自觉意识及行为。"[5] 对于家有幼年儿女的居家空间，非常无奈于孩子的乱涂乱画行为，而这种半墙表现形式：将半墙形式下方的涂料换成非常环保的自干型水性黑板漆，耐磨抗刮性能优良，易擦易洗，不留痕迹，水洗后迅速干燥，方便二次书写；适合满足小孩的探索天性，甚至可有效引导儿童在自己专属的空间内进行图像的探索。涂料的特性具备使用寿命长和容易涂装的条件，可适应于有这类需求的场所：如学校、幼儿园、儿童房、办公室、书房、走廊等的墙壁。

　　3. 根据用户需求创造不同的视觉效果

　　"设计是为赋予有意义的秩序而践行的有意识的努力。"[6] 设计师会根据业主的职业习惯大体构想出其居家空间的整体氛围：IT人士、医生的冷调冷静理性，律师、教师的暖木典雅厚重，商业人士的深红沉稳风水，艺术人士的对比另类突破……半墙室内空间表现形式归根结底是设计中的一种表现手法，如当设计遇上设计，在过程中会产生诸多"框架之外"空间效果。

例如，卧室样板房实景设计中，半墙颜色用互补色的呈现方式，众所周知色卡中互补色的调和直接会变成脏色或黑色，如没有相对的功底和准确比例把握，这在通常的设计手法上是慎之又慎调和使用的。样板房是为引起顾客的购买倾向而夸张呈现出空间的美感和装修可能，带有一定设计导向的作用，在设计之初就定位抓住人的视觉抓住，以致达到逐渐喜欢。有什么能比在一整面墙上使用均等的互补色所呈现的效果更吸引眼球呢？空间过程中再辅助各类小摆件来让视线分散，居中纵向的抽象挂画增加空间的视觉语言和深度，以半墙为主体而营造出的空间艺术氛围一目了然。客户需求不同，半墙呈现方式亦会产生截然不同的视觉效果：中小户型客餐厅一体的半墙手法营造，可增加空间层次，通体淡黄色的单色点缀，让空间倍感温馨和舒适，不多的内容，静悄悄的语言，适合刚入社会的情侣、夫妇和文艺青年。

（二）满足用户物理与心理空间需求的隔断半墙形式

在此类半墙表现形式上，它总体的心理空间作用是：物理（行为）上的阻隔，空间（视线）上的通透。有界限的框架内达到视觉上的延伸。不同于前文的视觉半墙只有一种平面表现形式，隔断半墙表现形式具体到空间中又可大体分为以下三类。

1. 半高墙

"处于同一空间，观察和倾听他人的机会能产生许多大大小小的可能性，他们都是很有价值的"。[7] 简而言之：墙体砌到半高程度下的不完整状态。它能在空间范围上形成界定，视线上却通透无阻，既相互独立又不分彼此，给人敞亮之感。适用于市政办公大厅：通体空间都是敞开的，心理上显得不拥挤，细分到每个办事流程之时，就用半墙相隔，各自办公。这样的分隔也方便在邻近步骤间工作人员或办事人员的相互沟通。半墙空间表现形式延伸到居家室内上，上文所提各项优势亦可直接平行过来。

将客厅和厨房中间的隔墙打掉上面一半，整个客厅的视线延展，仿佛把客厅扩大了一倍的面积。给之前封闭厨房的枯燥操作带来了乐趣：与客厅人员的交流闲谈，将电视打开看消息节目，如家里有小孩可照看小孩的一举一动。同时打掉的半墙所形成的平台上亦能放小物件，增加空间的多样性。空间开敞、视线无阻、光线透亮，或可以将内部围合的功能空间换成书房，且加上黑框透明的玻璃。一方面书房需要相对安静的阅读环境，密闭会阻挡大部分噪声。在正对视线入口设计一整壁的书柜，显然除了存储的实际需求外，更多体现在对于沙发背景墙的完美补充，平添整个家庭的书香氛围。

"家是具有在家中的心情和城市的多样性的场所，是包含有各种矛盾的场所。"[8] 半高柜墙是半高墙"墙体垒一半"分支的另一种表现形式，两者外貌、形制基本无差，之所以再一次细分缘于其对营造半墙使用的材质不同而产生的功能多样。柜墙做出后，它功能上能包含前文所讲的空间分隔、摆物、引景、通透，更为重要的是这种做法将分隔的墙体具备了内部收纳的实际功能以及对居家室内功能空间的半分割——以最为常见的客餐厅分隔为例。三种不同的柜墙表现形式，最常见为：人工构建半墙，再龙骨挂件电视及相关设备，电视背景墙交给后方橱柜的营造，天顶设计一体化，中央空调可调控客餐厅的整体室温，可避免常规的因空间不同而造成的室温差别明显。柜墙有效利用楼梯形成的棱角下区域，自身做背景墙、储物的同时，消磨了楼梯的尖锐边角，也具有一定的楼梯扶手功能。因客餐厅空间组合异形，为消磨其引起的视觉不适而刻意做的客餐厅分隔岛台，为生活便利提供莫大方便，如：临时的水吧、入户后的首选摆板、平时甜品摆放、两人餐桌等。

2. 半竖墙

半竖墙的呈现形式就是上文中半高墙形式的翻转90°。一般用于干湿分区的卫生间内部隔断，因为它的视线遮挡和防潮优势，可用半竖墙将坐便器主体遮挡，形成相对独立的"阴角空间"。

位处窗台边，如用之前方法，势必会遮挡一半的光线，因此在保证一定私密的基础上，将上半部分用透明玻璃材质替代实体的墙壁，也形成了封闭的空间。对于使用人在感受上不会太压抑，增加了整体房间的采光，还可设计储物空间，一举三得。因此，竖墙的设计在考虑到实际功能时需做适当的手法变更，在空间观感上更整体，使用功能更多样化。

3. 台面半墙

半墙的台面表现形式是加宽摆物平台，至于台面材质一般使用餐桌类的长宽木板，也有用大理石台面的，长宽基本与四人餐桌尺寸匹配。多用在老房改造项目中：因为以前单位住房建造的标准化形式，在随着时代变迁下生活方式的变化，用户现在使用会觉客厅小、采光弱、空间分隔不合理等情况。旧民居室内改造的半墙呈现基本集中在对间隔客厅和阳台的墙壁处理，把墙壁打一半、留一半，以增大客厅的总体采光。固定桌板可以在阳台与客厅区域形成一个微茶室的布局，平时人不多也可在那儿用餐、看书、做一些手工活动。方寸之地，可体验四季变化。半墙台面的另一种设计表现形式，是将20世纪70～80年代工厂或单位的食堂打饭窗口形式直接引用到家装的室内空间，满足人的怀旧心理。具体呈现方式上结合当下的审美需求和使用功能作材质、设备、家具等的更新搭配，日常打开的折叠窗设置把厨房和其他空间连成一体，当做饭时才将其关上，可避免油烟乱窜全屋。家居中这样的半墙表现形式仿佛时间窗口，住在当下，回忆往事。

三、结语

综上所述，半墙在现代居家空间中有颜色和隔断这两种主要的表现形式。

颜色半墙表现形式在居家室内空间中基本扮演着延伸空间、材料表现和业主需求的实际功能角色。而隔墙半墙形式又因在实际使用方式上的需求，可再细分为半高墙、半竖墙和台面半墙这三种具体面貌。除此之外，在实际项目中会有因户型结构、实际需求、设计手法等的出入，出现将以上具体的半墙设计手法结合使用或发散使用的案例，此后笔者所写系列论文会一一详述。潮流滚滚，未来半墙还可持续多久，还会出现一些什么样的表现方式，尚不可知。单从目前已经出现的半墙家族成员，它确实给我们的生活带来了实际的便利和更多空间可行性，不论在使用上还是在审美上。

参考文献

[1] 卢忠政. 中国土木建筑百科辞典·工程施工 [M]. 北京：中国建筑工业出版社，2000:196
[2] 刘馨雨. 论"住宅"与设计要素 [J]. 设计，2020(19):157-159.
[3] 梁轩. 酒店室内设计中地域文化的应用研究 [J]. 重庆工商大学学报（自然科学版），2017,34(3):123-128.
[4] 林楠，郑志龙. 从土壤中生长出来的设计 [J]. 设计，2020(18):29-32.
[5] 陈六汀. 景观设计的关照维度 [J]. 设计，2020(16):34-38.
[6] (美)Papanek Victor.Design for The Real World[M].Springer Wien NY，2008:17.
[7] (丹麦)扬·盖尔. 交往与空间 [M]. 何人可，译. 北京：中国建筑工业出版社，2002:27.
[8] (日)藤本壮介. 建筑诞生的时刻 [M]. 谢宗哲，译. 西宁：广西师范大学出版社，2013:18.

壮族文化元素在餐饮空间设计中的应用研究

叶莉　广西艺术学院建筑艺术学院

摘要：随着我国经济水平的提升和各行各业的不断发展，人们生活水平提高，餐饮及其他行业也不断向前发展起来。人们对生活质量的要求越来越高，消费观念也产生了一些改变，外出就餐已经成为各行各业工作者或旅游者的首选，于是对餐饮空间提出了更高的要求。当代餐饮空间不仅只有就餐功能，还会增加其他多功能场所，比如加入休闲、聚会、洽谈等多样化功能。因此餐饮空间设计必须有自己的主题特色，这样才能从各个方面提升自己的竞争力。室内陈设设计及其他产品的创新与开发成为体现我国特色主题餐饮空间的首要突破点和吸引各地游客的重要场所，在增强餐饮空间地域文化氛围的同时也更加凸显出当地人民物质精神生活风貌的特点。本方案通过选取北京某社区中心为项目地点，餐饮空间外部环境是一个大都市，根据环境的不同从而设计出不同的文化空间，不再坚持以传统为创新点，而是以传统加现代的手法，力图打造一个拓展民族艺术与人们文化交流的空间，运用现代的设计手法，结合壮族传统元素，设计一个极具地域文化风格的特色餐饮空间。

关键词：壮族文化；餐饮空间；应用研究

前言

时代不断向前发展，餐饮空间得到了设计者的重视，饮食文化也成为一门重要学科，因而餐饮空间如何设计才能吸引顾客并凸显主题特色就显得尤为重要。不仅要提高顾客就餐品质，更能够让顾客在就餐时感受到浓浓的壮族文化特色，增强外来游客对不同地方的文化习俗和风土人情的了解。餐饮行业想要得到长久发展，就必须结合比较有地域特色的民俗文化，去营造让顾客充分感受到具有文化内涵的餐饮空间；运用夸张、变形、简化等元素设计手法，使空间中各个元素之间能相互呼应，从而实现壮族文化和餐饮文化的综合展现。在我国，地域文化是一种特殊的文化，具有当地的精神风貌和精神信仰，是特定区域的文化形态、传统习俗，具有丰富的文化内涵；如何把这种壮族地域文化与繁华的都市结合，取得文化与设计的契合点是显得尤为关键。本方案主题为"壮圩小栈"，"壮"是指传递壮族文化，丰富当地餐饮空间的设计语言，"圩"的寓意为方圆百里的壮族人民将自产的农副产品运输到圩场进行交易，同时还与亲人朋友相约见面，年轻男女相识、唱山歌、木偶戏、抛绣球等娱乐活动，这些活动都能感受到壮族人民的淳朴热情。"壮圩小栈"秉持壮族的热情好客，让城市素未相识的客人欢聚一堂，感受城市最"温暖"的港湾。同时，短暂的休憩也能感受到现代地域文化的强大魅力。最后，以文脉介入空间设计的方式，是国家大力倡导乡村振兴、文化自信的具体表现，从根本上激活了空间的活力。

一、壮族特色文化概述

壮族文化的发展由来已久，其特色纹样的形成不仅与当地自然环境有着深厚的关系，更与其地域环境有着很深的渊源，而这些图腾纹样的发展离不开壮族人民的智慧。纵观历史长河，壮族先民保留了民族长期传承发展而来的文化，他们由原始宗教信仰、对大自然的尊敬，根据当地地域气候特点，从建筑、器皿、乐器等方面不断传承发展着自身文化，并作为民族文化的物质形式逐步发展为自己的特色，根据时代演变，将其运用在各种器皿、建筑、服饰和首饰等不同的装饰上，展现了壮族文化底蕴深厚、相互联系又相互区分的多元一体的文化格局。经过一代又一代劳动人民的历史传承、演变和创作，结合当时的社会环境状况，其图腾纹样蕴含了更加丰富的语言与精神内容。随着历史的演变发展，也受外来文化的影响，取其精华，至今已经形成具有独特魅力的壮族文化。

壮族纹样通过传统习俗、民族服装、首饰、手工刺绣、扎染蜡染等形式延续传承。在科技信息化迅速发展的今天，加上受到外来文化的冲击，传统壮族纹样正在从人民的视野中逐渐消失。我们应该通过现代技术手段去传承和保护壮族文化；在对壮族文化进行深入研究时，建筑外观设计可从外形结构、线条、造型等方面入手，建筑内部通过色彩搭配、陈设设计、材料的运用、家具搭配等来突出壮族文化，然后结合这些建筑内部设计融入壮族元素符号，使其产生新的主题特色风格和浓郁的文化氛围，这也是少数民族纹样渗入餐饮空间设计中的表现。在设计时通过新的设计构思与设计理念，保留壮族传统文化精髓并能够较好地传承和发展，让餐饮空间在具有地域民族风的同时又有了现代感。

二、壮族文化特征与价值

民族的纹样在中华民族的文化历史长河中源远流长，是一个民族的根基，是人民的精神寄托，壮族文化经过多元化的发展历程，形成具有独特魅力的民族文化，经过千年发展演变和外来文化的冲击，民族文化更显得尤为重要。我们应该大力弘扬壮族文化，用恰当的方式保护和传承，它是一个民族发展的根基，时代向前发展离不开传统文化的支撑。

壮族纹样来源于劳动人民的生活，在点、线、面构成的基础之上，把更多具有精神信仰的元素和大胆的想象加入理性思考之中。壮族纹样历经几千年的发展，有着悠久的历史文化，依据壮族长期所处的地理环境和自然环境，在发展过程中已经形成了较为系统完整的壮族文脉。这些壮族纹样经过历史的积淀都有其自身独特性，根据各个类别的分类，地域文化符号主要是将元素图形符号，适当增减，用现代简约的手法表现出现代人所能接受的文化空间。

三、壮族文化元素在餐饮空间设计中的应用

（一）直接应用壮族文化元素

对于餐饮空间文化元素的运用，并不只是简单的模仿，而是通过元素

的简化、位置的改变去引用为餐饮空间的装饰符号；所谓直接运用，是为了保留其壮族文化符号最初的基本形态，似形非形，然后通过现代手段进行创意设计融入现代文化空间中，让顾客能重新认识传统地域文化，打破对传统文化呆板沉闷的印象，从而提高主题餐饮文化空间持久的生命力，能被现代人们所接受和了解。

（二）位置重构

"位置重构"是指将人们固定思维中物体的摆放位置打破，调整位置，既可以按原有的功能放置于别处，也可将原有功能改变作为其他空间造型中的文化装饰；通过空间位置的改变进行创新设计，从各个空间位置都能传达出壮族文化。铜鼓最初作为炊器，后发展成为乐器，是壮族文化中较有代表性的文化元素，具有特殊的象征意义。在餐饮空间中以造型独特的铜鼓纹样进行简洁化处理，运用于空间吊顶和推拉门之处，改变原来人们所习惯的铜鼓放置的位置。

（三）反复与叠加

所谓元素的反复运用并不是简单地将元素重复叠加于空间的某一位置或装饰上，而是通过某种有规律的排列，或者运用不同材料和不同形式大小的相同符号分散在各个空间里，重复在空间中以不同形式、不同方向、不同色彩、不同材料等来加强空间之间的联系和呼应。

（四）间接提取壮族文化元素

地域文化是空间设计中的重要因素，在设计中如何运用现代的手法在空间中对壮族文化做一个更加直接的提炼，并能快速吸引顾客，是设计者值得思考的地方。因此，设计者必须对壮族文化有充分了解，同时进行更深层次的挖掘，才会克服在设计过程中遇到的瓶颈；研究壮族人文风貌、了解民俗文化，将壮族文化氛围作为设计背景，做好当地文化和其他文化的区别与联系，将传统转化为抽象的设计语言，设计出包含现代化实用性并兼具传统文化特色的地域性餐饮空间。

（五）解构与重构

把壮族原有的图案纹样进行分解、组合和重构，不是对传统纹样的照抄照搬，而是对从中提取出来的纹样进行创新性运用。结合壮族本身的传统纹样，根据其形态特征，探索更多的可能性；形态设计多以直线、弧线、曲线为主，将形成的图案通过夸张、对比、重复、旋转、排列、渐变等手法组合成一幅完整的装饰纹样。在空间的运用时，合理地保留壮族传统纹样的基础上，进行纹样提取和转化，再利用电脑相关软件等进行重构和创新设计；使餐饮空间更加具有特色，同时也运用到灯具等各类产品设计上，吸引更多人去关注和了解壮族文化。在空间运用中对壮锦进行抽象和概括性地运用于抱枕和软装搭配上，使空间具备了艺术感染力的同时，通过视觉间隔、高低起伏、空间错落，使主题餐饮空间集聚功能审美与空间结构完美结合，充分展示出壮族文化的原有模样和强大魅力。

（六）象征转化

所谓象征与转化，是指在进行空间设计中的元素运用时，对具体物体的外在轮廓、内在含义进行提取。通过这种元素提取分解、组合，重新构成一个新的元素，但是这个新元素不缺乏旧元素本身的寓意，只是从另一方面表达元素的内在韵味。这种设计手法的最大优点是可以将复杂的概念简单化。尤其在表达以地域文化为主的餐饮空间设计，运用象征和转化的方法，促进使用者由这些元素符号的转化增加了无限的联想与想象，满足了精神需求，最终顾客通过这些具有象征性的文化符号产生共鸣。本案在设计时将铜鼓以及壮族的主要色彩在空间上进行合理的运用，把铜鼓平面化运用于吊顶设计上，完成壮族氛围的营造。

壮族元素在色彩运用上主要以红、黑、白、黄、蓝、绿为主色调，色彩呈现出一种鲜艳、强烈的感觉，在融入空间运用时，甚至可以将整个空间中的色彩对比、反差、纯度做到极致，例如以红色为主要点缀色，因为红色在壮族文化中被视为生命、神灵的代表，吸引人的注意力，因此作为整个空间的点缀色。色彩运用极为大胆夸张，同时考虑到融入大自然的色调，因而把绿色这个极具代表大自然的色彩融入到空间色彩搭配中，展现生活与自然紧密联系的和谐关系。

四、结语

对传统文化的运用绝不是停留在表面符号的复制与粘贴，而是提取元素符号的形态特征、代表色彩、特殊材质等方面。现代餐饮空间不但满足于就餐需求，而且对餐饮空间有了更高的期待与渴望，一方面满足外来游客对传统文化的了解，另一方面增加空间的文化属性，让就餐者体会到归属感，同时也弘扬和发展了壮族文化。

再者，由于当前市场经济的不断繁荣发展，人们对餐饮空间的要求更高，想要有精神的寄托和饮食的特色，因此打造功能与文化精神共存的餐饮空间成为时代必然需求。本方案以壮族传统文脉介入空间设计的方式，满足空间的功能需求，提升空间的精神文化，传承和发扬优秀的壮族文化，成为喧嚣人们的心灵"慰藉"之地。通过壮族传统美德、传承壮族文化、感受壮族魅力、体验壮族习俗为目标，力图打造一个具有"此心安处是壮乡，此身安处是诞圩"内在文化含义的餐饮空间。

参考文献
[1] 黄媛媛，吴章康. 主题性餐饮空间的设计 [J]. 现代装饰，2017(04):20~22.
[2] 赵彤. 浅谈主题餐饮空间室内设计的发展趋势 [J]. 文艺生活（中旬刊），2017(4).
[3] 徐昕，吕洁，杨小明. 从艺术特色到成因归宗——广西壮锦纹样解读 [J]. 广西民族大学学报（自然科学版），2014(03):53-58.
[4] 张平平，于巍巍. 中国传统符号元素在室内环境设计中的应用研究 [J]. 黑龙江社会科学，2016(06):168-170.
[5] 刘少辉. 艺术设计教学中的满族传统图案应用研究 [J]. 黑龙江民族丛刊（双月刊），2015，(06):145-148.
[6] 曹现果. 广西民族图案在陶瓷礼品设计中的应用研究 [J]. 家具与室内装饰，2017(01):74-75.
[7] 杨春雪. 中国传统居室文化在现代家居设计中应用的研究 [D]. 长沙：中南林业科技大学，2008.

夯土建筑在广西村落中的特性研究

杜相宜　广西艺术学院建筑艺术学院

摘要：受城乡现状发展建设进程的影响，目前少数传统的夯土建筑不能满足人的居住条件，其力学性和耐久度都较差，在地区灾害中表现尤为显著。此文通过考察和调研广西古村落传统夯土建筑，研究当地土壤状况及适用夯土材料程度，通过试块实验对当地传统夯土成分进一步改良，探究其特性，研究并推广。从生态文明和可持续发展的角度来看，夯土是生态性价比最高的传统建材之一，具有巨大的发掘和推广潜力。

关键词：夯土建造；实用环保；降解再生；可持续发展应用

一、研究背景及现存状况

在广西现存村落中以生土为主要材料的传统夯土建筑不在少数，有"小桂林"之称的崇左市大新县，在打造生态旅游圈的同时，古村落也独具少数民族特色。在大新县德天壮寨古村中，虽然当地自然条件优越，但因基础设施不完善或自然灾害和气候等因素，导致夯土建筑受损或倒塌，出现空间功能缺失、分布无序、老旧环境对比明显等问题。广西地区超七成的土壤属于砖红壤性土壤，呈黏酸性，富含铁锰生产性能差，超一成属于石灰性土壤黏性大易板结缺磷钾，这种土壤农作物产量低，只有15.3%的冲积土壤保水保肥较好，对于适用作夯土材料的土壤在三成左右。

在大新县德天壮寨古村落在经历"11·25"地震后，发生不同程度的损坏，因原始夯土抗震性差，在广西这种亚热带季风湿润性气候地区抗渗性较弱，外墙体易风化碱蚀脱落，成为村民们使用率不高的原因。虽然夯土具有低廉实用、降解再生的性能，加上它相对于其他普通建筑材料生态性价比较高，具有很大应用潜力和推广能力。但不可否认的是，传统夯土在抗腐蚀和耐久性能方面具有先天性缺陷，在现代居住规划条件中已经难以满足乡村居民改善居住质量和房屋安全性的需求，这也是制约其现代化应用和推广的主要因素。

二、工艺与材料特性研究

生土，指的是原状生土为主要原料，只需简单加工便可用于房屋建造的建筑材料，各地区地理环境不同，也造就了其传统夯筑形式的不同，包括夯土、土坯、泥砖、草泥、屋面覆土、灰土等。作为世界范围内应用最广泛、历史最悠久的传统建筑材料之一，具有生态环保、造价低廉、施工简易、坚固实用和可降解再生等优点。

我国仍居住在各类生土建筑中的人口还有许多，而广西地区传统夯土建筑，表现形式颇具壮族特色，但在功能方面仍然存在许多缺陷。原始夯土在防水、耐久度和力学方面相对较弱，居住条件较差，不能满足乡村居住条件和房屋安全性的要求。鉴于夯土的生态效益和普遍的地域适用能力，现代夯土材料及居住建造技术成为改善居住条件、具有可降解、实用性高的最为有效的材料之一。构成简单的原始土砖块缺陷是易碎掉渣，外观也不平整，其抗水性差、抗震破坏力低，所以房屋承重部分不建议使用。相反加入碎石贝壳、煤灰、秸秆、骨料进行搅拌的土料配合夯筑使用，相比前者土质耐久，造型也比较美观。经过不同配比处理的土料夯土的效果也大不相同，

对于表面平整，韧性较高的配比方法可以选择性作为房屋立面贴片的材料进行研究。

夯土实验中主要建筑材料均为夯土，然而要提高工作效率到达夯击的要求，我们的夯筑工具是必不可少的，通过和料、夯筑，找平等工序从而达到夯筑实验的效果。传统夯筑方式因为条件限制只能使用木槌前石头打压边角，平底用来夯实墙体表面。在配料过程中应适当搅拌并洒水，边洒边加，按照和遵循"手捏成团，落地开花"的法则来控制土质，水分偏少则夯不实，水分偏多的过后容易有裂缝，各种配料应该搅拌均匀，方可作业。

传统夯筑工艺先用圆锤夯击木板内中间土质，再用扁锤夯打边角的土质，每一点至少夯击5次以上。墙板拆卸后，对木墙侧边用木板轻轻拍打，力度适中，在夯土墙水平或接缝处如有出现残缺部位，在拍打过程中应及时进行修补。表面可以使用长锯条在夯土块具有一定湿度的条件下对表面进行找平，修整其平面和立面方可。根据原状土土质构成的不同，掺入一定比例的细沙和石块、粉粒，并且保持适当的湿度，并用工具进行高强度夯击，土质中黏性程度较强的土质中粒子很难紧密接合，黏粒具有黏结剂的作用，使其土质更紧密聚合，其原理和混凝土相似，也被称作"生土混凝土"，最后经过不同成分配比的夯筑试块的耐水性和外观得到一定改善。

（一）耐水性能

土料中主要的吸水成分是黏粒，这也是传统夯土容易裂缝掉渣、耐水性差的因素，经过试块实验可以看出，适量地加入细砂和砾石在高强度的夯击作用下，不但可以有效地提高夯土的力学性能，还可以提升其抗冻能力和耐水性，可以有效地阻隔外界雨水的侵蚀，加入8%左右的水泥可提升防潮效果，经过日积月累环境的影响，其夯筑表面会形成钙化的"膜"，这也是南方地区许多年代久远的夯土表面质地坚硬、保存较好的主要因素。

（二）热工特性

生土材料具有优良的蓄热性能，而现代夯筑工艺形成的配比材料，相比传统夯土密度更大，补足缺陷其性能得到进一步提升，夯土建筑物在白天阳光的直射状态下可以吸收大量的热量，到了夜间气温下降时逐步散出热量，可有效平衡室内昼夜的气温，进而达到减少室内供暖或冷气制冷的效果。

（三）抗震性

乡村年代久的传统土墙上多会引来动物筑巢，加上夯土密度本身的细微孔洞，加上地下水资源丰富，本身气候潮湿，这种局限性使其无法在抗震性能方面与混凝土建筑抗衡，而且不适用于过高的建筑，因为墙面如果

超过一定高度后，其主体会在水平线的方向摇摆，底部承受过多压力，就形成安全性考量，所以乡村三层左右的建筑就很适宜采用夯土材料。由于乡村建设一般就地取材，而且施工简易，其夯土材料加工过程中的低能耗和低碳排放远低于平常使用的建筑材料，因此，夯土可作为乡村建造中环保理想的应用材料。

三、夯土建筑的特性

（一）可持续发展的文化特性

作为一种可持续性的建筑方式，夯土建筑本身就是一种对传统文化的传承和创新，既包含了一定程度的艺术价值，也具备了少数民族民俗文化内涵。夯土作为建筑材料能很大程度上减少对环境的影响，尤其是建筑废料，这些都基本上符合可持续发展对建筑提出的要求。地方建筑特色不显著，城化生活都被钢筋混凝土包围着，出现文化大同等现象，然而夯土建筑的特殊艺术美感，给了我们传统建筑文化的记忆，传统建筑大多以土木为原材料，取之于自然，而夯土作为传统建筑文化的一个媒介，不但增强了地域文化视觉上的美感，也给人们带来对于建筑的认同感。虽然我国的现代夯土还处于初级阶段，但不断地尝试可以积累丰富的经验，让传统建筑文化延续和发展下来。在全球一体化的中国，这对于现代建筑设计应用和人文保留都具有重大意义。现代城市建筑很少把气候也作为一种限制条件考虑到建筑设计中去，而环保、美观和实用都是可持续发展的目标，生土作为一种生态材料，还可以降低对水泥的依赖性，具有巨大的发掘和推广潜力，使得以后的建筑设计将受到影响。

（二）可适用性

传统夯土建筑是农业大国的历史见证，这些建筑通过地方材料的建造，形成了各式各样的居民建筑，也适应了当地的景观和气候，体现了多样性地域特点和自然选择的历史文化特色。自然形态和人工形态同属传统建筑材料形态的两种类型，土壤作为自然界原本肌理，容易被忽视，而夯土作为被人加工之后的建筑形态，表现出来的生态自然的质感是亲切的，一方水土养一方人，原本上符合亲近自然的诉求。

四、结语

在传统夯土建筑历史悠久的中国，乡土建设都多是村民们自建，这种居住模式从农耕社会传承至今，其中平衡和创新了许多优秀的建造工艺，在人们对居住需求扩大的现代，部分人对于夯土的认识少之又少，现代夯土技术在中国现代建筑中的应用也不是很多，但在近些年来随着夯土专家和设计师的不断努力，让更多的人重新认识了夯土，可在设计和实验过程中难免会遇到诸多的问题，比如对于夯土材料的配比不能够细化、研究不全面等。因此，我们还需要大量地学习和研究相关的知识进行讨论，从而解决在夯筑过程中出现的问题，更应该对这一建筑文化和技艺传承下去，并不断地尝试研究、推广和应用。

参考文献

[1] 穆钧, 周铁纲, 王帅. 新型夯土绿色民居建造技术指导图册 [M]. 北京: 中国建筑工业出版社, 2014.

[2] 张波. 生土墙体材料研究探讨 [J]. 科技信息, 2011:15-35.

[3] 抗震夯土农宅建造图册 [M]. 北京: 中国建筑工业出版社, 2015.

[4] （瑞士）赫尔佐格和德梅隆建筑事务所. 夯土的重生 [M]. 蒋丽, 周荃, 译. 大连: 大连理工大学出版社, 2017.

[5] 土壤固化剂应用技术导则 [M]. 北京: 中国建筑工业出版社, 2008.

[6] 李强强, 基于现代夯土建造技术的马岔村村民活动中心设计研究 [D]. 西安: 西安建筑科技大学, 2016.

[7] 潘洌, 等. 夯土聚落的未来——以广西上林鼓鸣寨国际夯土建筑设计竞赛为例 [J]. 新建筑, 2018(01).

[8] 胡沛. "现代生土建筑实验室" 工作室设计研究 [D]. 西安: 西安建筑科技大学, 2015.

[9] 刘成琳. 新型夯土民居室内热环境研究 [D]. 西安: 西安建筑科技大学, 2016.

解构主义思想启发下对建筑时空延异的运用

黄小珊　四川大学艺术学院

摘要："延异"是德里达在解构主义哲学理论体系中自创的概念，在建筑领域，"延异"是指时间的"延"与空间的"异"相结合，人类一直持续不断地对空间建构进行延异的行为。解构主义哲学思想一定程度上能实现从哲学思想到空间设计的延异。文章通过解读解构主义与空间延异的关系，提取解构主义建筑相关的设计手法，为延异空间形态的思考与建构提供一些理论参考。

关键词：解构主义哲学；解构主义建筑；延异；时空；情感延续

一、解构主义与空间延异

（一）解构主义哲学

解构主义与结构主义相对应，20 世纪 50 年代西方哲学界进行了深刻的反思。资本主义的剥削和一味地追逐利润的最大化，效率的最优化，已经形成固有的体系和秩序性。无论是社会、人、艺术、思想各方面都受到影响，形成压抑、沉闷、被枷锁禁锢的风气。于是，这也导致了人类对权力的崇尚。解构主义哲学产生于 20 世纪 60 年代的法国，质疑西方两千多年以来形而上学的传统哲学思想，雅克·德里达（Jacques Derrida）便是该哲学流派的代表性人物。德里达是法国著名哲学家、文艺批评家，原来是结构主义的追随者，之后提出了"解构主义思想"。

（二）解构主义建筑

在以往的哲学领域，对设计能产生直接和较大启发价值的并不是很多，但解构主义哲学思想及代表人物（德里达）却一直对设计领域起到非常重要的启迪和深刻影响，催生了解构主义设计流派，成为当代设计的新宠。体现到建筑上就是"少就是多"的审美影响下现代主义设计的泛滥，也让城市和建筑越来越无趣和失去自我。数据、逻辑、功能等条条框框狠狠地制约了设计和创造力。因此，解构主义就是要打破这样的架构，解放天性。建筑总归是由各种元素构成的，打破并重组这种构成，让它们融于环境，这样创造的空间会充满真我，赋予更多人对它的想象力。建筑解构主义思潮的巅峰就是 20 世纪 80 年代在美国纽约当代艺术展览馆举行的"解构七人建筑展"，它直接影响了之后的建筑师们。

（三）时空的延异

何谓延异？当你提问："为什么不爱他了？"答者郑重地询问自己的内心极尽所能说了很大篇幅，尽可能详尽地给出答案，可是每次言说都离真实太远了。最终才明白，其实永远也不可能表达出真实答案来，这就是"延异"，一种真实又虚幻的存在。随时间而变谓之延，意义空间中的位置不同谓之异，确定的意义总被消解，随时空而变幻无停止，谓之延异。在人类社会，延异是世界走向富裕和个性解放的结果。人是时空的存在物，适应时空并通过重构人与时空的关系，达到人与空间环境的协调，并超越时空的规约，成为人类活动的重要内容。适应我们置身其中的空间，并拓展与建构我们的生存和精神空间，是人类代代相传中延绵的行为。在建筑领域，延绵的空间建构行为，必然蕴含着不同时光中人类对空间的认知与想象。这就决定了人类的空间建构是一种持续不断延异的行为，即时间的延与空间的异。

二、时间的延

作者认为，时间的延续性并不是时代的连续性，而是发展，是对传统设计理念的打破，这才是建筑本身的延续。后现代主义是个典例，它企图突破当时国际主义和现代主义的审美范畴，打破艺术和生活的界限，使艺术"生活化"，更是一种对无聊的机械主义的反叛，"批判现代"又不是完全等同于"反现代"，它或许意味着从一个更高于现代主义的视角，而重新以历史的眼光来审视现代主义。可是，这个"历史的眼光"看的不是时代如何一成不变地蔓延，岁月静静流淌着延续，而是偶然、不确定性等一系列的"不必然"，会在时代发展的前端格格不入，引领流行者会将目标聚焦于它，甚至在后期引领新的流行。正是一种不必然，设计的风格才更加多变和自由，充满创造力，创造力是发展的永动机。无论是达达主义还是波普艺术，都一定程度上影响了解构主义建筑设计的理念，在此影响下一大批后现代主义和解构主义的建筑拔地而起。时间的"延"是颠覆过去处于稳定框架内的设计形式，以新形成的混乱、无序、扭曲夸张奇幻的构造来彻底改变传统建筑的形象，与以往的建筑形式相悖。

解构主义建筑利用无规则、无组织的非线性曲线来营造形态上的动势感，在造型设计上常常利用扭转、畸变带来剧烈的视觉冲击。英国建筑师扎哈·哈迪德作为解构主义大师，最擅长利用非线性的曲线来突破传统的设计美学。扎哈设计的长沙梅溪湖国际文化艺术中心以其饱含的连续线条，营造出充满流线的建筑动态感，这些曲线贯穿了建筑构造的各部分，将屋顶、立面、基础联系在了一起。这种激烈的建筑语言蕴含了她对于突破传统建筑秩序和构造的渴求，充满着建筑师个人情感的表达，建筑的内部空间与外部空间通过曲线造型统一，充满了流动感，将建筑的室内外空间联系糅合，给身处建筑内部的人们带来了独特和震撼人心的空间感受，为建筑学界带来了崭新的解构理念。

美国建筑师弗兰克·盖里所设计的建筑造型充满了动感，这种扭曲的造型贯穿了盖里的设计生涯，他的许多作品都呈现出一种非常规的体态，大尺度的曲线和饱满的曲面是其最为典型的视觉特征，例如跳舞楼与毕尔巴鄂古根海姆博物馆。位于西班牙巴斯克的毕尔巴鄂古根海姆博物馆通过设计飞行器的空气动力学模拟软件设计而成，结构复杂，覆于结构的钛合金板表皮采用了弯曲、扭曲、变形等构造手法，营造出一种崭新复杂的建筑美学，并充满了探索精神，被参观者誉为"钛合金制成的花朵"。毕尔巴鄂古根海姆博物馆很好地展现了盖里意图打破传统建筑秩序和标准的解构主义精神，也使得巴斯克这个位于伊比利亚边陲的小城镇一举成名，人们纷纷慕名而来，带动了城市产业发展，成为建筑复兴城市的典型案例。

三、空间的异

非中心化形态和边界模糊设计相结合，虚拟空间和真实空间的交融让空间自由生长，使空间的灵魂得到释放，即为空间的"异"。

（一）碎片化与非中心化的重构

建筑核心的空间部分，在解构主义建筑中是无序、并存、破碎和抽象化的，这使得建筑的空间各构成部分充满了非理想的新奇感，带来了全新的建筑体验，建筑内部秩序的迷乱使参观者感觉紧张和迷乱。其建筑理念和设计手法一直源于传统知识的消解和分裂，呈现出一种非中心化的状态。建筑的每个构成元素在各个时间点都是一种非合成或自我完善的碎片化构成。

（二）空间边界的模糊与消解

"我们的目的应该是减少围墙。使围墙看起来消隐或者是替换成其他有用的多功能形式。"无论是围墙还是其他所有给空间划分边框的方式都是为了区分空间而服务。而"模糊边界"的设计手法有明确的分区却没有明确的边界，让边界模糊并且有一定的神秘和分寸感，不仅能在视觉上扩大空间，在创造理念和手法上也十分具有前瞻性。

石上纯也的神奈川工科大学KAIT工作室是模糊边界的典例。乍一眼看很像帕克斯顿的水晶宫的建筑。这个建筑其实没有任何抗震墙也没有支撑梁，结构上靠305根立柱撑起，整个房间的空间一眼看不透，像万花筒一样发生着变化，自由并且有序。空间边界采用许多根细长立直的柱子，看似随机地穿插在空间中，其实每一个区域都是精心划分的结果，相对独立却又交互融合。

另一种消解边界的方式是将空间场景融合，因为社会分工越来越细化，办公大楼中分隔的功能性场景也需要细化，因此产生许多墙壁分隔，但如果将各个功能空间的墙壁移除，将空间场景融合起来，在空间中的不同行为模式并不会改变，只是空间的界限变得模糊，由此便能形成新的场景。例如，美国纽约时代广场，将多个建筑进行组合，组成具有系统性与层次性的媒体建筑群。还有工作区、生活区的结合，soho的出现，网吧和咖啡店的融合形成网咖的新场景等。

（三）虚拟空间与真实空间的交融

非建筑材料会在一定程度上构建非真实的虚拟空间，与现实空间交融会达到意想不到的效果，如梦境一般，既真实又虚幻。建筑材料作为组成建筑媒介的物质，不再为以往的传统砖瓦、钢筋混凝土等材料，而是无数神秘材料如液晶显示、数码终端、传感器、光栅格网或者一些非物质化的因素，甚至是将人的运动转化为信息。其中，伊丽莎白·迪勒和斯科菲迪奥夫妇试图将平面视觉的效果和装置融入设计，一直在进行着被称为极具前瞻性的建筑试验。

在他们的设计中，"模糊大厦"最为人熟知。模糊大厦位于黎巴嫩伊凡登新城堡湖畔，是2002年瑞士博览会的展厅。它其实是湖面上的一个悬浮物，也就是一个悬浮的平台，隐藏在一片人造云中。平台为金属结构，宽100米，深64米，高25米。它通过两个长玻璃纤维增强塑料桥与陆地相连。水雾形成的雾气，成为自然力与人为力的相互作用。进入雾中，你只能感受到下光学"乳白色"现象和喷嘴发出的"白噪声"。

四、情感引导空间的延续

当建筑变成情感的寄托，一旦注入情感，就有了独特的意义，引起空间内外人群的共鸣，这种共鸣和情感表达甚至可以延续到下一代、下下代，永恒流传。解构主义的方法用于建筑可以有效表达出一些特殊的感情。比如丹尼尔·里伯斯金的柏林犹太人纪念馆，通过建筑外形、空间、材料的扭曲和塑形，引发人们对过去的记忆，重新展现人类历史上最黑暗、最可怕的精神力量。用任何其他的设计理念和方法，都很难设计和构建出这样的珍品。美国建筑师彼得·艾森曼的建筑经常表达记忆对人的影响，重复的内隐记忆构成了艾森曼的建筑理论和解构设计手法，使得建筑具有唯一性且不可替代。

五、结语

建筑需要得到人的感知，才具有灵魂，建筑应该是人性的建筑。但有人认为，解构主义建筑通过其夸张、扭曲、破碎甚至分崩离析的外表，仅仅为情感的宣泄口抑或是一种无病呻吟，根本无法让人触动。在作者眼中，恰恰相反，在解构主义哲学思想的浸润下的解构主义建筑是时代发展的产物，不规则、多变化才会具有创造力和自由性，才会让建筑的时空在这有限的土壤上继续延存。

参考文献
[1]（美）彼得·艾森曼.当代世界建筑精选[M].北京：世界图书出版公司，2009.
[2]（日）高桥哲哉.德里达：解构[M].王欣，译.石家庄：河北教育出版社，2001.
[3]于泽，王又佳.重读德里达影响下的解构建筑[J].华中建筑，2016，34(05):15-18.
[4]陈鸿雁.从哲学到空间的延续——解构主义思想对设计实践的启发[J].美术学报，2020(06):33-39.
[5]陈彦谙，孙浚杰.解构主义视域下中国传统建筑现代化的新发展[J].建筑与文化，2020(12).
[6]周晓嫚.活跃在解构世界里的弗兰克·盖里——弗兰克·盖里的解构主义[J].明日风尚，2018(12).
[7]吴丹.数字化时代下的媒介艺术与建筑设计[D].上海：同济大学，2005.

消费社会下商业空间 IP 特点分析

雷霜　四川大学艺术学院

摘要：消费文化是随现代经济社会发展相适应的一种大众文化。当今消费盛行，消费文化甚至成为社会主流文化，文学、影视、设计……几乎社会各个领域都盛行"IP"热潮流，用以扩大社会影响力，最终达到刺激大众消费的目的。本文就消费社会下商业空间浅析其 IP 特点。

关键词：消费社会；商业空间；IP；特点

前言

IP（intellectual property）中文释义为知识产权，是文化积累到一定程度后所输出的精华，具有完整的属于自己的生命力。它的形式多种多样，可以是一幅画、一个角色、一个故事、一个游戏等。IP 形成的过程可以不外乎概括为物质基础的支撑到视觉艺术呈现最后形成大众所知的文化符号。

IP 在商业空间的成功运用可以塑造品牌、传递品牌价值、多维度开发商业产品以及产品组合等，获得巨大的市场盈利。但在商业空间中不是所有的 IP 都能成功地成为商业化的 IP，因为在消费文化视阈下商业化的 IP 需要体现对大众生活状态与需求的人文关怀，将大众喜爱的元素融入设计过程，并且需要在空间中选择合适的地点、合适的时间、合适的方式进行 IP 推广，吸引人气以达到刺激大众消费的目的。

一、大众对商业空间文化需求

商业的实质就是交换，商业空间可以简单地理解成为发生交换活动所需要的空间类型。消费文化背景下商业空间环境呈现多元化的特征，但是所有的商业空间关系构成都可以概括为人、物、空间环境三者构成的所有交叉组合关系。其中，人在空间环境中是流动的也是三者关系的主体，空间环境是固定的，承载着人的流动与物的放置，物因为人的需求而构成不同放置物的空间环境，这就是消费文化背景下，大众需求的增多使商业空间环境呈现多元化特征的重要原因之一。

传统商业形式的主要载体是商业空间基础环境建设。消费文化背景下，大众需求的多样不仅使商品与商业空间环境的多元化，而且大众对商品与商业空间文化展现与传递的需求也更加深刻。对于文化，大众的需求不仅是内容上的深刻，也要形式的多种多样与喜闻乐见，大众商业文化也应运而生。大众商业文化与现代大众消费社会与市场经济发展相适应的一种文化，从其产生开始，便有着浓厚的市民气息。消费文化背景之下，在大众眼中似乎没有文化的商品就没有灵魂，而商业空间文化的体现也需要载体，IP 就是一个很好的商业文化精髓的载体。

二、商业空间 IP 设计与特点

（一）IP 设计要求

随着时代的发展，消费社会的产生，大众消费升级，商品的交易不再单纯是简单的买卖交易，商业空间与商品文化内涵成为影响大众消费的重要因素。商业空间设计的影响因素也随之增多，包含了对社会、经济、文化、地理环境、施工技术等各方面的综合考虑。同样，商业空间中的 IP 设计也是，而 IP 设计和打造不仅要与空间文化特质相结合，还需要注意选择形象恰当的表现形式、综合考虑其辨识度、符合大众审美等。

关于如何打造成功的 IP 设计，学者吴声（中国汉族，场景方法论提出者、场景实验室创始人）在《超级 IP》中提到："在新的应用场景下，消费者不再愿意仅仅为了物品本身的使用价值买单，反而更关注商品带来的情感溢价"。因此，IP 自身的设计与大众产生精神文化上的交流，带来客流和消费的增长，最终产生更多的收益和价值，开始成为商业领域巨大的竞争力。

IP 设计需要经过多方考虑，避免盲从"IP 热"。简单来说，第一，IP 选择主题、性格特点、故事背景等要与整个商业空间定位与环境相符合，例如艺术空间与百货空间选择主题就会大相径庭；第二，IP 自身设计要考虑材料、颜色、形状等，选择合适的表现形式，例如具象写实、变形变相、抽象概括等，比如卡通形象因为其极具趣味、可塑性强又有亲和力等特点，成为商业空间 IP 设计与打造的首要选择；第三，IP 设计要能多样化，与商业空间娱乐、休闲、餐饮、美容等多种业态互动组合，增强空间整体属性特征，加强空间体验感；第四，IP 设计要有趣新颖，因为在大众文化背景之下涌起的"IP 热"，各种各样的 IP 四处可见，使大众早已降低了对它的期待，人们的猎奇心理更需要得到满足；第五，要选择合适的展现与陈列方式，比如考虑其在空间中的时效性是临时、长期还是永久等，在放置地点通常在出入口、交汇处等人流大且明显的地方等。

（二）IP 特点

1. 商业性

商业空间设计的 IP 源自大众商业文化，因此其本就具有商业性。因为商业空间设计的 IP 可以体现与提升品牌理念与价值，和空间中多种业态结合，吸引大众消费，增加盈利。同时，IP 的商业泛化又可以进一步地多维度开发 IP 衍生品。

2. 认同度

商业领域的发展与建设本就依靠大众基础。大众消费社会背景之下更是如此，商业空间中 IP 设计获得大众认可，就可以与大众建立情感联系，满足大众消费心理。

3. 流行性

流行是指许多人实践、认可、喜爱、追随的一种普遍的文化特点，事物的流行得益于一系列媒介全球化发展，它总让大众趋之若鹜。商业空间 IP 要具备流行性，造势吸引大众，引起对它的注意力，增加大众的互动，以此形成一种大众消费趋向。

4. 娱乐性

娱乐性对于 IP 存在的意义非常重大，在社会快速繁忙的步伐中，大众早已离不开娱乐，娱乐会减轻压力之下大众的心理压力与负担，增加生活乐趣。其次，具备娱乐性质的 IP 能引发非常多的话题，衍生不同的业态，提高商业价值。

5. 辨识度

消费社会下消费产品琳琅满目，IP 设计的形象要具有高辨识度，才能够在众多的 IP 里脱颖而出，使消费者一眼就能辨识，受到吸引，与消费者产生联系。

6. 存在感

优秀的 IP 除了以上的特点与持续的生命力与吸引力之外，还应具有存在感，增加消费者与 IP 之间互动的频率，促使 IP 在各种消费场景中与消费者发生互动，提高 IP 出场率，也是传播与塑造商业空间 IP 的重要特点。

三、结语

消费社会背景之下，商业领域要取到更大的发展就需要顺应社会发展主流。优质的商业空间早已不再是以往单纯的空间设计与商品陈列。经济的迅速发展，大众的生活水平提高与生活物料的丰富，使大众对于精神文化需求更大、要求更高。在"IP"热潮流的影响下，商业空间在空间设计与规划中运用 IP，丰富空间环境，利用其流行性、娱乐性、普及性等特点，满足消费者猎奇的心理需求，提高大众对于环境体验感，以此达到双方共赢的目的。但目前我国不管从商业空间单纯的空间设计还是 IP 开发与运用都需要从西方文化中汲取养分，所以在消费社会时代背景之下对于商业空间 IP 设计运用这个话题还有更多需要努力的地方。

参考文献

[1] 俞悦 . 消费者视角下杭州地区购物中心场景 IP 设计研究 [D]. 杭州：浙江工业大学，2020.

[2]（英）布莱恩·劳森 . 空间的语言 [M]. 杨青娟，等 . 北京：中国建筑工业出版社，2003.

[3] 王宇 . 探究消费文化视阈下当代商业建筑设计 [J]. 四川建材，2017，43(03):44+209.

[4] 刘春雄 . 新营销的四个关键词：场景、IP、社群、传播 [J]. 销售与市场（管理版），2018(01):28-30.

[5] 许页抒 . 场景营销特性对艺术购物中心消费者艺术品购买意向影响的实证研究 [D]. 上海：上海交通大学，2018.

[6] 陈超 . 文化消费理念下城市现代商业中心的空间营造策略研究 [D]. 哈尔滨：哈尔滨工业大学，2013.

约束与自由
——浅析矶崎新手法主义建筑的空间秩序

秦瑾 四川大学艺术学院

摘要：矶崎新是位具有冒险精神的建筑探索先锋者。其建筑风格与 16 世纪意大利手法主义有着不容置疑的相似之处，其一生都在探索如何通过设计解决空间中的矛盾。本文通过举例分析矶崎新早期的建筑作品，分别展示了矶崎新三个不同时期的手法主义创作形式，探索了矶崎新手法主义建筑中的风格变化与空间形式所表达的不同秩序。

关键词：矶崎新；手法主义；空间秩序；建筑

前言

矶崎新可以说是反现代主义的领军人，他在建筑领域四处探索寻求新的建筑语言，其建筑风格从野兽主义派的巨型形式开始。继而是折中主义与手法主义美学的混合物，20 世纪 70 年代中期新古典主义又越来越多地渗入他的作品成为他的创作特色。从 1980 年起他的建筑外表又开始不太像新古典主义，而趋于更加严格的古典化程序。折中主义虽然可以维持表面的连贯性，但会导致当下建筑过于依赖早期的传统风格，致使当代建筑缺少创造性，终究不可能成为明确的发展方向，这也是矶崎新积极寻求突破的原因。纵观他一生的建筑风格发生的不断转变，他用实践打破了建筑师的创作风格保持一贯的连续性、一致性的原则，也证明了手法主义可以是一种平衡建筑风格的新思路。

一、16 世纪意大利手法主义

在早期矶崎新反对现代主义建筑如同当年拉斐尔反对正统文艺复兴建筑风格一样，年轻建筑师们在先辈建筑大师们已开拓过的建筑风格领域之外积极探索新的表现形式。文艺复兴时期与现代建筑有一个共同点就是其中心都主张古典美学。因此，16 世纪意大利的手法主义与后现代主义建筑必然存在千丝万缕的内在联系，我们可以试图从意大利手法主义来观察后现代建筑中的手法主义。回首意大利手法主义时期，艺术创作者们打破了古典与自然的结合，将更多的关注点放在了凌驾于自然与人之上的内在情感。丁托列托所创作的《最后的晚餐》中，通过透视的方式将桌子斜放，除了绘制了餐桌上的日常外，还加上了来自天国的出使者，营造出一种自然世界与超自然世界的戏剧化对比。手法主义的精髓就是建立水火不容的对立物或关联物之间的状态。

二、矶崎新的手法主义设计

豪泽尔在《手法主义：文艺复兴的批判与现代艺术的起源》中提到："手法主义的精髓是夸张的，不能共存的，紧张而附有张力并且不可以调和的对立面相结合。[1]"然而谢尔曼却认为："恰恰相反，手法主义代表建筑师作为一个艺术家的权利。[2]"这也是为何矶崎新的建筑带有强烈的折中主义色彩的原因。矶崎新的手法主义建筑形式主要依附于二元论的原则，运用视觉对位和双重对比手法，在其中我们可以看到矶崎新对于秩序与自由、

物质与精神之间的游离不定。

（一）第一手法

日本古老的神话中，"神柱"是男神与女神竖起一根"天线"，他们会在其周围建设宫殿作为生活场所，结婚的时候在宫殿轴心的位置，也就是"神柱"的位置举行仪式，象征着天地相连。以至于在后来日本传统建筑中，"神柱"是整个建筑的"中枢神经"，在空间层次，它是建立"空间场所"的工具，在精神层面它是连接天地的轴心。矶崎新便十分着迷"神柱"永恒的象征性。因此，在他的设计中将中心神柱作为创造新形式的基础，同时改变"神柱"原始模式，转换成新的建筑语言去表达日本建筑。他早期的成名作大分县图书馆，以极度夸张的梁柱堆叠而成，使建筑具有冲击感极强的雕塑外形。"神柱"被侧向放倒，尺度放大，并抽空柱身，形成中部可供人们活动的空间。在保留日本传统建筑特色的同时，淡化了"神柱"古老圣洁、庄严肃穆的氛围。这样由"神柱"发展而来的巨型骨架形式是矶崎新手法主义建筑中的一种标志性形式。

（二）第二手法

第二手法中，矶崎新主要采用了最基本的几何图形如圆柱体、立方体、矩形、半圆形等作为基础的建筑语言。第二手法与第一手法并不能剥离开来看待，第二手法是在第一手法中衍生过来的，二者也在建筑设计中时常并行。笔者看来矶崎新的设计思路是没有发生较大的改变的，始终是将关注点放在局部空间中，通过独立的局部空间组合成完整的建筑体。局部空间不再只依附于建筑中的大空间，而是通过几何形体的重复或者戏剧性对比保持自身的局部独立性。

群马美术馆是矶崎新早期的巅峰之作，它坐落在一处绿草如茵的公园中。以榻榻米居室的障子门方格为灵感，立体方块是它的基本构成元素。两个立方体将整个建筑的外表面分割为等分的、大小相同的正方形。方格之间的线条，一是在视觉上缩小了整个建筑体块的物质感和实体感，打破了巨大建筑体块悬在空中带来的压迫感与紧张感；二是远远看去为建筑表皮提供了节奏感，再搭配上灰色带给人纯净优雅的感觉。外部类似镜面材料的应用，致使建筑在光线的时候能自带一层薄薄的"发光外壳"，淡化了建筑外观在视线上的厚重感，也使建筑内外空间在视觉上若隐若现。建筑内部做了一些反透视处理，色彩上运用了黄色及浅绿色，配合建筑外表皮的建筑材料，营造矛盾暧昧的模糊感，充分体现出矶崎新追求"形式非物质化"的构思

立意[3]。

20 世纪 70 年代后，矶崎新将圆柱体与立方体融合起来进行创作，通过拱顶使建筑外立面看起来像连续不断的圆筒造型。富士乡村俱乐部的建筑形式就是一条流畅柔软的半圆拱形筒体，从平面上看宛如一个问号，实际是矶崎新想通过规律的造型隐喻高尔夫球棍。

北九州图书馆不同于富士乡村俱乐部轻巧开放的形式，它由两条圆筒组成，本是两个半圆拱顶圆筒同时出发，其中一条在前进过程中向后弯曲成钩形。两道拱顶并肩前行使整个组合构图充满了紧张感，让人们不由地思考究竟哪道圆筒是主？哪个是次？而这种紧张感在两道圆筒分离之处才是最强烈的。矶崎新自己曾表达过北九州图书馆的设计受到了新古典主义建筑家 Etienne-Louis Boullée "王立图书馆重建方案" 的影响。而手法主义所追求的是探索自由、强调个性，新古典主义则是坚持有纪律、有秩序的形式和朴素的表达方式。但在他的这两个建筑作品中，手法主义与新古典主义是紧密联系在一起的。他们同时出现在了同一建筑中，二者的拱顶曲线形式具有任意武断色彩，而拱顶的形式则是新古典主义所蕴含的。矶崎新用立体派的观念为这种冲突矛盾建立了新的平衡，他通过手法主义表达个性、追求自由，通过新古典主义建立秩序。这也是矶崎新手法主义的精髓，将两个不可妥协的对立面组合成了互相矛盾又互相联合的表现形式，在建筑中平衡了解放个性与抑制个性。

（三）手法主义中新古典主义的探索

筑波大学城新市中心是矶崎新的建筑风格向新古典主义探索的明证。筑波城地理位置相对偏僻，按照规划这里将会是一个科研中心新城。但由于缺少舒适的生活环境及城市生活吸引力，居民甚少，便需要在城中建设一个中心场所为其注入活力。1983 年矶崎新为这座新城设计了一个下沉式中心广场，以期通过中心广场为轴心为居民带来安乐感。在这个作品中，矶崎新设计了一条波浪形的人工瀑布来打破下沉广场的连贯性，这条人工瀑布从广场旁的剧场涌出，注入广场中心的圆形水池中。他通过这样的方式，描绘出大自然与人造物的对抗。广场的周边还设置了音乐厅等商业建筑，但其窗户的形式则是列杜与格雷夫斯两种风格的混合物[4]。矶崎新不满于将列杜的题材照搬，便对其进行了扭曲变形，这样的形式是彻头彻尾的手法主义，而内容却是新古典主义，因此筑波中心是手法主义作品中，新古典主义意识最强烈的一次探索。

三、结语

对于手法主义的历史定位众说纷纭，豪泽尔将矶崎新的手法主义定义为情感异化，是个体情感从社会异化出来的过程中产生的不安与焦虑。谢尔曼则坚信手法主义是一种风格主义，是建筑家的艺术表达，是通过超出实际需求锦上添花的设计风格，手法主义建筑作为艺术品大过于它作为建筑本身。纵观矶崎新的手法主义建筑，笔者认为他在建筑表达中清晰地认识到了约束与自由这两个极端是无法解决的，但是选择了重视这一矛盾，并在其中寻求平衡，风格只是手法主义的艺术灵感来源，手法主义未尝不是解决未来建筑问题的一种新方法。

矶崎新作为一个以二元论为设计原则的悲观主义者，"废墟"是他一贯的设计宣言[5]。在他看来，"废墟"是建筑与城市发展的必然走向，因此"建筑观念"一定比建筑重要，即使建筑不在了，观念却是可以永久存在的。现如今，哪怕很多建筑已改头换面，但他留下来的观念证明了当代建筑的多变性，他的早期手法主义建筑的探索，也为后人的理论研究提供了实践先驱。

参考文献
[1] 刘向娟 . 豪泽尔：社会艺术史的先行者 [J]. 荣宝斋, 2011(06):96-105.
[2] 杨觅宗 . 文艺复兴观念、建筑原理和美术风格 [D]. 南京：南京师范大学, 2006.
[3] 李忠东 . "他的思想一直行走" ——2019 年普利兹克奖得主矶崎新 [J]. 世界文化, 2019(10):22-25.
[4] 廖秋林 . 后现代主义符号学景观设计理论研究 [D]. 长沙：中南林学院, 2005.
[5] 汪盈 . 矶崎新 "城市的未来即废墟" 理念探析 [J]. 美与时代（城市版）, 2019(09):25-26.

公园城市视角下的老城区城市微更新研究
——以成都市成华区为例

姜雨芳／胡剑忠　西南交通大学

摘要：在当今我国飞速发展的城市建设中，原有的环境格局发生了巨大变化。急剧增加的人口、高密度的人类活动在一定程度上破坏了原本美好的居住，老城区中的传统风貌也逐渐不能满足现代生活需要。从16世纪的"乌托邦"、18世纪的"理想城市"、19世纪的"田园都市"，再到近代的"生态城市"、2018年"公园城市"，一系列的理论和主张，无不在探索更好的城市、更好的生活。本文旨在研究在最新的"公园城市"理论提出的背景下，如何将城市微更新与创新的绿色发展理念相结合，以顺应"更好的城市、更好的生活"时代潮流。

关键词：公园城市；城市微更新；老城区；传统风貌

前言

2018年，习近平总书记在四川视察期间，期许成都"加快建设全面体现新发展理念的城市"，要求成都"要突出公园城市的特点，把生态价值考虑进去"。[1] 至此，"公园城市"这一崭新的城市理念，融入全球视野。在新的发展潮流中，如何让城市包容发展，让老城区的传统风貌与新的城市形态处于同步发展的节奏，应成为未来城市转型和发展过程中需要把握的重点。本文以成都市成华区为例，针对成华区城市微更新的案例进行研究，用来说明在公园城市视角下，城市老城区进行微更新的必要性与意义。

一、相关概念研究
（一）公园城市的概念

公园城市是一个新的城市发展概念，它并不是简单地在城市中建设数量很多的公园，而是要把公园融入城市，要设法形成一个覆盖城市的大系统，把城市变成大公园。

公园城市也不是公园与城市的简单叠加，而是人类社会从工业文明进入生态文明时代城市营建的新阶段，是"人城境业"深度融合、生产生活生态和谐统一的新形态。不同于休闲城市、宜居城市、花园城市、森林城市等既有概念，一张崭新的考卷摆在成都面前。

（二）城市微更新的概念

中国的城市微更新研究源于吴良镛先生的"有机更新"理论，他在著作《北京旧城与菊儿胡同》中主张城市建设应遵循城市内在秩序与规律，以适当的规模、合理的尺度处理各种关系，指出要进一步探索小规模改造与整治方面的研究，探索小而灵活的城市更新。[2]

城市微更新不同于环境治理，它的策略是在既有的城市建设形态下，针对部分老化的设施或者建筑物进行修缮、保护。同时，它也不代表大规模拆建、重修，城市微更新是解决已用地的现阶段功能与周边发展相矛盾的问题。[3] 而成都作为"公园城市"这一概念的首提地，需要建设一个"人城境业"深度融合的示范区，当然不止局限于在新的天府新区贯彻落实公园城市的理念，这就要求老城区也随之做出改变，用以适应未来的城市发展形态。

二、城市微更新在公园城市建设过程中的重要意义
（一）提升人居环境品质

城市微更新以建设生态文明城市作为总目标，打造和谐社区、美丽社区、文化社区为分目标。微更新可以根据现阶段城市基础，对设施不全的社区进行基础设施完善，为居民提供充足的休闲共享空间；对存在安全短板的社区物质环境进行改造，可以消除居民的安全隐患，提高居民的生活环境质量；对有特色文化的社区保护其布局形态和建筑风格，提高居民对城市和社区的认同感、归属感。

（二）体现了公园城市理念的内涵

城市微更新理念在城市社区里的实践，反映了城市微更新在公园城市视角下从宏大到微小、从整体到局部的政策落实。老城区的城市微更新是一个区域性的系统工程，而在公园城市理念的引领下，老城区的微更新注入了更多人文光辉，发展出了更多的创新思维，市民和城市之间建立了更加融合的关系。做好老城区的城市微更新实践，就是在促成老城区与新的城市形态协调发展。

（三）符合可持续发展的国家政策

城市微更新需要以生态文明为导向，深入贯彻落实国家的绿色可持续发展理念；同时，城市微更新也是一项民生工程，在改造进程中更加关注"人"这一主体，以人为出发点，追求人与环境和谐共存。公园城市在建设过程中也需要不断增强城市的包容性，将新老城市共同联合协调发展，营造过去与未来共生共荣的城市生活空间，合理配置城市的资源，打造出独特的城市名片。

三、公园城市背景下城市微更新设计方式探索

公园城市的每一个字都代表了各自的含义，"公"代表大众——公共性；"园"代表绿化——生态性，"城"代表生活——空间性，"市"代表生产——经济性。[4] 公园城市的根本发展理念是以人为本，以实现建设美好人居环境的最终目标，而城市微更新的理念便在一定程度上与公园城市所蕴含的发展理念相契合。城市微更新更加注重城市空间品质的提升，目的也是希望将城市人居环境建设得更加美好。

（一）"公"的公共——增加公共绿地和公共空间

公园城市背景下需要进行微更新的城市空间几乎都是在城市的老城区位置，其规模大小与城市发展历史有关。对历史比较久远的老城区来说，退化的公共服务设施、大规模老城区城市居民的分散与聚集都是棘手的问题。在老城区中增加公共绿地和公共空间，可以增加居民生活的开放性，弥补老城区居民公共活动的不足。[5] 而公共绿地和公共空间本身就是公园城市的一部分，为老城区居民提供了成片的区域性共享社区，充分体现了一切以人为本的设计理念和公园城市的"公"所蕴含的深刻含义。

（二）“园”的生态——打造舒适可达、健康生态的慢行休闲空间

当城市发展到一定阶段，老城区生活环境和品质低下、人口居住密度大等问题越来越凸显，慢行休闲的城市规划模式是城市未来可持续发展的有效途径。慢行休闲系统代表了慢交通和慢生活。[6] 老城区在交通设施布局混乱、区域拥堵等方面的问题上，需要结合慢行休闲的发展理念更新老城区发展方式。在慢行休闲的理念下，打造老城区的休闲网络，创造丰富多样的户外休闲活动场所和健康生态的城市休闲空间，提升老城区居民的生活品质，与公园城市的“园”所代表的生态含义相吻合。

（三）“城”的生活——对有传统特色的产业遗存、公共建筑、风貌道路进行保护工作

老城区在一定程度上代表了城市发展的记忆，分布着很多具有城市传统风貌的产业遗存、公共建筑和道路街区。[7] 在公园城市的背景下进行老城区的微更新，并非大拆大建，而是积极保护和修缮传统的城市特色空间，鼓励居民开展文化展示，保证传统肌理的延续，形成独属于老城区的魅力风貌，以增强老城区居民对城市的认同感和归属感。[8] 该微更新设计方式也充分贯彻了公园城市理念中“城”所代表的生活的含义，让老城区居民在面对生活环境的更新改造之下，不会产生不适应的矛盾感官。

（四）“市”的生产——促进传统产业园区转型和科创中心建设

早期的一些传统产业园区选址在老城区地块，这就促成了老城区的发展历史和规划历史相对新城区来说较长。而随着城市的更新，部分产业园区可能会出现与新形态不相适应的情况。在公园城市背景下，是需要树立一个“人城境业”高度统一的城市发展目标。[9] 对于老城区传统产业园区来说，找到合适的转型之路，建立新的创新园区，才能够为老城区的产业增添活力，注入更多的工作机会，吸引更多的创新型人才，实现公园城市的“市”所代表的经济型要求。

四、成都市成华区的城市微更新设计案例研究——以二仙桥片区的城市微更新为例

（一）区位介绍

二仙桥片区位于成都市成华区，原聚集了成都机车车辆厂等大批企业，是老工业区的典型代表。如今，在成都大力建设宜居城市的趋势下，以前的工业历史遗存如何与新型的城市发展共生共存，是成华区如今面临的一大挑战。

（二）公园城市视角下成华区城市微更新的设计理念和方式

1. 建立景观生态场景

在二仙桥片区，居民的一个新打卡地之一是新建好的二仙桥公园。公园的形态呈独特的带状，以“铁路线记忆”为公园主题，公园内通过多条规划的道路连接了各个板块。同时，公园在设计上还通过“枫桥夜泊”“灯火阑珊”等多个景点来讲述故事，以此来带给游客传统的成华记忆和传统故事，极大地提升了公园的丰富性。同时，公园也在一定程度上代表着城市的地标性板块，二仙桥主题性的景观设计，对成华区的形象建设也起到了很好的推动作用。

2. 塑造复合式居民休闲娱乐的多功能场所

二仙桥街道下涧槽社区主要范围是曾经的成都机车厂宿舍区，这个充满无数老一辈记忆的区域，也积累了雨季淹水、违章搭建、电线杂乱等影响居民生活质量的问题。为了解决问题，提升周边居民的生活环境，二仙桥片区建设了带有机车厂元素的下涧槽社区“邻里月台”，该社区空间成了居民的公共活动空间，居民可以在这里参加活动，阅读休闲，社区居民之间的距离不断被拉近，市民生活也不断变得更有温度。

3. 保留主题性老城区传统工业风貌元素

成华区曾经设立了仓储物流企业集中区，但是因基础设施薄弱、城市形态老旧，导致成华区的发展逐渐跟不上城市的整体节奏。[10] 而如今，成华区逐渐探索出了一条工业与生态相结合的特色道路，红砖房、火车头等工业遗址在保护的同时也得到新的开发，不断散发出新的活力，吸引了完美文创公园等大批文创产业项目在这里集聚。老城区的传统工业遗存风貌被保留了下来，同时也注入了新的经济活力，为该片区的未来发展奠定了坚实的基础。

4. 形成交通与社区的脉络，与城市贯穿联通

成华区蜀龙路全线贯通，完善了二仙桥片区路网结构，缓解了该片区交通拥堵的现状，对推进二仙桥片区旧城改造工作，促进成华区经济发展具有重要的作用。而交通设施的建设与完善，有利于成华区构成舒适、快捷、生态等多层次丰富的交通枢纽系统，引导居民绿色出行。

五、结语

成华区的微更新案例实践，反映了老城区城市空间从失去活力到再度发展的动态过程。而有许许多多的城市，也正在经历着由增量发展转变为存量升级的过程。为了建设更好的人居环境，需要在公园城市理念的引领之下，积极挖掘城市的历史文化，构建人文与活力高度统一的人居空间。而公园城市作为前沿的城市发展理念，会在新时代的指引下，不断在实践中得到升华，为我国未来的城市建设开启新篇章。

参考文献

[1] 方伟．公园城市让人民生活更美好 [J]. 群众，2019, 000(023):45-46.
[2] 魏志贺．城市微更新理论研究现状与展望 [J]. 低温建筑技术，2018, 40(236):167-170.
[3] 管娟，郭玖玖．理想空间——广州传统风貌社区环境微更新研究 [M]. 上海：同济大学出版社，2018:13-17.
[4] 张沁瑜，刘源，李娉娉．公园城市理念下的社区景观微更新——以南京市傅厚岗社区为例 [J]. 园林，2019(06):24-29.
[5] 韦丽华，林丽凡．基于 TOD 模式的老城区公共空间的塑造——以合肥三孝口片区为例 [J]. 住宅与房地产，2016, 000(009):29.
[6] 刘志峰，马颖忆，叶麟，等．融合绿色慢行休闲系统的老城区综合交通规划探索与实践——以南京市秦淮白下单元为例 [J]. 装饰，2017(11):106-109.
[7] 朱依琳，戚飞，朱凯丽．城市变迁背景下南京老城南旧居环境改造的研究 [J]. 大众文艺，2019, 000(017):131-132.
[8] 王映丞．工业遗存保护修缮的探索与实践——以黄浦江东岸滨江公共空间工业遗存改造更新设计为例 [J]. 建材与装饰，2019(21):91-92.
[9] 李峰．“人城境业”有机融合 打造全国一流美丽宜居公园社区 [J]. 先锋，2020(08):56-57.
[10] 成都市成华区城市转型研究课题组．从工业文明向生态文明的转型——成都市成华区城市转型的创新与探索 [J]. 成都行政学院学报，2016(02):89-93.

基于生理和心理需求研究的机构养老

何红燕　四川美术学院建筑与环境艺术学院

摘要：本论文从现阶段中国的人口老龄化大趋势入手，传统的家庭养老模式势必会被社会化养老模式所取代，但目前机构养老的建设水平却停留在基础的养老需求阶段，对老人多层次、多样性的生理以及心理需求普遍关注不足，在机构养老的功能布置、标识系统、无障碍设计等方面都采用简单普遍的模式化。本文从机构养老的实际调研出发，通过对重庆南温泉疗养院、静安养老院等的实际调研和对200位机构养老老人的问卷访谈，得出机构养老现状功能布置、无障碍设计等的评价与建议。在此基础上，论文通过研究老年生理学、心理学、需求层次理论、老年建筑设计规范、养老社区相关的书籍，例如《老人建筑设计规范》《适老化空间设计》《养老社区规划与设计》等，来找到基于生理和心理需求研究的机构养老设计的理论支撑，并从生理心理特征分析、生理心理需求分析来寻找应对策略，以期能为机构养老营造一个舒适的环境，真正实现"老吾老，以及人之老"的追求。

关键词：老龄化；机构；养老；生理；心理

一、老龄趋势及养老模式发展

（一）人口老龄化的趋势

我国老龄化社会的特点为老年人口基数大、速度快，而我国又是处于未富先老的国情，因此解决养老保障问题是我国亟待解决的严重问题。党的十九届五中全会提出人口老龄化将被提升至国家战略上来，进一步对养老制度进行完善，这对提高人们的生活品质和质量具有重大战略意义。因此，如何从老年人自身的需求出发考虑机构养老的设计，真正实现满足老人的需求，是设计出发的开始。

（二）养老模式的发展

现阶段我国的养老模式是家庭养老与社会养老并存。当今社会随着经济的发展、计划生育政策的成功执行和社会的飞速转型，这对传统主要依靠家庭养老模式发展的家庭来说发起了巨大的挑战，独生子女迫于生活压力要忙于工作，必然会造成对老人的生活照料和精神关爱的忽视，对父母的晚年生活难以周全。又由于新观念、新思想产生的代沟等一系列问题等导致了空巢老人、孤寡老人的出现。于是依托社区服务的居家养老、养老院等机构养老模式近年来发展势头迅猛。

机构养老方式的优势在于：有专业化的人员服务，为老人提供24小时无间断照料；在生活细节中，到处都设置了呼叫铃，随时应对老人的紧急情况；为老人量身定做了无障碍居住环境，无障碍坡道、无障碍卫生间、无障碍走廊；闲暇时间为老人提供集体生活来排解孤独；为子女减轻负担，让子女有更多时间投入工作；满足了老人生活的尊严。

而劣势在于：老人需要重新适应环境、融入环境，重建人际关系，与不同性格的人交往可能产生矛盾冲突等；同时增加了养老成本，需要额外支付费用；缺少子女在身边的孤独感、恐惧感；大部分养老机构要求老人的身体状况是自理的，部分养老机构要求老人的身体状况是半自理，这也是机构养老的局限性。

二、机构养老中老人生理心理特征分析

（一）老年人的生理特征

新陈代谢功能的退化，导致体形外表的变化主要表现为老年人的头发变白。其次，老年人由于皮下脂肪减少出现皱纹等。同时，韧带萎缩导致老年人弯腰驼背，行动不便。身体机能衰退，记忆力、注意力以及推理判断等有所减退，反应迟钝、动作不协调、睡眠时间短等各种状况；心血管、呼吸以及消化系统能力下降。同时，老人对钙的吸收能力低，容易发生骨质疏松，因此老年人起身、下蹲、行走、上下楼梯等都需要借助辅助设施如扶手、拐杖或轮椅等。最后，老人的感知能力也逐渐减退，对色彩、声音、嗅觉、味觉、触觉的辨识度降低，方向感减弱等，尤其听力能力降低极为明显。随着各种器官生理机能的降低，老人对外部环境的要求提高，对疾病的抵抗能力逐渐降低。

（二）老年人的心理特征

全面了解老人的心理特征，是从心理和情感层次实现机构养老的基础。随着老人年龄的增长，在心理和行为上会有变化，变化不仅和老人的生活环境、生活习惯等息息相关，还和老人所处的社会角色、接受的文化程度以及对生活的期望有联系。这些特征被心理学家总结归纳为求生、共生、孤寂性和回归眷恋感等方面。

求生性，主要体现在老年人害怕自己年龄增长之后会遭受疾病给子女增添负担，俗话说"越老越怕死"，年龄越大的老人对生命的渴望越强烈，在身体出现异常时总是容易胡思乱想，因此老人迫切需要健康活动的场所来保证自己的身体健康。

回归眷恋感，老人随着年龄的增长，但是心智却越来越不成熟，还羡慕儿时的生机与活力，更多地希望加入到社会活动中去，渴望与儿童、青少年交往，同时对昔日所生活的社会环境、生活习惯和空间形态极为依恋。

共生性，是指老人要融入社会中，与社会保持同步发展。通过老年教育防止老人思想退化，希望在机构养老中能够让老人学习更多东西，为生活增添更多的乐趣。

孤寂性，是指老人不能很好地调节生活中的焦虑，自我心理承受能力降低，容易导致情绪低落，思维方式恶化，时常猜测自己会遭受疾病、死亡等，同时老年人生理上不能进行户外活动，子女又忙于工作不在身旁，使得孤寂感加深。

通过老人不同的心理特征，我们需要深入了解、理解老年人的这些心

理特征，去分析思考怎样的设计才是有利于老人在养老机构中颐养天年。

三、机构养老中老人生理心理需求分析

生理、安全、社交、尊重、认知、审美、自我实现等需求是美国马斯洛心理学家提出的人最基本的需求。我们可以通过马斯洛大体的框架进行养老机构的探索。人的需求层次是通过外界条件刺激形成的，老年人也在物质与精神上追求丰富多彩。对于老人需求的分类大致可以分为生活、健康、精神上的需求。在生活上的需求主要是吃、穿、住等；在健康上的需求主要是老人的日常护理以及医疗方面，老人对于健康非常重视；在精神需求上主要是老人的文化、情感、自我价值的实现等，老人希望可以在社会需求中发挥余热。

总而言之，老人对于物质的需求比对于健康的需求较低，他们对于健康需求非常关注、亲情需求、交往需求、照顾需求上水平也要求更高。

四、机构养老问题分析以及基于生理心理需求的机构养老应对策略

（一）机构养老存在的问题

机构养老在我国越来越处于重要地位。其中以下问题将成为我国机构养老的突出问题：机构养老资源浪费，利用率不高，床位无人居住；自我发展能力不强，缺乏合理的管理能力；康养、护理、医疗等功能分离；机构养老缺乏家庭认同；专业人员以及专业管理人才短缺；服务质量、服务品质低，缺乏专业人员并且服务结构单一，只注重单纯的护理，缺乏医养结合；国家政策不完善；缺乏家的温馨舒适感，在养老机构中老人的基本物质生活需求是可以得到满足的，但是缺乏对老人生理心理的关怀；农村人口老龄化相对严重，空巢老人、孤寡老人相对城市较多。但是，农村由于条件、资源有限，机构养老大多存在不规范性。

（二）基于生理、心理需求的机构养老应对策略

在人口老龄化的中国，要使老人树立科学健康的养老观和积极的老年人生观，提高老年人的生活质量水平，形成规范化、专业化的机构养老服务体系，设身处地为老人服务，满足老人在生理以及心理上的需求，走一条符合中国国情的养老之路。

机构养老居家、宜老、品质和人文关怀化的四大目标是成功的机构养老要实现的愿景，让老年人在机构养老中有家庭的温馨舒适感。在环境设施上，要做到"老年友好"，在环境设计中加入无障碍设计，如无障碍卫生间、无障碍走廊、无障碍居室等。在细节方面，对门窗、扶手、水电开关等处理都应该充分考虑到老年人的习惯。在通行无障碍中考虑代步工具：拐杖、轮椅等，在坡度的设计上，坡度不应大于1/12。在垂直交通上采用电梯作为垂直交通的工具，电梯入口的净宽在800厘米以上，在电梯中放入座椅。在走廊的设计上，要加入无障碍高低扶手，在所有的空间中都要进行倒角的处理。在设计中要加入更多的娱乐场所，例如纸牌娱乐室、茶室、书法室等。

在标识系统上，标识应该浅显易懂、清晰、大、位置显眼，例如在走廊居室入门上面设计了记忆箱，记忆箱里面放置老人

最熟悉的物品，以便于老人更好地寻找到自己的房间，以及放大的门牌标识等。在颜色的选择上采用辨识度高的，波长较长的色彩，如黄色、橙色等。反射比的差异性可以形成良好的对照性，提高空间的可视度，白和黑、白和蓝、黄和黑等是最佳的色彩组合。

在居室空间中，照明和色彩要很好地弥补老人视力上的不足，在局部照明中要更多地通过漫反射来减少光污染。空间设计上也可以通过颜色来进行区分，提高老人对空间的辨识度，空间可以通过颜色来划分不同的区域，例如，A区是黄绿色调，B区是橙色调，C区是黄色调。老人在室内的活动时间相对较长，应保证室内良好的自然通风和采光条件以及良好的空气质量。此外，要有良好的景观视线，更多的绿色设计，例如屋顶绿化、大草坪等为减少老年人独居室内的孤独烦闷。

在心理需求上为老年人设计更多的交往娱乐空间，供老年人选择。同时在设计中为交往空间附加不同的功能，如运动空间、休闲空间、阅读空间、学习空间等，在交往空间中要营造舒适、轻松的氛围。在空间管理中可以加入老年人自我帮助管理等功能，满足老年人对自我实现的需求。功能空间中的学习空间主要是希望随着社会的发展，把科技发展给生活带来的便利和乐趣也带给老年人。同时在空间中也要考虑老人的私密空间，尊重老人自我的选择。

在服务的品质上，要提供专业、规范的养老服务和产品，同时要加入医疗设施，在健康方便也可以得到保障。在精神归属上，要实现"机构养老文化"，关注老年人在精神、情感上的需求，尊重老人自我的信仰，更好地实现"老有所乐"的愿景。

五、结语及对未来机构养老的展望

人口老龄化是当今中国特色社会主义面临的重大社会问题之一，我们需要更加关注养老服务体系版块。本文主要是满足我国养老机构政策的构建，加快老龄事业和产业发展的需求。未来的机构养老会更多地把建设关注在老人的身上，让老人能够在机构养老中发挥自己的余热，愿意为社会和家庭做出贡献。在研究老人生理、心理行为特点后探索其对机构养老各方面的需求，未来的机构养老将会充分地加入无障碍设计，在每个细节上都可以为老人的生理需求进行考虑，让老人在机构养老中"老有所ष、老有所医、老有所学"，真正感受到社会对他们的温情。同时也要加强对于农村养老的关注，农村的老人辛勤劳作一辈子，在老年生活中需要更好的关注。在国家机构养老中，养老这一项任重而道远的任务，需要得到多方面的关注，希望通过本文能为基于生理、心理的机构养老建设上做出一点贡献。

参考文献
[1] 穆光中. 挑战孤独 空巢家庭 [M]. 石家庄：河北人民出版社，2002.
[2] 丁新科. 让每位老人都能颐养天年 [N]. 河南日报，2020-11-05.
[3] 钟温歆. 基于老年人需求的养老机构建筑设计策略研究 [D]. 杭州：浙江工业大学，2017.
[4] 迟向正. 基于生理和心理需求研究的养老院人性化设计 [D]. 天津：天津大学建筑学院，2008.
[5] 穆光宗. 我国机构养老发展的困境与对策 [J]. 华中师范大学学报，2012.
[6] 蒋思源. 人口老龄化背景下的可持续养老保障制度改革 [J]. 大观周刊，2013(014).
[7] 张慧颖. 养老服务机构的困境分析及展望——基于郑州市养老服务机构的调研 [J]. 青年与社会，2014(13).
[8] 郝金磊. 虚拟养老服务满意度影响因素研究 [J]. 广西社会科学，2015(10).

旧厂房室内改造设计研究——以千寻和食餐厅为例

程洪恩　广西艺术学院建筑艺术学院

摘要：随着时代的更新叠替，许多原本处于城市边缘的旧建筑因其失去使用功能，或存在安全隐患等问题而往往被人们遗弃，伴随着城市发展的需要，产业的不断升级，通过对其翻新，功能上的改造，空间上的重新规划，使城市原本废旧的厂房焕发出新的活力。例如废弃的旧厂房被改造成图书馆、咖啡厅、办公楼、展览馆等，逐渐被纳入城市的商业圈，而在这些改造的空间中，将其改造成餐饮空间也是较为常见的。本论文从广西壮族自治区南宁市百益上河城遗址一栋废旧厂房为起点，从改造的背景、意义、原因出发，以餐饮空间为目标，分析在时代背景下，动漫餐饮空间文化的发展趋势，通过案例分析，在实践中具体应用，探索基于旧厂房改造的动漫主题餐饮空间设计分析与探讨。

关键词：餐饮空间；旧厂房室内改造；动漫主题

一、旧厂房室内改造的意义

将城市的历史文脉留存下来，根据本土的文化特色，工业厂房的现状，融入地方的发展，凸显强烈的今昔对比，时代与历史的并存，让人们能够从中体会到历史的美感，也能够体验艺术在生活中的运用。

首先，旧建筑本身所蕴含的文化底蕴，不能因为改造后而丢失，其可以成为经济价值。其次，要充分考虑改造后的大环境特点，从而进行消费人群的定位和经营模式的定位。最后，突出空间的特色，主题性强烈，把握好消费者的精神追求，将历史与文化更好地融合，协调风格的设计，让设计更打动消费者。同时，艺术品和软装上的设计与选取也应该更接近人，方便大众的欣赏，原有厂房陈旧的机器设备可以将其进行清洁再修缮，充分利用到大众的活动场所，与功能结合在一起，结合建筑以及厂区原有的风格，在内部进行延续和发展。

二、旧厂房室内改造的现状分析

（一）旧厂房的现状

工业的发展依赖于便利的交通，旧工业建筑在选址时，通常都在当时交通发达的区位。旧厂房具有大跨度钢架梁柱、使用结构多适应性、内部空间宽敞等物质特征，而且其本身也具有很强的空间可改造性和环境适应性，可以为餐饮空间模式的改造提供既定的物质条件，利于设计师塑造出独具特色、温馨、明亮的餐饮空间。被改造后的旧厂区除了其本身的实用功能外，其独特的艺术性往往会成为人们休闲娱乐的好去处，而这些往来的游客、厂房园区中的从业人员、艺术爱好者的活动，都需要配套的餐饮服务，这就为工业区内餐饮空间的经营提供了基本的消费条件。加之，不同工业类型的器械与运转形式营造的各种工业环境，让许多城市旧厂区都有其自身的工业风格，比如，北京的798艺术园区为原国营798厂等电子工业的老厂区所在地，红砖瓦墙，纵横交错的管道，墙壁上还保留着各个时代的标语，这些厂区环境都为旧厂房改造成艺术的展示交易中心，提供了优美且具有艺术氛围的大环境，且遗留的工业金属气息浓厚。

（二）旧厂房室内改造的设计元素

在城市旧厂房的改造中，餐厅的整体定位对餐饮空间的经营有着重要的影响，而餐厅内部空间的功能设计和风格设计也取决于整体的定位。首先，根据空间的结构特征和造型、形态符号的要素和个性化的材料肌理、装饰性符号和图案、合适的颜色搭配和适当的灯光环境来进行主题性营造，从而表达餐厅的主题风格特点。其次，空间的主题性营造可以从不同的形式符号来入手。空间中的景观小品可以作为符号语言，来引发人们的情感寄托，达到精神层次上的共鸣。千寻和食餐厅主题设计上整体融入《千与千寻》电影中动漫的场景，里面会带有文化特点和空间上的易识别度，让该方案在功能上满足顾客的需求，再加入少量中国元素，中式与日式的碰撞，文化的融合来体现艺术的美感，整体色调以温馨的暖色为主。最后，通过主题性突出和人情表现地方特色，使其与空间气氛和地域文化相融合，构成富有文化内涵的空间。

三、千寻动漫主题餐饮空间室内设计改造方案分析

（一）地理区位优势

南宁市，古称邕州，是广西壮族自治区首府，中国东盟博览会永久举办地，是一座历史悠久、文化底蕴丰厚的城市。本次改造选址坐落于南宁市江南区亭洪路45号，政府对原厂区遗址所拥有的文化保留下来，在原南宁绢纺厂旧址上改建而成。街区以邕城旧厂房建筑为载体，翻新致新的设计理念，在里面融合一些相关的商业发展，对这座厂区赋予建筑新的生命活力，独特的艺术气息吸引更多的年轻群体来这里打卡，从而带动了经济增长，也保留其历史文化的底蕴。

改造的项目选址在工业文化长廊街段，临近文创街与乌玛市集，北临非遗生活馆，南临觉一舍书院，地理位置优越，人流量大，整个厂房作为工业时期历史文化的工作空间展示，其中包括老式机器，织布机等遗留产物展示。

（二）设计理念

通过现场调研得知，项目的建筑内部主要存在以下四种特点：第一，厂房空间范围广，层高较高，建筑基础良好，采光功能一般，存在一定的商业潜力和基础。第二，内部空间大，墙体较少，现有的墙体都可拆除，室内空间可以进行充分改造设计再利用。第三，外部结构稳固，红砖墙体外露，历史感强烈，可以不用重新改造承重，减少投入资金。第四，顶部结构保留完好，将其翻新可继续使用，十分方便。

因此，在对室内装修的时候，会满足以下两点：第一，在保留原有建筑形态的基础上，划分新的功能空间转变为新的用途，从功能与实用性上进行改造；第二，主题突出，我们借鉴的日本动漫《千与千寻》电影中的部分场景布设用餐空间，软装上搭配中式元素的红灯笼也在电影场景中出现过，能使空间氛围非常浓厚有趣。

（三）风格主题选择

本次项目的目的是将废弃旧工业厂房改造设计为动漫主题的千寻和食餐饮空间，在保留原有厂房的基础上做商业空间的装修。因为其地理位置好，交通人流量大，加上周边汇集了创意园区、展览演艺、音乐酒吧、特色餐饮等于一体的鲜活乐玩情景式体验街区。《千与千寻》电影是宫崎骏执导的动画电影，该片用童话的形式讲述少女千寻意外来到神灵异世界后，为了救亲人，经历了很多磨难，诉说着一段青春少女的故事，内容丰富有趣，耐人寻味，时刻提醒我们无论什么时候，都不要迷失自己，保持内心的善良，与本次项目的选址更为贴切，空间内部的设计不管是在使用功能方面、环境氛围的布置方面，还是菜品选择方面，都围绕着影片中人物的特征及影片空间的场景来设计，创造出一个富有深层动漫文化的趣味休闲餐厅。

（四）厂房室内各部分改造方法

（1）墙体与门窗

旧工业厂房原本大多是企业生产原材料所需而建成的，开窗较小，材质老旧，存在一定的安全隐患。设计时保持承重墙体不变的情况下，将原有门窗重新开凿并安装，临街的整面墙一层、二层做成玻璃幕墙，原因是能使室内采光效果良好，美观大气，在一层的外观种上本土特有的青竹，形成建筑外表皮，起到遮阳成荫的作用，其中在太阳东升的时候，光照透过竹子的形态照入室内，能营造一种天然的阴影效果，参差不齐的竹叶若隐若现，设计还保留原本红砖墙体的特色，对墙面进行简单清理和修补即可，竹子与红墙的映衬就好比红花配绿叶，红绿互为补色的关系具有较强的视觉冲击力，让人耳目一新。

（2）楼板与地面

在改造楼板的时候应该更注重安全性，钢筋混凝土作业，也就是说地板应该具有加大的承重力，但同时厚度要较小。在广西山体连绵，高原环绕的盆地地形，空气湿度大，雨水充沛，易受"梅雨"天气影响，设计时还应该做到防水防潮，对于地板材料的选择也有很大的考究。

（五）整体布局的分析与规划

1. 功能分区

本次方案的平面布局主要体现在空间的区域划分和功能设计上。原始平面图开窗小，采光不足，光线较暗，设计中从整体的实用性功能出发，为了更好地满足食客的需求，类似于后厨、操作间、卫生间、员工休息间和餐区、用餐区等功能布置在一层，每个功能分区明细，动线流畅，互不影响。一楼还配备了吧台、散座、卡座区以及四人包间、多人包间等功能，主要是为少数或单独前来的食客进行服务。二楼主要以开放式空间为主，从楼梯上到二楼，分别布置有两人位餐桌椅、四人位餐椅以及八人位圆桌区，餐具存放台，而通过走廊的另一侧，开设的是卫生间、拍照墙以及化妆间的功能分区，主要用途是为慕名而来的食客提供和服租借或出售的服务，在食物点单，下单到制作的过程中是漫长的等待，然而此时食客可穿上日式和服，在餐厅的每一个角落拍照留念，也可联系摄影师为其提供摄影服务，这也可以为餐厅带来额外的收入。

2. 动线分析

本次改造过程中针对动线的规划主要有以下几点：

(1) 空间内的采光性能要好，空间的主入口选址坐北朝南，正门区域对于阳光采光的影响较小。

(2) 入门的右手边即是吧台的位置，符合大多数人的行为习惯，而服务前台放在进门口的左手边，方便显眼，也能更好地引导顾客入座。

(3) 二楼楼梯隐藏在尽头的左手边，站在门口映入眼帘的首先是中间的模拟《千与千寻》动漫电影部分场景的造景区，顾客可通过赏景后转角发现楼梯入口，楼梯下摆放了无脸男的欢迎模型，为了给顾客营造一种惊喜，每一处拐角都是别致精心的设计。

(4) 卫生间的位置与后厨连接较近，主要为了方便员工进出，也不影响顾客的动线，减少工作人员出现在消费者使用空间的频率。

(5) 一楼的包间同样加入灯笼的元素，上方为二楼中空的位置加入了青瓦飘檐，可以适当遮挡食客用餐时的隐私，门口是对称的无脸男迎客的造型。家具选择传统的日式家具，席地而坐。

(6) 二楼主要以开放式空间为主，从楼梯上到二楼，分别布置有两人位餐桌椅、四人位餐椅以及八人位圆桌区，不同座位分隔区放置餐具柜台，可方便顾客自助取用。

(7) 在二楼用餐区可以通过走廊到达另一侧的卫生间、化妆间与拍照墙。为了方便拍照的顾客换装，避免换装过程对用餐区的食客造成影响，所以将卫生间安排与化妆间相近。

3. 色彩的选择

在餐饮空间设计中，往往倾向与户外有更多地融合，大面积的落地窗以及户外活动区域，是常见的设计方法，如此一来，色彩的选择对于室内空间的影响将大大增强。因此，在改造设计时，要注重餐厅整个空间风格与外环境的融合，多采用与旧厂房协调的色彩，适宜地保留一些厂房遗留的生产设备、餐厅内的陈设也尽量干净利落，将整体风格与厂区环境融合起来。在色彩选择上以大红搭配暖黄，由于原始为红砖墙体，软装配饰上局部点缀冷色。浓郁醇厚的红色在视觉上会给人一种高贵的感受，家具是木色为主，座椅织物为温和的浅红，亮色在餐具上使用，亮白的瓷盘再配上浅蓝的纺布垫在木纹的餐桌上，让整个空间的色调在火热中趋向于平静。

四、结语

城市进化的过程中，人们对精神需求与物质需求不断提高，废旧的厂房处于城市的边缘，具有醇厚的历史氛围，将厂房进行重新规划改造，发展其附近的交通线路，使人们可以便捷地往返于废旧厂房与城市之间，不仅能让厂房恢复原有的样貌，还能展现其独有的文化底蕴。在原有的基础上改造厂房的艺术性，构建良好的文化氛围，引导客人产生浓烈的兴趣，才能增加本土的经济收入，产生新价值，赋予新生命。在当今的大时代背景下，城市中存在的废弃建筑在不破坏环境的前提下对其进行再利用，实现了设计的目的，改善了局部的环境，也符合绿色可持续发展观的要求，创新才能推动发展，改造废旧厂房已经成为当下引领的新潮流。

参考文献

[1] 陈效晨. 芜湖市造船厂废旧厂房改造设计 [D]. 合肥：安徽工程大学，2018.

[2] 廖国威. 基于旧厂房改造的工业主题茶饮空间设计分析与探讨 [J]. 城市建筑，2019(33):71-72.

[3] 陈薇薇. 城市旧厂房中餐饮空间模式的改造与设计 [J]. 美术大观，2015(7):118-119.

向拉斯维加斯学习——对消费社会景观环境的思考

武煜涵　四川大学艺术学院

摘要：在消费主导的社会里，城市景观发生了全新的变化。拉斯维加斯作为消费社会的城市典范，其独特的城市景观受到大众的广泛喜爱和专业人员的嫌恶。我们必须意识到，在"消费"这个特殊的环境里，大众审美才是主体，但一味迎合大众审美并不可取。

关键词：消费社会；城市景观；拉斯维加斯

前言

消费社会打破了阳春白雪与下里巴人之间的隔离，专业人士不再占据高台，牢牢把握着对于城市环境和景观的话语权，"消费社会改变了马克思所论述的古典资本主义时代人们认识和理解社会的内容和方式。那种强调审美与现实功利无关的'美的形而上学'与社会生活已渐行渐远。"[1]"消费"的重要意义使得普通人的喜好与意见被重视。"受人喜爱的"拉斯维加斯或可作为寻求新发展的一个参照。

一、从消费社会到景观社会

"消费社会"这一概念最早由法国哲学家让·鲍德里亚提出，在1970年所著的《消费社会》一书中，他提出相比于人的包围，现在人们更多地被物品包围着，这种转变的产生就是由于物质财富增长而带来的丰富的物与服务。[2]

在消费社会，消费行为跃居于生产行为之上，先消费后生产的局面使得消费成为生产活动的指导者，生产需以消费为目的，这样下一步的扩大生产才得以进行。同时，由于社会生产的不断扩大以及人们收入的显著提高，人的生产者身份开始向消费者转变。消费者的群体不断扩大，社会各阶层都对消费有着不同的需求，消费产品的范围也转向更为广阔的领域，囊括了衣、食、住、行等方方面面。并且，这一时期的消费品已不仅仅局限于物质产品，更多的消费行为转向了精神产品，这种精神产品的价值在于其与社会认同形成的符号关联。这样，消费的意义就不仅在于获取物品本身的价值，而在于其作为符号象征的身份地位等。在这样的情况下，可以说人被以商品为外表的符号代码包裹着。这就是法国社会学家得波所描绘的"景观社会"。[3]

随着消费品的发展，其所身处的外部景观环境也在相应变化着。经过精心设计的商品在消费社会占据优势，环境亦可为其中的消费品增添筹码，城市景观焕然一新。

二、拉斯维加斯的景观设计

拉斯维加斯这座世界著名的赌城，可以说是消费社会的典范。这座城市没有历史，自然没有可以追寻的文化根源；坐落于条件恶劣的内华达沙漠边陲，没有可以参照的环境线索。在这样的自然人文条件下，以博彩业为支柱的拉斯维加斯发展出了独具一格的城市景观。

拉斯维加斯的赌城大道长约6.5千米，整个城市就沿着这条大道南北向展开。长街上汇集了风格不一的酒店、赌场、餐厅等诸多娱乐场所，各具特色的装饰在此杂糅，却意外地达到和谐。金字塔酒店前伫立的狮身人面像；神剑酒店的鲜艳城堡；百乐宫酒店前巨大的音乐水池通过声、光、电展现出多姿多彩的音乐水舞场面；幻想酒店前的热带树木中，不时出现"火山爆发"的壮美景观；威尼斯酒店前则重现了威尼斯水城的广场与大桥，船只将人的思绪带到了蔚蓝的威尼斯。街边巨大的各色霓虹灯带照耀着这些造型各异的建筑、风格杂糅的广场，使人置身于一个光怪陆离的国度。

虽然一直以来拉斯维加斯的城市景观受到专业人员的诟病，但它毫无疑问地受到了各种消费者的喜爱与热捧。专业者评判环境的标准是他们所受到的专业训练，是建筑、景观、规划设计中的基本准则，如比例、对称、韵律、立面的统一、空间的节奏等，但这些原则在拉斯维加斯统统无法成立。拉斯维加斯是一座以促进消费为目的而建立起来的城市。在这里，人们希望看到一些与日常的城市不一样的东西，希望获得一种纯粹的、娱乐的感观感受。所有其他地方的"美"的东西，受欢迎的东西在这里复制，中国的塔楼、巴黎的埃菲尔铁塔、埃及的金字塔……它们的出现都毫无违和之处，反而恰好与观光者的心理达到了一致。面对拉斯维加斯风格杂糅、五光十色的城市景观，普通大众的眼光完全不受经验、美学、文化素养的约束，这些专业者眼中花哨、俗气的形象以最原始、最直接的声、光、色刺激着大众的视觉，达到了"我喜欢"的效果。

三、向拉斯维加斯学习

拉斯维加斯的确是一座独特的城市。与旁的城市不同，它是为度过20世纪30年代的经济危机而人为打造的一座赌城，是以刺激消费为目的的城市，可以说拉斯维加斯本身就是一个放大了的娱乐场所。这个与众不同的定位使得没有任何一个城市可以取代拉斯维加斯在大众心中的地位，使得任何一个城市都应"向拉斯维加斯学习"。

20世纪70年代，美国建筑师罗伯特·文丘里提出"向拉斯维加斯学习"的口号，而70年代也正是消费主义蓬勃发展的时代。在1966年发表的《建筑的矛盾性与复杂性》一书中，文丘里就提道："日常景观或日常环境也许是粗俗的和被人们所蔑视的，然而，我们却能从中引出它们的复杂性和矛盾性。这对于我们（美国）的建筑来说，又是合乎理性的。"这里的"日常景观"是指商业化的后现代城市建筑景观——是随着郊区化发展而日益蔓延扩展的郊区购物中心，是沿着高速公路延伸的新兴零售商业走廊地带，是灯红酒绿、花哨且庸俗的新兴商业区。它们是"粗俗的""受鄙视的"，拉斯维加斯就是这样的场所。建筑师们厌恶它，连文丘里本人也指出，它是"丑陋和平庸"，毫无文化内涵的。然而，文丘里同时也意识到这种新型商业区的形成是有其内在驱动力和合理性的，它的出现正是由于美国蓬勃发展的郊区化，郊区化带来了过低的居住密度和过大的道路交通尺度，汽车成了人们外出购物时不可缺少的交通工具。它是城市化发展和高速公路时代的一种新的城市规划与设计的模式，是纯粹为实现商业目标而出现的标新立异的城市现象。

在如今的消费时代，商业建筑和娱乐场所在每个城市都是普遍可见且不可或缺的，在城市的各个地段、各个功能区域都会有这样的场所，其规模和形式会根据地区不同而有所差异，但其本质是一致的：强调抓人眼球的感官感受，捕获人们的注意力。在这样的场所里，消费者和普通市民是毫无疑义的主体，大众审美占据主流。那么对大众而言，拉斯维加斯的这种片段式的、拼贴式的方式在丰富城市景观、满足娱乐心理上无疑起到了积极的作用。专业人士也不必以设计美学的基本原则来对其苛求，我们可以将其视作城市中的一些点缀，它是普通的城市空间中的"异类"，是人们进行"消费"这一特殊休闲活动的场所，它不同于传统意义上的公共场所，如广场、公园等，曼纽尔提出"集体空间"这一概念或许更适合这类空间。他认为"集体空间（作为一种公共财产）从严格意义上来讲既大于公共空间又小于公共空间……或许这样的空间越来越显得既不公共化又不私人化，实际上是同时兼有二者的特色：它们可以是用作私人活动的公共空间，也可以是允许集体使用的私人空间。"[4] 商业建筑与娱乐场所的外部环境便是这种集体空间，它具有的"公共"与"私人"两种属性，以购物广场、商业街等形式展开的空间虽然并不对人群设限，是人人都可以随意进入的"公共空间"，但本质上，这类空间的存在是为了吸引人群消费，它仅作为消费活动的附属品，而并不在公众活动中占据主导地位。在这种集体空间里，能够把握大众审美，刺激消费痛点的外部环境才可以达到最大的商业利益化。但大众审美和心理需求是易变的，尤其是在如今大众传媒的信息冲击下，人们跟风而来又很快迅速散去，大批的网红店、打卡点短暂地引领潮流后又被人们抛之脑后。在这样的情况下，频繁的景观更新似乎成了一种必然情况。

认识到消费环境的特殊性并不代表着任由其发展，这样高速更新的环境不仅是对资源的浪费，同时也是对城市文化的消解。拉斯维加斯这座沙漠里的城市，它的成功又何尝不是出于人类自身以技术发展与财富征服恶劣环境的炫耀、赞叹之心，可以说其特殊的人文环境在一定程度上成就了它，拉斯维加斯独特的消费景观也成为这座城市自身文脉的一部分。其他城市中的消费环境固然需要迎合大众审美以完成其功能实现，但同时也不能全然抛开城市自身文脉与地理条件，只有将两者结合起来才能从众多雷同中跳脱出来，场所的文化精神才可赋予场地更长久的发展。与此同时，如今正在大力倡导的小街区制度提倡功能混合，商业区中正在被逐步置入居住功能，在这样的情况下，消费环境逐渐开始向生活环境转变，在新的混合场景中，设计或可以承担起"美育"的部分责任。迎合大众审美或许是资本盛行下景观环境的一种妥协，但当群众回归理性，当消费场景日常化，通过高品质的景观设计来营造美的生活景观环境可以潜移默化地对群众审美形成积极影响，而反过来，良好的大众审美会对景观环境提出更高的要求，两者相互之间形成的正向反馈无疑对于景观环境的发展起着非常重要的作用。

参考文献
[1] 黄柏青. 消费社会语境中设计美学的商品叙事 [J]. 湖南大学学报（社会科学版），2010, 24(05):116-119.
[2] （法）让·鲍德里亚. 消费社会 [M]. 刘成富，全志钢，译. 南京：南京大学出版社，2001.
[3] （法）居伊·德波. 景观社会 [M]. 南京：南京大学出版社，2006:1.
[4] （荷兰）根特城市研究小组. 当代大都市的空间、社区和本质 [M]. 敬东，译. 北京：中国水利水电出版社，2005.

社区型展览空间研究——展览的延异

惠馨　西安美术学院

摘要：本文以展览空间现状分析为基础，运用问卷调查的分析方法，以大众为出发点，探寻城市社区文化的延异性。核心理念是提倡艺术普及，站在这样一个以人为本的核心视点上，整个设计主要探讨人和展厅的关系，整体设计有更多的尝试性和突破性。希望，在未来发展中，展示设计艺术可以更加的亲民化、大众化。前两节主要是概念理论分析，第三节通过实践案例，通过对内部展示道具适应性的探索和对展厅存在形式的研究进行展开。在整体设计上，设计初始框架不拘泥于具体主题，主要探讨适应性展示道具和小型展览空间的意义，营造出与常规会展、博物馆不同感受的空间体验，通过空间物质形态的延异，构成大众精神世界的"延异"。

关键词：社区型展览空间；大众化；空间延异

一、研究内容

（一）探讨大众与展示的关系

展厅从来都是为人服务的，观者通过观展可以获取信息或得到精神满足，即意义。简单来看，我们每天其实都在展示着自己的生活，小到个人的仪容仪表、朋友圈，大到一个城市、一个国家的形象。随着时代的发展，展示也变成了一种生活文化活动，目前有各种主题类项目，这些丰富的主题，形成了各具特色的展览空间，比如各类博物馆、美术馆、大型展览会等，通过这样的方式，可以记录人类生活的各个方面，定格悠远的时光，重现人类文明的发展历程，人们也可以通过观展，获取所需信息或得到精神满足。

如问卷调查所得，大众观展的主要目的还是获取信息。但由结果可知，人们对于展示空间的功能需求和要求也在不断提升，通过观展这类行为，人们还希望可以提升审美以及文化品位，并且随着自媒体的不断发展，大家也有在展览空间中能够留念拍照的意愿，这些需求都预示展览空间功能需要丰富或者需要出现一种新型的展览形式来辅助大型博物馆存在。

（二）探索展览方式的多种可能

目前主要的展览形式有博物馆等常设展览和大小型会展等临时展览这两种类型。博物馆的功能属性主要是典藏和教育功能，而大小型会展则更加活跃，主要是根据某一专题展开，两类的展厅各具特色和存在的意义，但在历史的发展中也都显现出一定的弊端，如：由于博物馆需满足其对文物的保护、储藏这一功能属性，其在整体设计时内容必然繁杂，对于单个文物的展示难免陷入模式化。由于各类会展存在的周期性，其单次设计所用材料难免造成浪费。综合对这两类展示形式的现状分析，通过学习研究，希望我能畅想提出一种新型的展览形式，其辅助于现存大型会展、博物馆存在。这次研究希望能够使得当代展览形式更有多样性，并且丰富大众的生活和审美认知。

二、展示设计艺术与城市文化

（一）关于城市文化的日渐多样

我国进行改革开放之后，城市得到很快的发展，居民的物质生活也已经得到保障。但是，伴随着经济的发展、城市快速的扩张与大拆大建，城市精神内核的破坏越来越严重，大众更加希望他们生活的城市空间满足基础设施的同时带来精神寄托。这正如美国规划师刘易斯·芒福德所言："城

市的主要功能是化力为形，化权能为文化，化朽物为活灵活现的艺术形象，化生物繁衍为社会创新。"一个没有文化的城市就像是没有灵魂的人，世界上的城市之所以不同，其根本就在于文化的不同。随着时代的发展，设计者怎样使各个城市彰显个性，如何更加合理开发城市的文化资源，是当前在进行城市文化建设时，必须要思考的重要问题。

（二）展示空间的发展现状

近二十年来，随着文化产业的繁荣发展，展览空间建设进入了空前的发展期，世界各地都在积极地新建或扩建博物馆、美术馆等，各种博物馆建设不仅带来了巨大的文化与经济效益，还可以极大地增加公众的文化自信。正如法国学者马克第亚尼在《非物质社会》一书中提到的："在这样一些新的条件下，设计已经变成一个更复杂且多学科的活动。"当代博物馆的发展，挑战与机遇并存，博物馆需要满足使用者与管理者更多新的需求。如：(1)博物馆的公共服务空间需要越来越开放，比如引入咖啡休闲区、餐饮区、娱乐区、纪念品售卖区等功能分区。(2)为了消除观众的"博物馆疲劳"，让博物馆不仅是教育基地和研究中心，更是人们聚会休闲的好场所，博物馆不能再是单一的"文物展示容器"，现存或未建成展馆需要引入更多的新媒体技术去增加人们观展的趣味性和参与性。

基于当代展览展示空间的发展现状，由于博物馆职能的转变以及藏品量的爆炸性提升，大型博物馆的弱势也暴露出来。而我们除了能够丰富博物馆的功能以外，我们畅想是否可以出现一类新的展览空间来辅助现存博物馆存在。

在现代展览行业的发展中，展览空间不能仅仅局限于图文的静态展示形式，更多的观众希望展厅中加入多媒体影像展示，甚至是互动展示形式，来增添观展兴趣和参与感。

大众在观展过程中，除了关注展览的具体内容外，较多人群选择关注展厅整体环境氛围的营造。数据表明，展览娱乐化现象越来越明显，在观展活动中，大众更关注于体验感。如今获取信息的渠道各种各样，能走进展厅去观看展览的人们，不仅想要获取部分的信息，更希望可以得到片刻宁静和精神升华。所以，我们在进行具体设计时不仅要注意展厅内容的把握，更要注意展厅的氛围效果，甚至是可以设计一类传达精神的冥想类空间让人们放松体验。

以上，通过对展览展示行业，在客观因素和主观因素影响下的现状分

析可见，展览空间在城市文化中的地位越来越重要。不论从当前城市文化发展角度还是从大众对精神文化的追求角度来看，传统大型博物馆和各类会展还是有一定局限性的。所以我们对于展览形式提出畅想，探索新型的展示空间——"行走的展览"，设计一类更加贴近人们生活，更加注重人文关怀的小型展览空间。就像蔡涛在《传达空间设计》中所说的："创意性空间不能感觉，只能感受；不能经验，只能体验。就是说有创意的界定不仅仅是从物理上，更是从心灵上。"通过某一空间，设计者如果可以在空间中给观者展示出一种精神、传达出一种理念，那这个设计也会是有内容的。

三、设计实践分析——"行走的展览"中创新型展览空间

（一）文化类展示空间方案设计

　　基于问卷调查的结果，分析目前展示空间的存在形式并提出畅想，我们想设计一类更加贴近人们生活的小型展览空间。由于人们已经从传统的被动接受信息，变为现在的主动探索空间，观众成了展示空间的主角，所以我们提出展示空间可以和城市形成共生关系，依附于城市植被覆盖区、商业区、工业区等地，具体方案如下：

　　1.存在于城市公园的隐藏展厅——希望人们在遛弯的同时得到艺术的熏陶。

　　2.存在于城市广场的小型展览空间——走慢一点，艺术就在身边，你也可以是艺术家。

　　3.存在于大自然中的冥想之地——享受一下生活吧，没有什么事情解决不了。

　　社区作为一个服务空间成为我们关注的要点，但现在的社区公共空间与功能空间相互混杂，无法满足人们的精神需求以及对艺术的追求。如何在人们的生活居住区打造一个合理的精神场所，使人们能够利用碎片化时间更多地接触艺术，获得更多的情感诉求，面向大众打造具有普适性的艺术活动空间，提供与生活更加贴近的展览内容，使观者可以利用短暂的时间获得精神慰藉和知识汲取。在响应国家美育政策下，营造社区文化环境氛围，在丰富大众的生活和审美认知的同时创造更大的商业价值，最终实现商业产业带动艺术，艺术促进经济发展的良好态势。

参考文献

[1]（美）刘易斯·芒福德.城市发展史——起源、演变和前景 [M].宋俊岭，倪文彦，译.北京：中国建筑工业出版社，2005.
[2]（法）马克·第亚尼.非物质社会 [M].滕守尧，译.成都：四川人民出版社，1998.
[3]蔡涛.传达空间设计 [M].北京：中国青年出版社，2006.
[4]（美）唐纳德·A·诺曼.设计心理学 4——未来设计 [M].小柯，译.北京：中信出版社，2015.
[5]宋建明.城市不只有一种主色调——中国城市色彩学科和实践："看"与"见"——城市色彩研究专家宋建明教授访谈 [J].建筑与文化，2009.

基于海月水母的仿生艺术设计探究

赵峥晰　云南艺术学院

摘要：自古以来，人类在创作上很大一部分的原型和题材来自于自然界。人类在生产生活中，就不断地模仿自然，师法自然。从早期有意识地朴素模仿，到如今更加深入地探索研究解析，人类在"仿生"过程中舍短取长，反复琢磨，提取精华。本文针对仿生设计在环境设计中的应用进行了一定的分析与研究。希望通过此论文的研究，提高人们对仿生设计应用理论知识的认识，充实"仿生"在艺术设计领域应用的理论内容，并探究以水母作为灵感元素的仿生设计可能有的呈现形式，试图在环境设计中植入自发光、环境监测等设计构想，从而探索仿生设计在艺术设计上的更多可能性。

关键词：仿生设计；艺术设计；水母元素

一、艺术设计中的仿生设计

仿生设计的研究内容范围非常广，总的来说可归纳为自然科学、人文社科以及艺术设计三大领域。其中仿生艺术设计更侧重于寻求人与自然的和谐共生。有别于单纯传统的设计，仿生设计更是具有时代特征的自然美、科技美与艺术美的综合多样化的体现。在艺术设计领域中，我们常常看到充满生物美感的仿生设计，这也是其与另外两个领域之间的不同之处。艺术领域的仿生设计体现在设计的各个领域中，如服装设计中的仿生、建筑设计中的仿生、产品设计中的仿生、装饰设计的仿生及舞台艺术仿生设计等。

（一）服装设计领域的仿生设计

仿生设计在服装设计领域中本就已十分成熟。其设计主要是服装的款式、色彩、图案、面料等造型要素对自然界生物体或生态现象某一形象特质的模仿及再创的设计活动。可以说，服装设计领域中的仿生设计是针对仿照生物体和生态现象的外形、内部构造、材质肌理、色彩层次和精神内核在服装上铺开延展的设计实践活动。

（二）产品设计中的仿生设计

自然界的各种生物是地球历经亿万年的自然进化、筛选、淘汰和进化最终形成的有机体，其在这漫长的时间河流中形成了无数奇妙的功能结构。在科技发达的现代社会，人类在前进过程中有遇到一些技术问题，其实在生物界或能找到解决的答案。

因此，借鉴模仿生物界能够帮助人类避免许多不必要的歧路。自然界本就是最神奇的设计师，其丰富的生命形态有助于设计师能从中获取灵感，并以仿生的方式进行产品设计。仿生设计的应用，可以赋予产品灵动自然的意象美和意蕴美，展现人类与自然的和谐统一。

（三）建筑设计中的仿生设计

在建筑领域中仿生设计的运用总是异彩纷呈，建筑仿生也成为建筑文化的新课题之一。

建筑仿生学的应用范围广泛覆盖了功能仿生、建筑形式仿生、组织结构仿生到城市环境仿生等多个方面，未来的城市将是仿生与生态深度融合，人类与自然和谐共生的城市。

仿生设计原理在建筑设计中的合理运用更可以推动设计师创造出兼具未来科技和适应环境生态的新型建筑形态。

自然界丰富的生命形态有助于塑造造型设计的形式语言。设计师能从这些精妙的生命形态中获取灵感，以仿生的方式进行发明创造和产品的创新设计，可以展现让设计回归自然，增进人类与自然统一的设计理念。

二、基于水母元素的仿生设计

前沿科技及经济水平的高速发展推动了人类社会在物质上的逐步富裕满足，然而人类社会也仅只是自然界的一部分，人们逐步认识到生态自然与人类生活紧密相连的共生关系，这也促使人们更加关注人与自然和谐归一的重要性。基于自然科学领域、社会科学内理论的仿生设计或可以帮助人类实现科技人文的飞跃，但仅凭这些不足以满足人类更进一步的精神层面的需求。在这时，仿生设计中的设计美感也就有了介入的必要。

因此，艺术设计领域的仿生设计需要既与生产实践紧密相连，又要与艺术理论与美学知识密切相关。仿生设计具有时代特征的自然美、科技美与艺术美的综合体现。在艺术设计领域中，我们常常看到充满美感的仿生设计，这样的设计能够极大地满足人类的功能及审美的需求，进而推动人类思想上进步，这也是其与自然科学和社会科学两个领域的有所不同之处。

（一）水母的生物特征

1. 生物信息

水母（Jelly Fish）是水生环境中十分重要的浮游生物，包括刺丝胞动物钵水母纲、十字水母纲、立方水母纲动物。水母是一种非常漂亮的水生动物。它的身体外形就像一把透明伞，伞状体的直径有大有小，大水母的伞状体直径可达2米。伞状体边缘长有一些须状的触手，有的触手可长达20～30米。

本文设计基于的观察生物对象为水母中的海月水母，海月水母（Aurelia aurita）是羊须水母科海月水母属下的一种水母。海月水母的水母体是透明的，其水母体有呈伞状的膜及连于底部的触手。它们胃部下方有四个鲜明的环形生殖腺。食物会进入到其垂管，而辐水管则帮助扩散食物。它们有一层中胶层，胃循环腔内有胃皮及表皮。神经网络负责控制肌肉及觅食反应。水母体的直径可以达到40厘米之长。

2. 形态特征

与海蜇相比，海月水母身体呈铃形或倒置的碗形、碟状。碟状体初期体色较深（红紫色），随着发育体色逐渐变淡，到碟状体后期呈无色透明状；而海蜇初生呈碟状，初期到后期，碟状体始终为无色透明状。海月碟状体后期口腕分叉成4叶；海蜇4叶口腕末端分叉成4对。

海月水母在运动时，利用伞状体的收缩舒张实现在水中的前进运动，其随波浮沉的透明形态在水中显得优雅而又梦幻。海月水母伞状体下的胃囊呈花瓣状，饱食后会透出食物明亮的色泽，除海月水母外，深海中的很多水母还会自行发光，呈现出不同的颜色，在漆黑的深海之中，这些游动着的色彩各异的水母便如暗夜萤火，显得十分美丽。由于水母奇异瑰丽的外形，因此很多设计师都将水母作为自己设计的灵感缪斯。

（二）水母设计元素分析

1. 水母设计元素的呈现

水母作为设计灵感来源呈现在艺术设计中的设计作品很多，大致出现在灯具设计、家居设计、服饰及纺织品、平面设计等方面。其中，水母元素在灯具设计上的使用相对更为频繁，水母形似灯具是其原因之一，因此在灯具中，不论台灯、壁灯、吊灯都有相关设计作品的出现。水母本身半透明状的肌体，在不同的光线呈现不同的色彩特性，皆能在仿生设计中展现奇异别致的美感。

2. 水母设计元素的反思

设计中对于水母元素的提取方式多种多样，其中将水母作为图案元素展开设计是最常见的形式，这种形式简单而又容易出效果，成本低廉，虽然最终呈现的作品都非常漂亮，但同质化的设计较多，生物元素提取方式简单粗暴，并不能被切实称为"仿生"的设计。欲实现切实的仿生设计产品应当吸取和学习自然界的生命运行规律，合理用材，并通过造型、色彩、结构等多要素的仿生将之灵活地运用到艺术设计当中。

（三）将水母元素运用于环境设计的设计构想

洱海苍山洱海，风花雪月。曾经的洱海山清水秀，宛若人间天堂。然而高原湖泊的生态环境本就脆弱，随着游人的蜂拥而至，洱海污染日趋严重。值得庆幸的是，近几年在当地人民和政府的全力付出之下，洱海的水质得到了一定改善。

通过对水母肌体及特性的观察了解，我希望能将其与洱海的情况相结合，针对水质污染的问题做一些创想性的设计。尽自己一些力所能及的力量，去保护洱海美丽的生态自然风景。装置的主要使用地选在云南大理洱海，根据水母对水质敏感且能预测风暴的特性，设计了能够实现自动水质采集和监测的多功能漂浮装置，外观造型以水母为灵感，设计成流线型伞状的外观。

1. 自漂浮设计

装置在外观上模拟水母的造型，以圆形的水母伞帽形状为原型的漂浮环设计，装置借此实现在水面的漂浮，装置的水下部分选用柔性材质，模拟水母柔软的触手，装饰借助漂浮伞盖和柔性触手在洱海中随波逐流，实现自主进入广水域中采水的功能需求。

2. 自动采水设计

装置在结构上采取联动百叶的设计，在采水囊内外装备百叶，并通过水流推动同轴联动的方式来增加采水囊内负压，从而实现采水囊无电自采水的主要功能。

3. 自发光设计

在水母仿生装置的设计中加入可自发光的涂层如夜光涂层、反光涂层或者是光学纤维，制造出可自发光的产品。自发光的原理是通过吸收白天的光线从而在涂层或纤维里存储能量，当陷入黑暗时便可产生光能。能自发光仿生水母装置，可以让使用者通过光线快速定位装置的位置，从而提高装置投放回收的效率，也避免漂浮装置漂流遗失造成水体污染。

自漂浮设计、自动采水装置、自发光设计都是作者自己的一些设计构想，艺术设计的方向门类较广，将别致的水母元素运用于其中只是仿生设计思路的一个设想，艺术设计中仿生设计的创想还有太多，自然界给予设计师的灵感是取之不尽用之不竭的，但同任何的设计都是需要创新和与时俱进的，只有这样才能延续设计产品的生命力。

三、仿生设计的内涵

（一）仿生设计的主旨是师法自然

"师法自然"，就是拜自然为师，顺应自然，并加以效法的意思。仿生设计是人类社会生产活动与大自然的交汇点，它不断地推动人类创造出更加自然、更加理想化的生活方式，促使人类社会与自然达到真正的和谐共生。

通过仿生设计，设计师在设计中模仿拆解自然界优美的自然形态，丰富并拓展了现代艺术设计的造型语言，给现代艺术设计提供新的设计方法和造物法则，增添了产品的情趣和趣味，在给人们带来新鲜的体验与感受的同时，满足人类对自然的仰慕和向往，丰富了设计的精神与文化内涵。

（二）仿生设计是实现绿色设计的新理念

"绿色设计"是"20世纪80年代末出现的以环境和环境资源保护为核心概念的设计，是继现代主义设计理论之后转向新设计价值观的一种过渡。"绿色设计的原则是"4R"，即Reuse(回收)、Recycle(再循环)、Reuse(再利用)和Reduce(减少使用量)四个英文词的首写字母组合而成。这四个词的词义即构成了现代绿色设计的内涵。绿色设计要求产品在生命周期全过程中，尽可能地减少能源的消耗及有害物质的排放，使产品及其零部件和包装都能够便于分类回收或再生循环及重复利用，以达到物尽其用，进而实现有效利用、节约资源的目的。

现代艺术设计应当吸取和学习自然界的生命规律和自然生态系统的运行规律，合理用材，并通过仿生设计将之灵活地运用到现代艺术设计中，以便能更有效地利用资源，实现绿色、可持续设计。在仿生设计中，对自然材料的仿生既可以满足人类舒适本真的需求，也降低了对自然材料的使用量，是实现节能环保的又一种绿色设计。

绿色设计还体现在使设计耐久、耐看，并能实现人—机—环境的良性循环、和谐共生，这也成为仿生设计的一条或可行之的思路。

四、结语

高等智慧的人类创造出了许多发明，但这些发明皆需依托于大自然。人类想要创造出更加完美的设计，就需要借助于大自然的力量，面对这些问题，仿生设计即最好且行之有效的方法之一。将仿生设计理论全面且巧妙地运用到现代艺术设计中，不仅可以创造出功能更加完备、结构更加合理和造型更加独特的设计作品，更赋予灯具以生命活力，让设计回归自然，增进人类与自然和谐共生。

以古老的原始生命体水母作为切入点，笔者探索了海月水母作为仿生设计元素在室内设计、服装设计、家具设计和建筑设计等多个方面的表现可能，并通过在设想的拟水母态环保装置中植入自漂浮设计、自采水设计和自发光设计等设计构想，探索了水母元素在仿生设计创新上的更多可能性。通过对此课题的研究，亦能够更加充分全面地理解和掌握仿生艺术设计的精髓，这不仅仅是简单的模仿和借鉴自然物，应更多地关注结构和功能仿生在现代艺术设计中的运用，这是仿生设计必要条件。同时，希望通过自己的研究能给今后的仿生设计带来些许创意性的新思路。

参考文献
[1] 杨忠林，马辉，温永民．绿色设计及制造技术综述 [J]．通用机械期刊，2008．
[2] 罗丽玲．自然元素在设计中的运用：海洋元素 [J]．中国包装工业，2013(6)．
[3] 徐晓琳．浅谈建筑仿生文化的发展趋势 [J]．四川建材期刊，2006

在系统中还原设计——从设计师的潜视角谈起

刘骐铭 四川轻化工大学

摘要： 本文以维克多·帕帕奈克、阿道夫·卢斯、约翰·罗斯金以及威廉·莫里斯四位理论家的文本为切口，分析其作为设计师的潜在视角如何传递出他们的设计观念，并将其视点置于系统中进行还原，阐述其与自然、社会之间的关联，进而在此基础上思考两种文化逻辑的生成路径。

关键词： 设计；潜视角；系统；功能；审美；文化逻辑

一、潜视角：设计师的自我定位

拉兹洛·莫霍利-纳吉曾表示"设计并不是一种职业，而是一种态度。"[①] 换句话说，设计师的态度决定了他以何种方式来关注身边的人和事物。那么，是否可以从几位代表性的现代设计理论家的写作中探析此种态度？笔者认为，这些文本中潜藏着设计师的"潜视角"，即他们在外部作为设计师而在内部同时拥有的潜在立场。维克多·帕帕奈克最强调产品的功能和需求，基于多个层面要求设计师需为"人的尺度而设计"。[②]首先，我们可以获取的信息即：设计是为了将便利提供给不同尺度的人类。他将"功能性"和"便利性"作为设计的基本要素。其次，"尺度"一词正好形象地体现了他文中所提到的"少数人与多数人"的概念。他试图扭正人们质疑设计师"只为少数人而设计"的观念，认为少数人的集合就是多数人："我们所有的人都属于有特殊需要的群体。我们所有的人都需要迁移、交流，需要产品、工具、住房和衣服"，[③]因而不存在只为少数人而设计。因此，设计本身就应该是有尺度的、分层的。

我们可以将帕帕奈克的潜在视角认定为"不同尺度的大众"，也即他的立场是基于大众而确立的。在他看来，设计师首先应该具备的素质是社会道德层面的责任和判断，而非美学素养和审美能力。同样有着人道主义立场的是卢斯，他将贵族推崇的装饰视为罪恶的来源，认为装饰不仅伤害国家预算、文化进步，而且损害人类健康。他将矛头指向制造装饰的工匠，认为装饰是对劳动力的浪费和对身体的损耗，因此他要"向贵族说教"。[④]可见，卢斯从经济生产角度对无用装饰的批判，实则暗含一种人道主义的潜在视角。

与以上两位的"具体发问"不同，罗斯金和莫里斯则将矛头指向现代社会的工业化生产。作为一名画家和社会批评家，罗斯金的设计思想与他对英国风景画的研究密不可分。在文中，罗斯金将人类设计的灵感归于自然，并与设计师的感觉和判断联系起来，把中世纪的田园山水与现代化的工业景观进行对比，在两种异样的风景中反思现代性和民族性。罗斯金批判工业化生产的同时，也赞颂了田园式景观。正如他对透纳风景画中自然美的推崇一样，他将艺术模仿自然与"真诚的表现"结合起来，主张从自然中理解并学习绘画和设计。

莫里斯的艺术观念同样着眼于工业化生产所导致人性被压迫的现状，与罗斯金不同的是，他并未完全排斥工业化生产，而是提出了艺术创作活动与工业生产同一的主张："人人都应该有工作做，这是正确而必要的：第一，做值得做的工作；第二，做高兴做的工作；第三，做条件保证下的，既不至于过分疲劳，也不过分紧张的工作"。[⑤]他希望工人以艺术家的状态工作，为了愉悦而非利润："任何时候，他都可以把机器搁在一边，制造令人

愉快和称心的手工产品；直到美好的生物的生产在所有行业中成为必要，并且能够寻找到人的手与脑之间最直接的交流。"[⑥]由此可见，莫里斯着眼于把工人从资本和机器的奴役中解放出来，通过劳动的艺术化来保障人性的自由和艺术的品位，这显然是一种站在大众立场上的潜在视角，充满着对普通劳动者的关怀。

当然，任何潜视角的形成都与他们所理解的"设计"有关。设计是什么？每个试图对此问题进行回答的人首先会在心理层面设置一个范围，这个范围涉及人类社会的不同面向。也就是说，设计从来都是以系统的方式运行并得到解释。正如英国的设计评论家爱丽丝·劳斯瑟恩所言："一切设计的出发点都是变革，不管是服务社会大众，还是改变个人生活，设计都十分重视系统性。"[⑦]

二、在"系统"中还原设计

从以上理论家基于设计的探讨出发，自然会将之与艺术、装饰、制造等词汇联系起来。沿着这些词汇出发，会形成一个由社会和自然联结起来的设计系统，人类处于二者之间。在此，处于不同功能分区的人又会被分为若干角色，并与以上核心要素产生关联。

帕帕奈克将人的基本需求与产品的功能性相联系，对设计师的社会责任和道德判断提出了要求："作为一个设计师，我的观点是必须根据办公室和家庭的实际情况、人的特点和使用的方便去做。"[⑧]由此，他围绕什么是有用的设计以及什么是人类的基本需求两个基本问题直接向设计师发问。与之相反，卢斯并未从正面对大众和设计师分别需要什么进行说明，而是从反面强调了对于一个设计产品来说，它不需要具备的是什么。

从现代社会的各种"罪恶的装饰"出发，卢斯对"装饰"发起强烈的攻击。他认为，从社会层面来说，无用的装饰会造成劳动力、资金以及材料的浪费；从美学层面来说，装饰造成了审美意识的破坏。因此，他直接将装饰作为一种罪恶："落伍者迟缓了民族和人类的文化进步；装饰是罪犯们做出来的；装饰严重地伤害人的健康，伤害国家预算，伤害文化进步，因而发生了罪行。"[⑨]可见，以上两位设计师都着眼于人类的需求，从大众的视角出发，强调设计产品的功能性与实用性。而罗斯金和莫里斯则直指工业社会的种种弊端进行尖锐地批评。罗斯金也提到了装饰这一概念，然而与卢斯不同，他以"装饰性"区别了装饰性艺术和次等艺术，并认为一切伟大的艺术都是装饰性的，并且具有固定性和可欣赏的特征。可见，卢斯反对的并非装饰本身，而是反对当下时代不具备实用性且削弱审美意识的无用装饰。

罗斯金则将装饰置于美学层面进行探讨，强调具有真实性、亲切感和

创造性的装饰。他讨论装饰是为了批判逐渐剥夺设计中装饰性因素的工业化生产。与强调设计师的社会责任相比，罗斯金更看重设计师的感觉和判断，他认为设计的本质既非对法则的掌握，也非对材料的应用，而是靠观察和体验获得的。可见，罗斯金更为强调自然、社会以及设计之间的关系，这种关系不再停留于最基本的需求层面，因而对设计的期望也远非其便利性和实用性所能及，自然就需要达到更高的审美层面了。

受到罗斯金的影响，莫里斯更为直接地将设计定义为一种"纯粹美学上的非理性的行为"。[⑥]在莫里斯构建的生态系统中，他将设计行为等同于艺术创作的行为，不仅区分了艺术品和工业产品，也对艺术与工业进行了界定。在他看来，这种区分的要害正是在于同时作为劳动者而存在于两个领域中的人的行为。首先，他认为无论是服务于艺术还是服务于机器，劳动者本身是作为二者的共同实践者而存在的。其次，劳动者的行为决定了他所完成的工作性质：劳动者与艺术之间是相互供给的关系，劳动者在此过程中获得的是纯粹美学上的愉悦感；而劳动者与机器之间既可以是相互供给的关系，也可以是被机器利用的奴役关系。前者同于第一种情况，后者的性质却变质为利润驱使下的商业行为。

可见，莫里斯并未将工业化的机器生产批判得一无是处，他基于工业社会中功利主义的盛行和人的异化现状，从艺术本身去呼吁一种人性的自觉，就如他所言："假如他尊重艺术并且是自由的，那么他把机器用于艺术的目的，就会变成非理性的行为。"[⑪]因此，莫里斯在罗斯金的基础上继续斥责了现代制度的理性工具论与等级权力对人的规约，同时，他将设计行为置于更高的位置，探讨与艺术相同的审美功能。

三、功能与审美：以展览空间为例

通过以上四位理论家的观点，我们可以提炼出现代设计理论中的两种文化逻辑，一种是基于产品功能性的实用主义，另一种是基于美学层面的审美主义。前者要求设计师具有社会责任意识和道德判断；后者将设计等同于一种美学，试图通过设计师的审美素养创作出具有真实性和亲切感的产品，在精神和情绪层面为大众带来纯粹的审美愉悦。两种视点和诉求的形成都基于当时的社会现状，前者是来源于设计师对此领域内产生问题的反思，从设计本身出发来探讨这种行为存在的合理性；后者把设计置于整个艺术审美活动范畴，探讨的是日渐工业化的社会现状对人的审美意识的弱化。

诚然，设计从来都是面对社会问题而存在的，这种问题来源于人、环境和社会本身。当然，从生效性的层面来看，以上两种路径的反思仍然适用于我们目前的社会境况和设计问题。那么，设计在何种程度上成为它本身？设计产品可以同时满足功能性和审美性吗？设计师应该如何应对产品，又如何应对大众？设计可以成为一种美学吗？美学如何以实体的形式嵌入人类的生活空间？在此，笔者希冀以日本的展陈设计为例，探讨融合功能与审美的可行路径。

在常规的展览空间中，我们几乎不会看到美术馆或画廊空间对墙面本身的设计和应用，墙面和空间几乎被视为一种陈设的背景而发挥作用，作品的排列和悬挂位置几乎都符合观看者的水平视角。当然，这种方式在一定程度上符合人的生理机制和观看的惯例，它不会造成观看障碍。然而，这种已经默认的规则却忽视了对空间资源的利用和展示。

首先是基于空间的临时组接带来的设计的灵活性。通过形状各异的展板隔离，不同的作品被划分到不同的墙体进行展示。然而细细观察，这些白色的隔板是基于展览临时设置的。这种自由的墙体首先实现的是空间分区的灵活性，不仅打破了视觉上的单调感，而且体现了设计师基于展览内容对空间进行的认知和实验探索。在某种程度上，空间本身也会成为展览的一部分，这就弥补了仅作为展示背景的墙体的被动性。其次，这种临时性隔板在资源的利用上实现了绿色设计的理念，使得空间本身的实用性得到提高。除此之外，展览对于墙面字体的设计也体现了设计师基于观看距离和空间展示所做的努力。设计师将高处的空间利用起来，并结合近大远小的视觉惯例将字体放大，不仅对高处的空间进行了合理性的利用，而且提供了远距离范围的人们观看的便利性。如此设计展览墙体的方式不仅体现了日本创造空间的美学观念，而且也站在大众的立场进行了实用性和功能性的考虑。

可见，实用与审美在本质上来说并非对立的两种观点，设计也并非一种架空的美学，它需要在"系统"中还原自身。以上四位理论家的立场在不同程度上对我们反思现代设计理论中的不同文化逻辑提供了语境，同时也为我们更客观地看待设计的本质带来了启发。

注释
①爱丽丝·劳斯瑟恩著，龚元译，《设计，为更好的世界》，广西师范大学出版社，2015年7月第1版，第7页。
②维克多·帕帕奈克的观点，也是他的一本著作。
③维克多·帕帕奈克著，《为真实的世界设计》，中信出版社，2013年1月版，第69页。
④卢斯著，陈志华译，《装饰与罪恶》，选自《现代西方艺术美学文选·建筑美学卷》，春风文艺出版社，辽宁教育出版社，1989年版，第131-132页。
⑤陈洁《莫里斯的工艺美术观念、实践及当代启示》，西南大学学报（社会科学版），第44卷第3期，2018年5月，第185页。
⑥莫里斯《艺术的目的》，选自迟轲《西方美术理论文选》，江苏教育出版社，2005年4月版，第350页。
⑦爱丽丝·劳斯瑟恩著，龚元译，《设计，为更好的世界》，广西师范大学出版社，2015年7月第1版，第5页。
⑧维克多·帕帕奈克著，《为真实的世界设计》，中信出版社，2013年1月版，第65页。
⑨卢斯著，陈志华译，《装饰与罪恶》，选自《现代西方艺术美学文选·建筑美学卷》，春风文艺出版社，辽宁教育出版社，1989年版，第129页。
⑩并列存在另一种"利润驱使下的商业行为"。
⑪莫里斯《艺术的目的》，选自迟轲《西方美术理论文选》，江苏教育出版社，2005年，第346页。

参考文献
[1]（英）爱丽丝·劳斯瑟恩.设计，为更好的世界[M].龚元，译.南宁：广西师范大学出版社，2015.
[2]（美）维克多·帕帕奈克.为真实的世界设计[M].北京：中信出版社，2013.
[3]（奥地利）卢斯.装饰与罪恶[M].陈志华，译.现代西方艺术美学文选·建筑美学卷.沈阳：春风文艺出版社；辽宁教育出版社，1989.
[4]陈洁.莫里斯的工艺美术观念、实践及当代启示[J].西南大学学报（社会科学版），2018，44(3).
[5]（英）莫里斯.艺术的目的[M].迟轲，译.西方美术理论文选.南京：江苏教育出版社，2005.
[6]（奥地利）卢斯.装饰与罪恶[M].陈志华，译.现代西方艺术美学文选·建筑美学卷.沈阳：春风文艺出版社；辽宁教育出版社，1989.

幼儿园趣味性空间设计的探究

张旭冉　四川美术学院

摘要：随着时代的高速发展和对现代人知识水平要求的提升，学前教育备受国家重视。一个人的幼儿时期是心理与生理发展的关键时期，幼儿园作为学前教育的主要场所，对儿童的智力成长、心理影响至关重要，幼儿园的空间设计应当充分考虑趣味性的设计内容，营造一个适合儿童愉快成长的教学环境。目前，国内很多幼儿园的设计都以满足基本的使用功能为设计的目的，设计较为单一，缺乏趣味性地融入，未能深层解决幼儿园和儿童成长发育的关系。本文通过深入调查研究幼儿园趣味性空间的设计，探索幼儿园空间设计的更多思路和方法，主要运用空间的可变性、主题性策略营造幼儿园的空间趣味，从而引导儿童身心健康发展。

关键词：幼儿园；趣味性；空间设计

一、幼儿园趣味性空间研究概述

（一）幼儿园趣味性空间设计现状

在幼儿园的室内设计上，早期的幼儿园设计较为单调，难以满足儿童全面发展的需求。现今，我国已经有了很大的改善，注重趣味性元素在室内设计中的应用，将趣味图形运用在墙面、顶面装饰上，使用清新的色彩、多样的造型来营造愉悦的氛围。但由于以班级为单位进行活动，而使空间布置较为死板，缺乏灵活性，所以室内的空间设计上，不仅要求室内流线要合理，同时也应引入一些趣味性元素作为室内不同空间的区别，来使室内的空间设计既符合灵活的流线要求，又能够营造出趣味性。

在户外空间的设计上，国内一些幼儿园便相对较为单调，户外活动面积大多较为狭小，活动的场地几乎没有设计，只是铺设了彩色的橡胶地面，绘制一些墙绘，在户外放置些简单的儿童娱乐设施。有的幼儿园把一些娱乐器械组合在一起来增添趣味性，一些是把娱乐器械孤立地摆放在户外操场上，并没有其他布置，以至于户外活动空间单调乏味。由于空间有限，绿化面积极少，不像国外设计较为优秀的幼儿园所展示出的亲近大自然的氛围。因此，户外亟须增添儿童对大自然的情趣，让儿童在幼儿园中多接触自然，提高生活趣味。

（二）幼儿园趣味性空间设计的现实意义

想要让儿童不跟随自己的家人，在一个新的集体环境中度过漫长的一天，需要让这个空间对他们有足够的吸引力，那么幼儿园的空间设计便显得尤为重要。要做到幼儿园的设计不能单调乏味，而是充满趣味，使儿童爱上在这样的幼儿园空间中活动。具有趣味性的幼儿园教学环境有利于儿童自发地形成良好的性格和生活习惯，并有利于引导其行为的积极性，促进儿童身心健康全面发展。幼儿园的趣味性设计需要从儿童自身的角度出发，来感受儿童需要怎么样的空间来学习、体验生活，运用造型、色彩搭配、独特的材质、植物造景等多方面塑造幼儿园的趣味性空间，使幼儿园的空间具有鲜明的主题性和可变性，创造出有趣、健康的幼儿园空间。

二、幼儿园空间设计的趣味性表现

通过研究多所优秀的幼儿园趣味性空间设计案例，结合实地调研分析，幼儿园空间设计主要通过可变的室内外活动空间和多样的主题空间来进行有效的趣味性表现。

（一）可变的室内外活动空间

1.可变的交通空间

塔坛幼儿园位于河北省石家庄市桥西区塔坛二区，是调研中比较具有代表性的幼儿园。其走廊设计便具有可变性，设计师进行走廊的设计时，将该区域进行了创新性的规划，在其中一个墙面上设计了展板，固定的展示内容为该幼儿园的办园理念和培养目标，预留出的可变的展示内容便是班级活动和优秀作品展示。这样，走廊除了交通功能外，还具有了展示功能，在走廊内，每一段道路都进行了不同的规划，具有各种各样的使用功能。儿童可以在走廊观赏自己在幼儿园进行过的娱乐、学习成果，从而促进了儿童之间的交流活动。

2.可变的活动单元

活动单元内的水平分割通常利用家具、造型墙、不同颜色得以实现，从而创造出不同的趣味性空间，如积木区、美工区、游戏区，这样的分割使空间井然有序，也不过于拥挤，符合儿童对于私密性的要求，而由这些小空间所围合出的大空间——活动区，有开阔之感，也便于幼师集中管理。塔坛幼儿园的活动单元内趣味性与合理性并存，该幼儿园的教室被家具分割成了大小不同的空间，大空间开阔明亮，小空间具有私密性，富有变化，这样整间教室便能够像乐园一样为儿童提供多样的功能需求。幼儿园在家具的选择上，选用弧角的桌子，没有棱角可增强家具的安全度，且桌子可分可合，能够自由拼接成其他形状，有多重变化的可能性。教室被分割成了手工区、娱乐区、就餐区、活动区、卫生间等，上课时在大空间中集中听讲，自由活动时间儿童可以根据自己不同的喜好选择不同的区域进行活动，这些大小不同的空间便成为教室中的趣味元素。最具特色的是教室内的榻榻米，它可以分为两种模式使用，第一种可供儿童活动，第二种从橱柜内拿被褥放置其上可供儿童午休，这便使空间富于变化，使用率高。另外，教室的地面上贴有不同形状、不同颜色的标识，来帮助儿童迅速寻找到所要寻找的区域地点。

幼儿园通过造型墙也可将空间进行趣味性变化，日本的Yutaka幼儿园在室内设计了一些像山一样的造型墙，不但使室内造型变得丰富起来，而且使室内的光影随着时间的不同也进行了变化，将地面上影子的图案也变得丰富起来。这些墙壁通过控制儿童的视线来得以让儿童在适当的空间内进行活动，一些区域封闭，一些区域开放，可以根据需求将该空间进行不同的布置，在这样的空间内，不仅营造出了趣味性，也能够有效地让儿童与成人的视线有所区分，这些山的造型对于儿童来讲是分割线，而成人却能在室内一览无余，有利于开放式管理。

3.可变的户外场地

在幼儿园的户外场地设计上，主要通过设置高低不同的坡地和组合方式不同的娱乐器械来实现可变性，这样更有助于为儿童提供趣味休闲场所。日本的幼儿园设计得到了普遍的认可，其幼儿园户外场地大多会有草坪、坡地、沙堆，还有贴近自然的娱乐设施、生活用具，幼儿园里的儿童们可以凭借他们丰富的想象力去户外进行活动，在这样的户外场地里能够满足儿童运动、交流合作、构建知识体系等各方面发展的需要，从而实现在游戏中学习和激发创新能力。如日本 Yutaka 幼儿园，是一所基于游戏教育理念的幼儿园，注重培养儿童的发散性思维，因此在这所幼儿园的空间设计中能为孩子们提供多样的体验来培养和激发儿童的思维。为了满足这一需求，设计团队利用了高低不同的坡地，组合方式不同的娱乐器械将户外空间进行变化，打造出三个不同形式和不同特色的花园：运动花园、寂静花园、屋顶花园，这三个花园适应了不同年龄段的儿童进行互动或一起学习。将其设计成一个像花园一样，具有变化且可以进行各种娱乐活动的儿童乐园。

（二）多样的主题空间

1. 将不同楼层进行主题设计

走廊宽 3 ~ 6 米，能够保证双向通行的顺畅度，同时也是公共交通、儿童交流的区域。塔坛幼儿园三层的走廊分别被设计成了不同的三个主题。一层是抽象化的沙漠绿洲主题，来寓意幼儿园就像沙漠中的绿洲，能够帮助儿童茁壮成长，带来童年的欢乐；二层是森林主题，以"探索"为设计主旨，寓意幼儿园带领儿童探索神秘事物；三层是海洋主题，寓意为幼儿园带领儿童在知识的海洋里畅游。这样，每一层的主题不同，趣味性不同，更能够激发儿童的好奇心，从原本的交通空间转化为一个具有欣赏性且能够互学互教的场所。另外，门厅是儿童进入室内空间的必经之地，所以应尽量设计得醒目、丰富，给儿童留下良好的第一印象。该幼儿园使用不同大小的书柜装饰在门厅的墙面上，组合成一朵花的形状，周围点缀鲜艳的色彩，从而提升了门厅的醒目感，也成为该幼儿园具有标志性的主题墙面，该墙面既能放置书籍，又能宣传幼儿园的幼教主题，配合良好的照明装置，更有变化感与趣味性。在调研中的另外一所童蒙幼儿园重在让儿童亲近自然环境，所以该幼儿园的门厅主题绿植带给儿童展现出一片绿色的生机，门厅的吊顶为一个抽象的调色盘，似乎是在让儿童自己用画笔来勾勒出生机盎然的大自然。三层的走廊分别被设计成了涂鸦主题、水果主题、城堡主题，从而营造出幼儿园的趣味性。

2. 将不同活动室进行主题设计

调研中的塔坛幼儿园和童蒙幼儿园除了教室外，还有丰富的绘本室、美术室、舞蹈室、微机室，都具有特色和寓意的主题。塔坛幼儿园二层的绘本室，延续了二层的森林主题，墙面采用大量的流线造型，打造轻松活跃的氛围，让儿童有贴近自然的感觉，周围的阶梯也可供儿童坐下阅读刊物，为园内的儿童提供了一个贴近自然、轻松愉悦的活动空间。童蒙幼儿园中，科学探究室的装饰给人以科技感，顶面墙壁贴有主题壁纸，四周墙面装饰也起到呼应的作用，而美术室的顶面贴有涂鸦壁纸，又很好地迎合了绘画这一主题。

3. 将整体建筑进行主题设计

在建筑的造型中，通常出现的有城堡主题、动物主题、植物主题等，配以清新的颜色搭配，以此来塑造建筑的趣味形象，对儿童产生巨大的吸引力。童蒙幼儿园的建筑为旧建筑改造而成，所以保留了原有建筑的大部分构造，基本只是将该幼儿园的建筑外立面以彩虹为主题进行设计，为该幼儿园的儿童创造一个五彩缤纷的童年印象。大门旁边的两个立柱被设计师设计成了两个彩色颜料管，好似向外喷射着缤纷

的色彩。由此可见，幼儿园建筑不在于新旧，而在于设计的主题是否能够体现出趣味性。

三、幼儿园趣味性设计策略

通过前文的案例分析，探究出幼儿园可以通过空间可变性策略和空间主题性策略来进行趣味空间设计。

（一）空间可变性策略

幼儿园趣味空间的可变性策略主要体现在空间具有能够容纳多种使用功能的特点和大空间与小空间能够相互转化的特点。

空间的可变性策略首先包含可转换功能的空间，即经过设计后，在幼儿园中的同一个空间内，可以根据不同的需求对该空间进行变化，从而达到不同的使用功能，扩充原来的单一功能，使空间可变、可适应。这就要求在设计该空间时，要考虑该空间在使用功能不同的情况下，尺寸和造型的形态是否都符合需求，例如户外的游戏区域可变性便是很强的，可以将娱乐器械通过不同的方式进行组合摆放，从而提供具有可变性的趣味空间。在室内设计上，根据节日的变化，可以将走廊进行布置，将走廊转化为具有展示功能的空间，既有利于儿童学习认知的发展，又有利于儿童间的沟通交流。

（二）空间主题性策略

设计师通过塑造幼儿园的造型、色彩、符号来使儿童对幼儿园的第一印象产生流连忘返的感受，而鲜明的主题设计在营造幼儿园趣味性空间的过程中是至关重要的一个环节。幼儿园的形象会给儿童带来归属感、好奇心，设计师在设计时需要遵守设计法则，在符合比例尺度、适合周围环境的前提下创造主题趣味性。

在科学技术迅速发展的社会背景下，儿童教育也趋向对科学、自然、艺术等相关知识的学习，通过娱乐活动培养儿童对于各方面知识的兴趣爱好，所以幼儿园的趣味空间设计需要有主题创新性，通过不同的主题空间设计激发儿童在该空间的好奇心和求知欲。如调研中的童蒙幼儿园分有不同主题的教室，设计了科学探究室、涂鸦绘本室等，在这些教室的设计上，能够明显感受到科学主题、涂鸦主题等，积极地引导了儿童对于不同学科的兴趣爱好，激发了儿童自主式学习。

四、结语

本文是在研究多个国内、外的优秀案例以及调研多所幼儿园的基础上所归纳总结的幼儿园趣味性设计方法要点，从平面、立面、总体的设计布置进行详细剖析，力求从幼儿园空间的可变性与主题性探究如何通过营造幼儿园的趣味性空间设计来提升儿童的想象力、创造力等综合素质。

幼儿园建筑面积虽小，却起着巨大的作用，每一位儿童的性格、喜好、行为都不尽相同，却也有共通之处，满足主要使用者的需求是设计的关键，在幼儿园内，应给儿童更多的选择权，让其选择自己所喜爱的空间，满足其对新鲜事物认知的特点，促进主动式学习，来促进其成长，在幼儿园丰富多彩的公共空间内得到更多与人交流合作的机会，培养儿童的情感与思维。总之，幼儿园设计的发展空间还很多，作为一名热爱环境设计专业的学生，更需要加强相关方面的了解，不断地进行探索尝试，来总结符合时代趋势的新型幼儿园趣味性空间设计。

参考文献

[1] 赵庆 . 当代社区幼儿园建筑设计研究 [D]. 武汉：湖北工业大学，2017.

[2] 侯明承 . 浅析儿童心理对幼儿园设计中室内空间色彩的影响作用研究 [D]. 沈阳：鲁迅美术学院，2015.

[3] 冀国奇 . 幼儿园建筑空间的趣味设计探析 [J/OL].

[4] 沈彬 . 幼儿园建筑的游戏空间设计研究——在游戏中成长 [J]. 华中建筑，2013, 31(02):28-32.

[5] 张岐 . 卡通与童话元素在幼儿园环境设计中的运用 [J]. 美与时代（城市版），2017(10):71-72.

黑衣壮族文化符号在酒店空间的运用研究

谢韵　广西演艺职业学院

摘要：随着乡村旅游的振兴，人们日益增长的精神需求使得展示当地的地域性和文化性的酒店空间设计成为大势所趋。本文以地域性酒店空间为研究切入点，对黑衣壮族文化进行剖析，并进行文化符号的归纳，探索其在地域性酒店空间中融入的可能性，并从中总结出地域性酒店空间设计在发展过程中带来的启示，合理对待传统文化的留存问题，平衡其与创新设计之间的关系。

关键词：黑衣壮族文化符号；地域性；酒店空间设计；传统文化；创新设计

一、地域性酒店空间的现状

酒店设计作为一种商业空间设计，体现了其不同于民居的商业性质，传统民居是人类在长期的生产劳作之中逐步衍生出来的，所以不同地方的民居会因为其自然与人文的因素不同而产生不一样的结构形制。地域性酒店空间的设计在传统民居的样式中汲取灵感，因其特殊的商业性又要考虑到空间的创新，因此，地域性酒店空间在设计上更要追求新颖。

（一）对于地域性的定义模糊

地域在《辞海》中的解释是"土地的界域"，指的是所代表的土地的范围或划分区域的范围。由此可见，地域指的是自然条件所产生的，与自然有关的范围。可是在环境设计当中，地域性常常与文化、民族、传统结合起来，导致其概念存在一定的模糊性而无法界定。

1.模糊

地域性与地域不同，地域指的是范围，地域性指的是一种概念，其被广泛运用在环境、建筑、室内空间设计当中，这便是因地制宜的设计，而从这个层面看，地域性就要包括自然因素与人文因素两个方面了，因为除了空间本身所在的地区的自然会影响其结构与材料之外，人类在长期生产创造当中所衍生的文明也是影响空间装饰的重要因素之一。由于人文因素的介入，使得地域性或者地域性设计、地域性空间等类似的概念会出现定义模糊的情况。之所以出现这样的问题，究其原因，得弄清楚该如何定义地域性，首先，地域性不能单纯地等同于文化性，文化在《辞海》中指的是"人类在社会历史实践中所创造的物质财富和精神财富的总和"，也就是说，在进行酒店空间设计时，将传统文化元素融入装饰设计中是一种文化性的设计，可是不能定义为地域性，因为没有自然要素的介入；其次，地域性不是传统化或者民族化，就广西的酒店空间设计来说，设计师往往将铜鼓、壮锦等元素叠加进设计中而不考虑其与空间结构本身是否符合，只是简单地堆砌了民族化符号，而忽视了地域性，有的酒店建在市区，建筑内外空间自身结构、材料至色彩都与古朴的民族建筑大相径庭，可是为了体现其是地域性酒店，又在建筑材料与结构上一味仿古、仿村，忽视了其所在的地域空间的风土风貌，这就造成某些地域性酒店变成了与城市气质不符的"土味"空间。所以，地域性不等同于传统化与民族化，应是基于建筑空间本身所在的区域所呈现出来的自然与人文风情的集合。

2.定义

建筑的建造从选址开始就和建筑物所在的地形地貌、气候条件、水系植被等有着密不可分的关系，也会受到人文因素的影响，酒店也不例外。

地域性由自然因素与人文因素所共同组成，时间变迁所形成的哲学思想、文学艺术、宗教、国家民族等构成了人文要素，自然因素涵盖了长时间形成的天气、地势地貌、水文植被等，不同的地区存在不同的人文因素与自然因素，它们共同构成了不同地区自身的独特性。

（二）传统与创新的融合

设计是基于传统与创新之间的中间桥梁，故而设计应体现时代性，目前，广西本土的酒店在设计中大多能体现广西本土的地域文化，桂林桂山饭店、桂林糖舍、桂林桂湖饭店等都将广西传统的文化元素融入酒店的装修之中，基于所在地区本身的自然风貌选用合适的建筑材料进行建造，体现了地域文化，但这类酒店多建于自然风景优美的郊区之中，有特定的环境限制。市区的酒店在空间设计上要体现地域性，应以传统与创新做一个结合，如广西沃顿国际大酒店、湘桂国际大酒店等，在繁华的闹市，不能像郊区的酒店那样可以依附自然风光展现其本身的地域性，故只能利用传统文化元素与现代科技的结合进行空间的装饰，利用灯光来营造仿佛置身野外的太阳光，将壮锦与铜鼓等文化元素融入酒店空间的软装设计，从文化层面体现酒店的地域文化，不论是依托自然风景的地域性酒店还是以人文元素为主的地域性酒店都难免会造成地域空间的片面性，酒店空间设计应运用各种创新手段将自然要素与文化要素进行有效的结合。

二、黑衣壮族特色的酒店空间的设计原则

地域特点为主的酒店在进行空间的设计时突出其要表现的地方所处的自然资源与人文资源，黑衣壮族是广西众多少数民族的一个分支，是广西少数民族文化的"活化石"，其文化可以在遵循一切被挖掘并创造成装饰运用在空间设计中。

（一）广西黑衣壮族文化符号的提取与革新

黑衣壮族作为广西壮族的一个分支，拥有众多的自然资源以及文化资源，其地处环境较为淳朴且缺水的石山地区，却崇拜鱼，这是由于人们相信人死后会变成鱼，所以以鱼的装饰制作的银项圈，是黑衣壮族妇女佩戴的不二之选。黑衣壮族的服饰文化尚黑，其造型简练大方，他们居住在木结构的吊脚楼之中，这是适应炎热气候而衍生出的独特建筑。这些传统的文化可以通过夸张、变形以及增减的手法凝练成新的文化符号，运用在空间装饰中。

（二）"天人合一"的壮族民居精神的融入

壮族先民世代繁衍，逐渐做到了顺应自然，与自然合二为一的生活状态，从饮食上，由于其所处地区气候炎热，故而在进行肉类保存时喜制酸肉，由于受到地形的制约，不适宜耕作稻米，以小麦、玉米等为食，并以其酿酒，在居住空间上，以木制的吊脚楼为主要的居住形式，吊脚楼是巢

居演变而来的，巢居是一种适宜建在山地，可避鸟兽侵袭，通风透气性能良好的居住形式，其经过不断改善，成了以榫卯结构为主，结实坚固的吊脚楼，而吊脚楼不管是从建造的形式还是材料上来说，都体现了黑衣壮族居民"天人合一"的人与自然和谐相处的精神追求。将这样的思想融入酒店空间的设计，要在酒店的建筑材料、装饰上体现出自然、淳朴的特点，就地取材地进行酒店的设计，可以从黑衣壮族村寨当地取得具有年代气息的装饰以及建材，如瓦片、砖石等，与新的环保可再生材料一起结合，墙面或者地铺等可以两者综合使用，以此达到新旧统一、天人合一的状态。

（三）艺术与技术的有机结合

当代酒店空间的设计是艺术与技术的结合，包豪斯的创始人格罗皮乌斯曾以"技术与艺术相统一"来定义现代设计。这说明基于现代设计基础的当代设计强调以功能为主，艺术为辅，随着智能家居的普及，设计已经不是原来的只讲究美观，还要讲究使用功能。然而，冰冷的机器在外观造型上难免显得没有温度，缺乏感情。所以，如何在基于便捷的基础上达到美观的设计，是未来的课题，很多酒店在进行设计时将空调、冰箱等电器以各种装饰材料包裹住，使得空间中的电器隐形，这样的做法在一定程度上让改善了电器与家具之间的关系，可是有的设计将电器包裹得太突兀，难免会造成视觉上的不适。所以，通过设计空间前后关系，突出家具主题，弱化电器的存在感，处理电路插座摆放、电器摆放与家具摆放之间的关系，达到艺术与技术的有机结合，是酒店空间设计中的重要环节。

三、革新设计：符号的嵌入

符号，作为一种简单的图形，是对于复杂内容的概括，是一种让人印象深刻的表达方式。在视觉传达设计当中，符号被普遍使用，而在空间设计中，符号也在逐步地融入，如贝聿铭设计的苏州博物馆，就是利用了中式传统徽派建筑当中的粉墙黛瓦作为一种特征，凝练成一种简约的建筑符号，并融合进了博物馆的外观设计中，形成了让人过目不忘的视觉记忆点，符号已不只是视觉传达设计的专属，而是作为空间设计灵感的来源，空间中的视觉中心呈现。

（一）空间符号系统的构建

空间中的符号形式丰富，它作为空间搭建的重要组成部分，体现在空间的硬装和软装的设计中，它可以是具象的，也可以是抽象的，具象的空间符号，如图腾，各种风格和主题的家具等，是可以直观看到的；抽象的空间符号，如空间通过材质、色彩、灯光等营造出来的氛围，抑或是空间所展示出来的一种精神，空间所要表达的意向，都可视为抽象的空间符号，它是无形的，却是可以被人感知的。符号可以展现出抽象的，摸不到的意向。具象的空间符号和抽象的空间符号共同构成了空间当中的符号系统，空间符号系统的搭建需要室外内空间各部分要素的紧密统一和相互作用，黑衣壮族文化的酒店以黑衣壮族文化为主题，而文化作为一种抽象的元素，其呈现方式必须通过符号来实现，围绕着黑衣壮族文化的设计主题，可以挖掘出黑衣壮族文化的众多意向，如服饰、生活方式、建筑、图腾等，这些元素不能直接体现在酒店的室内装修中，而是凝练成简洁的符号呈现在空间中，如黑衣壮族劳动人民经常使用的斗笠、背篓等，可以作为装饰品放在室内，游客可能未曾亲身到过黑衣壮寨，却能通过这样的摆件营造出身临其境的感觉。

（二）材料与结构的创新

传统的黑衣壮族民居以木结构为主，不用一个钉子，以榫卯结构为主，适宜在山坡等垂直落差较大的地方营建，是一种地域性特点极强的建筑，而将黑衣壮族文化作为一种主题融入酒店，则需要考虑到木结构材料本身的防火性能较差、易倾斜、防潮不佳等弱点，这使得纯木结构不易用来搭建具有商业用途的酒店，可是完全摒弃木结构的黑衣壮族酒店就无法体现出酒店的主题，故在材料的考量上，应选择与木结构搭配较佳，且可以中和木结构的缺点的建筑材料，这就要求材料必要以具备防火防潮性能佳、坚固的特点，最重要的是，要与木头一样，给人的感觉自然且淳朴，水晶、大理石、花岗岩等传统建材被酒店所广泛使用，可是在这类以淳朴为主的酒店空间中，过多地使用颜色鲜艳、高调华丽的建材反而会偏离主题，造成土气、装饰过度的问题。质朴的混凝土、砖石、竹子等更适合运用在以村寨文化元素为主的主题酒店中，而创新的材料，如阳光板，由于其轻质、阻燃以及隔声等优点，也可适当运用于酒店的设计。挖掘更为环保、可循环利用的新材料，是解决酒店建材污染的根本途径，而环保可再生的材料在被越来越多的设计所使用，成为一种趋势。

（三）传统文化的全新诠释

黑衣壮族作为广西众多少数民族中的一支，拥有悠久的历史以及灿烂的文化，黑衣壮族人民世代居住在广西的深山里，穿着黑色的服饰，服饰上纹饰少，且造型简约，他们居住在木构吊脚楼中，拥有与广西其他少数民族相似的风俗习惯，他们会唱山歌，也会织布，崇拜万物自然，更崇尚天人合一的生活境界。黑衣壮族人民的染织技艺高超，其织布的图案有龙凤、蝙蝠、蝴蝶等为主的动物纹，也有各式植物纹以及几何纹，具有鲜明的地方特色以及民族特点，是黑衣壮族人民世代传承的智慧结晶。将这些服饰中的图腾以及黑衣壮族的习俗化为酒店空间当中的装饰元素，以简化、夸张、变形、重组等方式对传统文化元素进行革新，使其变为具有传统文化特点与现代设计特征并存的装饰造型。民族的文化就是世界的，民族文化的传播促进多元文化的交融，让不同的地区拥有其历史的文脉，丰富和形成设计的内涵。

四、启示

当代设计是传统与未来的衔接，设计要体现地域性，必须从空间所在的自然环境与人文环境两方面挖掘元素，归纳为设计符号，融入空间的设计，由于广西地域性酒店空间的设计尚处于起步阶段，缺乏系统且整体的认知，故而在进行设计创作时难免会产生文化缺失的情况，这需要一代代的设计工作者不断地探索，只有根植于地域环境，合理运用现代科技手段对空间进行规划和布局，方可创造出符合时代需求的酒店空间设计。

参考文献

[1] 范秀娟. 黑色：神性与诗意——试析黑衣壮服饰"以黑为美"的文化成因 [J]. 广西民族学院学报, 2004(04): 172-175.
[2] 何毛堂. 黑衣壮族群的性格特征及其文化成因——黑衣壮文化特质研究之三 [J]. 广西右江民族师专学报, 2000(04): 7-10.

中西方公共艺术创作思维探析
——以城市雕塑为例

吕君楠 四川大学

摘要: 中西方由于历史文化、哲学观念、思维方式等的不同,在公共艺术的创作思维方面有着明显的差异。西方人思维以逻辑分析为主要特征,讲求科学与准确,艺术创作上主要表现为写实、理性;中国人则以宏观的、哲学的角度去认识事物,思维以直观、综合为基本特征,意象思维在公共艺术创作上影响较大。

关键词: 中国;西方;公共艺术;创作思维;差异

前言

作为公共艺术的城市雕塑,由于历史文化、民族背景等的不同,中西方在创作思维方面有着明显的差异。随着经济的全球化、文化的多元化,现代城市公共艺术成为一门新兴的、富有生命力的学科。从世界范围来看,几乎所有的发达国家都关注城市文化艺术与环境的建设,因为这直接关系到一个国家的形象。尽管是东方的文明古国,但改革开放以来,中国一直在虚心地向西方学习。但是,在艺术创作的思维模式上,中国人自有其独特的方向。下面以城市雕塑为例来分析中西方在公共艺术创作思维方面的差异。

一、公共艺术的概念

在中国,公共艺术是一个新概念,城市雕塑与公共艺术的形成与开展,仅仅是近二三十年的事。在20世纪之前,中国封建统治时期既然不可能出现真正意义上的"公共意识",也就更不可能出现现代概念上的"公共艺术"了。兴建城市雕塑,在彰显神权和王权艺术的封建社会根本就不可能实现,也缺乏生存的土壤。所以,中国古代的雕塑史也是一部缺乏城市雕塑的历史。中国"公共艺术"这个概念的提出及公共艺术在城市中的大量涌现是在20世纪90年代,这与社会转型时期城市公共领域的不断增多和市民社会的逐步形成密切关联。可以说,公共艺术理念在我国城市的不断深入和其文化价值的突显是我国社会经济的长足发展、政治体制的逐步完善以及中国城市化速度加快的必然结果。

公共艺术对于西方来说由来已久,而对于中国来说,它的提出和起步则比较晚,但在艺术创作思维方面却有着自身独特的优势。本文主要以公共艺术中的城市雕塑为例探讨中西方公共艺术创作思维的差异。

二、影响中西公共艺术创作思维的因素

东西方有着不同的城市文化:不同的社会面貌、经济状况、生活方式、哲学观点、审美取向、宗教信仰等问题,这些是影响中西方公共艺术创作思维的重要因素。

(一)中西历史文化的差异

文化是一个城市的灵魂,一个没有文化积淀的城市好比一具空壳,空有其表,内心一无所有。文化传统牢牢植根于每一个民族的深处,代代相传,对每个民族的兴衰有着至关重要的作用,在历史发展中形成了不同民族特色。城市是文化的一个承载。艺术就在文化与城市中产生,艺术不是简单地植根于特定的地域场所和原有的生态环境中,形成与当地自然环境和社会历史发展中,以最原始的方式融入其中。西方文明起源于古希腊和

古罗马文明,从很多历史遗迹中我们就可以看出。最早的古巴比伦,两河流域孕育了美索不达米亚平原,成为最早的发源地。古罗马斗兽场、梵蒂冈的圣彼得大教堂、法国的凯旋门和凡尔赛宫、英国的白金汉宫都成为一个国家文化身份的标志,这些建筑不仅只是当时统治者的一种象征,更具有鲜明的历史意义和伟大纪念意义。

中国文化起源于黄河流域,最早可以从中国神话中了解,大禹治水、愚公移山、女娲补天等。中华民族具有五千年的文明历史,有着深厚的文化底蕴。中国幅员辽阔,但是每座城市都有其自身的文化,古老的城市都有着抹不去的记忆,看那西安的城墙,经过风雨的洗礼,你依然可以感受到历史的味道。中国比较著名的有长城、北京的故宫,汉代的霍去病墓大气的石刻群雕、赫赫有名的昭陵六骏,北京的故宫、颐和园是保存最为完整的古代建筑并保存至今,规模宏大,气势磅礴,显示了古代帝王的风范。南京作为十代古都,有着丰厚的历史积淀,齐梁遗韵、明祖城池,还有中山陵都刻着南京城的沧桑和积淀,也是公共艺术中最具价值的文化遗产。

不同的文化背景,不同的历史积淀,书写着不同的历史乐章。当代公共艺术在不同的城市有着不同的体现。一个地域、一个国家,他的政治、历史文化、文化教育、宗教理念、地理环境、风俗习惯等各个方面的直观的具体反映,因此对中西公共艺术发展的整体比较是非常复杂而困难的。公共艺术就是要与民族传统文化相融合,更好地服务于社会和大众。

(二)中西方思维方式的不同

西方民族思维方式以逻辑分析为主,注重科学分析,从理性的角度去认识事物、观察事物。在历史长河中,中西方有着不同的艺术道路。西方从古希腊古罗马时期到文艺复兴时期,这最早的艺术时期,就充分体现了西方的艺术思维,古典艺术崇尚平衡和谐,文艺复兴时期的绘画注重科学透视,精准的构图。中国传统的文化可以从各朝代的历史中不难看出,汉代的雕刻,就充分体现了意象思维,在中国绘画的创作上,有着包容性、整体性、非写实性,才让我们有了更多的想象空间,使艺术得到更广阔的发展。中国的表达就是非常直观的,更多的是一厢的感念去理解解读它的特点。中西方的历史发展是大相径庭的,并且对各自民族本身的影响是非常大的,对于各民族的艺术发展也是有着根深蒂固的影响。直观意象思维,是我们民族传统文化里的重中之重,对我们当今每个艺术发展领域都有很大影响,在对当代公共艺术的创作发展起到至关重要的作用。当今社会的发展,科学技术的不断提高,这使世界各地的文化交流更加密切,而不同的文化教育发展会直接影响艺术发展的思维表达方式。受到文化教育的影响在西方主要的思维方式非常讲究理解分析、特别注重理性的观点,而在我们的教育

理念里意象思维则是着重从整体地、直观地去把握事物的主体再去看待事物。意象思维让中国艺术更加赋予一种无限的可能，把人与自然融为一体，把自然人格化，把人的精神融会贯通于自然界之中，与自然同呼吸同命运。这是世世代代中国人的艺术思维，这也体现出了在我们的文化背景下的艺术层面的最高精华。与西方的习惯文化里强调按部就班的逻辑去推理不同的是，中国的直观意象思维方式比起西方的逻辑推理的思维方式是更加大气的，更加富有创造性。意象思维的表现，无论是中国古代诗歌意境的追求，还是中国书法、绘画都有表明，东方文化的直观意象和写意表达方式都不同于西方传统艺术的写实、再现表达形式。

西方人向外型思维可以给创作带来多样的形式感，就像西方建筑那样，哥特式，巴洛克式等；中国的向内型思维，认识客观事物的时候，会用心去感受，让我们的艺术空间从有限到无限，想象更丰富、更广阔。我们应推崇中国传统的意象思维，展现中国传统文化，中国传统技艺。像在欣赏重庆大足石刻的卧佛一样，用传统写意的手法，运用比喻、象征的手法去领悟山水，佛像躺卧在山水之间，沿山体顺势雕刻，看上去十分自然，一虚一实，把佛像的神态刻画得悠然自得、栩栩如生。

三、中西方公共艺术创作思维存在的差异

西方人的创作思维是理性的、准确的、向外型的；在公共艺术创作中西方的公共艺术更强调公众参与、强调公众的主体性、强调表现形式的多样性，强调公共艺术项目对地方与社区公众的裨益。总之，更强调公共艺术的"公共性"，突出公共艺术的社会价值。

中国人的创作思维是感性的、意象的、向内型的。中国公共艺术十分强调艺术的教育功能。儒家、佛家、道家文化构成了中国公共意识的深层基础。这种公共意识成为中国公共艺术文化价值衡量标准最为重要的一部分。负载着教育任务的公共艺术，或者体现于宫殿庙堂的壁画，或者标识于墓碑墓刻，或者隐藏于画像雕刻，它们或勇猛凶悍，或朴素动人，或诚惶诚恐，或机智果敢，向人们道出了世间至高的真理。这些艺术显然不是少数人把玩的自娱自乐的艺术，它是面向公众的，具有鲜明的社会性。我们可以看到，公共艺术和宗教艺术之间是一种重合的关系，我们似乎可以这样认为：几乎所有的宗教艺术都可以称之为公共艺术。因为宗教艺术所表现的宗教信仰和宗教观念是面向公众的，因此，它具有公共艺术至为重要的特征——公众性。中国古代公共艺术中所宣扬的儒教和佛教思想，在西方文化当中是不会有的。

受传统雕塑的影响，中国的城市雕塑主要功能是以教育功能为主，尤其是 20 世纪 80 年代的雕塑，内容上则大体延续此前革命美术传统——为领袖和英雄人物造像。以珠海市为例，1980 年建市之初在经济尚十分困难的情况下率先筹资十几万元，在烈士陵园中建立的拥有 103 个形象各异的革命人物的 38 米长、4.5 米高的大型珠海革命历史浮雕。这是 20 世纪 80 年代初以其巨大的面积和体量著称国内的作品。

直到 20 世纪 90 年代之后，中国经济急剧发展，各地政府为提升城市形象和树立政绩，大规模推动城市建设工程，城市广场往往成为此类工程中的标志性作品。这类广场常常修建体量超大的中心雕塑。如青岛五四广场雕塑《五月的风》、沈阳市政府广场雕塑《太阳鸟》等。这一时期出现的雕塑公园、休闲娱乐主题公园、商业街和广场公共艺术，标志着成长中的资

本力量对公共空间影响力的加大。西方的理论和实践为中国改革开放后诸多社会变革提供了借鉴之资，也是促使中国当代公共艺术取得进步的有效思想资源。使中国公共艺术在形式手法上，较之从前更加活泼和多样，写实、变形、抽象与波普艺术风格相互交错，构成这一时期所特有的混乱视觉场景，但是教育的意义仍然十分被投资者看中，如上海多伦路文化名人街的雕塑。

1997 年，黄震设计的《五月的风》采用螺旋向上的钢体结构组合，运用意象题材将单纯洗练的造型元素排列组合为旋转腾升的"风"之造型，使"五四运动"飞旋昂扬的精神内涵得以永恒的存在，使青岛特色的交叉文化得到最恰如其分的表达

中国公共艺术对于空间的认识是和时间的变化联系在一起的。西方当代公共空间艺术强调建筑及雕塑等随着时间和季节的变化而给人不同视觉效果，这在中国公共艺术中早已经存在。中国公共艺术中强调植被、气候、水文对园林、建筑、雕塑等的影响。

中西方两种思维的不同，在现代公共艺术的创作上可以形成互补，特别是在现代环境雕塑、园林景观方面。向外型思维可以让我们的创作更有形式感，更科学、更准确；向内型思维让我们有限的艺术空间变得更宽广，想象更丰富、更辽阔。

四、结语

一个国家的公共艺术具有一种集体的、民族的象征性特点，它鲜明地反映了这个民族、国家或地区的精神状况，是这个国家、民族或地区政治、历史、文化、宗教、地理、生产、风俗、科学等各方面的综合反映。因此，中西公共艺术的整体比较是复杂而困难的，难免会陷入表面征象的简单比较当中。比较的意义在于：一是使人们反省自己民族文化中落后的方面，以求强、求变、求新；二是在比较中发现中国文化的民族性，寻求面对西方的策略；三是寻找解决人类公共问题的可能。我们身处一个传统文化遭到当代工业信息文明毁灭性冲击的时代，在此背景下重新探讨传统公共艺术的意义是一件很有意义的事情。

参考文献
[1] 王中. 公共艺术概论 [M]. 北京：北京大学出版社，2007.
[2] 王洪义. 公共艺术概论 [M]. 北京：中国美术出版社，2007.
[3] 马钦忠. 雕塑空间公共艺术 [M]. 上海：学林出版社，2004.
[4] 吴士新. 对公共艺术问题和中国当代公共艺术现象的分析和研究 [J]. 云南艺术学院学报，2006(01):5-9.
[5] 宋文. 珠海城市雕塑工作的回顾 [J]. 广东园林，1990(03):6.
[6] 杨群. 论青岛城市雕塑 [J]. 美与时代，2015(02):18.
[7] 翁剑青. 局限于拓展——中国公共艺术状况及问题刍议 [J]. 装饰，2013(09):22-26.
[8] 王中. 艺术营造空间，艺术激活空间——访中央美术学院教授王中 [J]. 设计艺术，2013(01):36-43.
[9] 翁剑青. 中国公共艺术的当代性与世界性——对于外来相关理论之影响的阐释 [J]. 公共艺术，2010(06):28-33.
[10] 祝明建，陈永华，马瑶. 城市雕塑的社会功能研究——以深圳人的一天为例 [J]. 雕塑，2006(06):48-49.

成都东湖经济圈文创夜游发展探究

覃祯／王鹏辉　四川旅游学院

摘要："夜游经济"已经成为众多城市高度关注与发展的重要项目，全国各城市纷纷亮起"夜游"新名片。本文从夜游经济背景出发，探讨成都东湖经济圈打造文创夜游的基础条件及现状，分析现存的问题，从加强政府引导、提升夜景品质、完善夜游市场供给、打造夜游品牌等方面对东湖经济圈发展文创夜游提出策略。

关键词：夜间旅游；文创旅游；开发策略

前言

夜间经济指消费者在晚6点至早6点之间，在目的地进行的所有消费活动。其中下午6点到晚上10点为夜间经济、旅游活动的高峰时间，被称为"黄金4小时"。"夜游经济"已经成为众多城市高度关注与发展的重要项目，中央和地方政府不断推出发展夜间经济的支持政策，全国各城市纷纷亮起"夜游"新名片。成都于2019年下半年发布《关于发展全市夜间经济促进消费升级的实施意见》，正式对外公布100个夜间经济示范点位作为挖掘夜间消费潜力的全新试点，东湖片区的域上和美演绎中心被列为"夜间演绎"试点项目。疫情之后的两会，成都市政协委员提出发展成都东湖夜游经济圈，打造新都夜游成都的城市名片。

东湖公园位于成都市东二环，作为成都主城区最大的湖泊，且周边已经形成"东湖经济圈"——万达锦华商业区、中港CCPARK中央商务公园步行街区、河滨印象沿河片区、橡树林生活圈等场所和设施，使东湖片区发展夜游经济有良好的业态依托，又有成都国际文化艺术中心、域上和美先锋剧场，正在向融合艺术、文创、文博、赛事等新兴消费业态以及更具"国际范、蜀都味"的多元消费新场景的营造迈进，意在打造"文创引领夜游"的全新夜经济。东湖经济圈与太古里、339、兰桂坊、九眼桥等区域正坐落于锦江沿线，均是成都夜间经济的重要触发点。

一、夜间旅游发展的重要意义

（一）促进成都文旅产业融合，推动夜间经济发展

2019年《阿里巴巴夜经济报告》显示，成都在各个领域都显示出活跃的夜经济氛围，多项指标位于全国前列，夜经济正在成为提升城市活力、形成强大国内市场的新引擎。作为文化旅游产业的重要内容，夜间经济的发展能有效推动文化旅游融合，激发旅游经济、消费经济的活力，对于推动文化旅游产业转型升级具有积极作用。

城市夜间旅游具有鲜明的人文性，其发展能够带动城市相关文化产业与旅游产业的融合发展，为传统的夜间旅游项目注入文化活力，并催生出新的文化旅游创意产业，增强对游客的吸引力和感染力，进一步拉动生产和消费需求，增加就业机会，不仅能够促进夜间文旅产业的融合发展，更能够推动城市餐饮业、购物业、娱乐业等相关领域的进一步发展，助力城市夜间经济的繁荣。

（二）丰富成都现有夜游产品，提升游客旅游体验

夜经济的消费不仅要满足人们在夜间的味觉和嗅觉，还要兼顾触觉、听觉和视觉，这些都需要文化创意项目的大量根植和介入，最终形成"食、游、购、娱、体、展、演"的良性呼应。成都的夜间旅游项目已经呈现出精彩纷呈的态势：九眼桥酒吧夜娱、339高塔夜游、望平街香香巷美食集市、金融城双子塔节庆灯光表演等，包含城市温度和生活美学的全新体验，日渐开启成都城市经济发展的夜间模式，尤其是2019年打造的"夜游锦江"项目，通过灯光置景、全息投影、多媒体互动等综合文创手段实现的视觉盛宴。而东湖片区夜游经济圈打造全球超大规模浸没式戏剧项目，涵盖了表演、音乐、摄影、空间视觉、多媒体影像、现代舞蹈等多种艺术形式，为本地居民体验夜游提供更多的选择，甚至吸引大量的外地游客前来打卡，极大提升了游客的体验，同时更加丰富了成都现有的夜游产品，为打造成都夜游品牌亮出新名片。

（三）提高居民文化生活水平，创造夜间生活美学

据调查近年居民对文化节市、文化参观、创意文娱等需求占比位居前列，这充分显示出在物质生活的极大满足之后，精神生活的空白需要及时填补。夜间文化旅游往往提供一定的文化特异性并营造特定的空间，形成独特的旅游体验。以灯光＋演绎的东湖夜游项目将艺术文化注入消费体验之中，用生活美学拉长顾客的停留时间。中港CCPARK中央商务公园步行街区、河滨印象沿河片区、橡树林生活圈的城市夜间照明、景观照明以及东湖公园内新媒体艺术照明和灯光艺术装置等媒介让东湖经济圈夜间成为具有商业气息和艺术气息交织的场域。

二、成都东湖文创夜游发展现状及问题

（一）东湖片区文创夜游现状

东湖经济圈的商业业态都在朝着凝聚"艺术家圈层、艺术概念集合店、艺术创客、艺文教培"等文创元素的多元化的消费场景迈进。东湖经济商圈的万达广场、伊藤洋华堂是已经较为成熟的商业资源区，聚集购物中心、休闲聚落、美食街区、娱乐沸城等诸多城市配套；华润广场翡翠里、翡翠坊，以新中式院落风格打造的商业街道，入驻了高端餐饮、书吧、少儿教育机构等，这些场所不再是单一的消费场景，而是融合了美食、饮品、音乐、读书、文创、艺术展览等各种文化类消费产品，大部分场所营业至晚上10点甚至凌晨12点。华润广场旁边的中港CC PARK正在打造国际滨湖艺文潮玩旅游目的地，汇集潮玩、时尚、艺术、文化等元素，吸引并打造艺术圈层，同

步融合商业规划形成艺术主题业态，商业配套以"成都第五街、东湖不夜城"为主题，旨在点亮繁华成都东湖新24小时生活，打造成都时尚艺文生活新方式。

在文创资源方面，成都东湖经济圈的域上和美先锋剧场，打造全球超大流动空间浸没式剧场，成为新"锦官城"文创地标。著名导演孟京辉2019在成都打造的全球超大规模浸没式戏剧《成都偷心》选择在此作为长期驻演地，戏剧演出时间为晚间7点之后，随之成为夜间爆款打卡地，吸引大量的省内外游客。此外，东湖艺术文化类资源丰富，有文化保税服务中心、红创空间、成都艺术品保税仓库、红美术馆、红石青年"艺术+"基地等当代艺术氛围浓厚的艺术场所，承接国内外各类艺术展览，自2016年来举办"新映像——2016中国光影艺术展映""DRAW TO-GETHER新媒体数码艺术展""熊猫装置艺术展""创意SPACE及艺术市集"等多项具有一定公众影响力的展览活动，在促进公众艺术教育、提升国民文化素养起了良好带动作用，不仅为有潜力的中青年艺术家提供良好的展示平台及发展契机，同时这些艺术资源也是转化为文创夜游的重要组成部分，源源不断的艺术创意是文创夜游发展的内核动力。

（二）东湖片区文创夜游存在的问题

为了促进夜间经济发展，东湖经济圈商业街区延长夜间营业时间，但部分艺术场馆夜间运营时间短，未能充分满足市民和游客的需求。旅游消费中，驻足时间的长短在很大程度上决定了经济消费的多少，特色景点的夜间开放时间过短或者不合理，大大限制了游客夜间的消费。例如成都国际文化艺术中心、红美术馆只在周二到周日10:00-17:00开放，缺乏对夜间参观者需求的考虑。

另外，文创产业与夜间经济联动不密切。域上和美先锋剧场、域上和美艺术馆等环绕在东湖沿线，集先锋剧场、艺术长廊、艺术交流空间等为一体，塑造出极强的艺术氛围，现已形成东湖当代都市艺术群落，域上和美先锋剧场夜间演绎虽然吸引了众多游客前来体验、打卡，但是由于没有同附近的商业街区进行关联，并且周边商铺夜间消费场景的打造各自为营，缺少品牌统一的运营策划，较难将游客从演绎地吸引到商业场景进行二次消费，由文创项目引流而来的游客在观看完演出之后便选择了其他更具吸引力的夜间场景进行消费。

夜间环境建设也是夜间旅游吸引游客的必要条件之一，除了域上和美的艺术装置长廊灯光装置，其余的美术馆以及展览馆等还没有充分地利用艺术资源打造夜间灯光环境氛围、灯光艺术装置。总体来看，成都东湖经济圈的艺术文化类资源丰富，但是大多数资源还缺乏向夜间转化，未形成独属于东湖的文化IP。

三、成都东湖夜游发展策略

（一）增强政府引导

夜游产品开发都是一个整体性的系统工程，政府应加强统筹，从整体性出发规划夜间旅游发展，避免单一化思维所提出夜游建设方案，耗资巨大但达不到收益。其次政府要有所侧重，大力扶持文化创意产业，鼓励融入本地历史文化、高新技术手段的文创夜游产品推出，凸显东湖区域特色，将东湖的艺术文化资源转化为夜间项目，具有特点的城市夜间经济业态和产品才能不断吸引游客。另外还要优化区域经济，优化文化和旅游场所的夜间餐饮、购物、演艺等服务，满足消费者不同的消费需求，最大程度激发消费潜力。

（二）提升夜景品质

提高城市光环境品质是提升城市空间品质的重要组成部分。夜游环境建设不仅是照明设计与实施，还要同步建设观景台、服务站，规划建设夜游线路及各类配套设施，按照旅游新动向、新需求，结合空间特点建设夜游新景点。在夜游产业经济规划的基础上，借力东湖文创产业，以文化为线，灯光为媒，用创意化的手段引导空间照明艺术规划设计，结合艺术照明、智慧照明、人文照明等途径，推动城市照明从"亮化"到"美化"进一步上升到"文化"。

（三）完善市场供给

拓展东湖经济圈现有的消费产品，营造艺术、文创、文博、赛事等新兴消费业态以及更具"国际范、蜀都味"的多元消费新场景，例如开展：文化市集活动、文化场馆参观、24小时书店、话剧等夜间活动形式。鼓励商场、餐厅、书店等推出时尚购物夜、深夜艺术馆、酒吧节、集市节、深夜书店周等特色活动。延长艺术馆、文化馆、图书馆、美术馆、音乐厅等文体设施开放时间，鼓励开发"文博奇妙夜"，打造夜间消费文化品牌。提升各类演出场馆功能，打造高品质演艺项目，充分发挥各级各类文艺创作演出单位作用，不断丰富夜间文化演艺品类、内容和场次。

（四）结合文创打造夜游品牌

独特文化IP正是打造差异化，提升旅游体验的精髓。打造富有文化特色的文创夜游项目，要积极探索当地人的夜生活资源，利用好东湖片区的各类艺术场所和文创项目，为夜间游客体验的高需求要求设计夜游主题路线，叠加数字科技等前沿表达手段、融合多元消费场景，进一步点燃夜间经济活力。

四、结语

新时代文旅融合发展的夜游经济已经成为潮流趋势，成都东湖经济圈在发展夜间经济和文化夜游方面有着良好的基础和得天独厚的优势，应把握机遇，培育夜间经济新场景，构建夜间文旅消费新体系，深度挖掘夜间经济新潜能，打造成都夜间旅游新名片，推动成都文创旅游融合发展。

参考文献

[1] 温朝霞. 以发展夜间经济推动广州文旅融合 [J]. 广州社会主义学院学报, 2020(03):99-104.

[2] 罗文斌, 谢东旭, 丁德孝, 张辛欣. 文旅融合促进湖南城市夜间旅游创新发展研究 [J]. 四川旅游学院学报, 2020(06):33-36.

[3] 张永锋. 重庆市两江四岸核心区夜景品质提升对策研究 [J]. 灯与照明, 2020,44(04):33-36.

关于后疫情时代教育变革的思考

屈炳昊　西安美术学院

摘要：2020 年初，一场突如其来的新冠病毒肺炎疫情，给人类带来了前所未有的灾难。面对疫情，以习近平为首的党中央迎难而上，带领全国人民经过艰苦卓绝的努力，取得了抗疫情斗争的阶段性胜利，恢复和促进了我国社会经济的持续发展。在这场斗争中，党和国家顺时应势，向学校提出了"停学不停课"的要求，为我国教育变革打下了一剂强心针。广大教育工作者下至幼儿园上到高等院校，均采用通过"互联网 +"教育的方式进行教学，打破了传统教育方式壁垒，基本上实现了学生未因疫情而停止学业。作为一名高校教师，笔者有幸参与到这场疫情倒逼教学改革的伟大实践中来，对后疫情时代的教育变革进行了较为深入的思考。

关键词：后疫情时代；互联网 +；教学；教育变革

一、后疫情时代按下了推进互联网教学的提速键

2020 年年初，新型冠状病毒肺炎疫情发生后，为控制其发展和蔓延，党和国家采取了封城、停运、居家隔离等一系列强制措施，对部分地区和行业按下了暂停键。正常社会生活的突变让整个社会仿佛停止的钟摆一样，城市里没有了喧嚣，街道上没有了往日里的人潮涌动，商场、车站、餐馆等营业性场所纷纷歇业，无法返城的务工者和无法返校的学生成了时下亟须解决的重大问题。当时，学校教育也受到了严重冲击；昔日欢乐的校园变得一片沉寂，学生和老师隔离在家，学校不能按时开学，学生不能如期到校，课程无法统一进行面授等，打乱了学校原有的教学计划和教学进程。如何贯彻党和国家"停学不停课"的要求，怎样实现线上、线下教学相结合，成为整个社会及广大教育工作者关注的焦点。

对于线上教学，许多教育工作者也并不陌生。随着信息时代的到来，他们已在这方面进行过探索和实践，但这些探索和实践是主观的、分散的、局部的，难以适应疫情下学校开展系统性教学的要求。对于许多偏远地区的学校和年龄较大一些的教师来说，这更是一次严重的挑战。在线上学习环境下，如何提高课堂学习效率、如何提升学习质量，同时如何应对网络课堂所发生的一系列不确定因素，是学校和教师必须面对且亟待解决的难题。为此，学校采取了相应的措施：一是根据本校实际，广泛征求教师意见，着手制定线上教学和线上、线下教学相结合的规划和方案；二是组织有经验的网络教学教师，对任课教师进行网络授课技术培训；三是动员网络技术骨干，研究提升教师运用信息技术实现线上教学能力的措施和方法，排除网络授课中的技术故障、消除网络授课中的技术难题，同时组织教师设计分年级、分学科教学内容，并开始协调互联网公司依照教学要求研发出能够满足教学使用的网络信息平台，如：云课堂、微课、腾讯会议等，从而全面系统地按下了互联网教学的提速键。

二、后疫情时代互联网教学发挥的重要作用

疫情初始，全国高校逐步开始尝试网络授课，笔者也承担起了相应的网络授课任务。通过调整原有的教学方案，使其适应线上教学的节奏与特点；通过学习掌握线上教学平台的操作技巧和使用方法，不断克服网络不稳定、平台漏洞、授课环境复杂等问题；特别是通过师生之间的磨合，自身充当"网管"的经验积累，线上教学逐渐开展起来并步入正轨。实践中，网络教学的重要作用表现得越来越充分。

1. 它打破空间维度，用"云课堂"替代传统物理空间中指定的课堂，使处于不同地域的师生获得了教与学的机会，使疫情期间学校无法按时开学、学生无法集中上课的问题得到了有效解决。尽管这种教学活动与传统课堂教学相比，教师无法观察到每个学生学习的实际状态，给教学带来一定的困难，但从注重师生互动和考验学生学习自觉性以及提高教师"云课堂"现场把控能力的角度看去，却具有其自身的优势。特别是在疫情紧急或趋缓的情况下，"云课堂"和传统课堂的灵动运用和适度结合，为教育教学适应复杂多变的形式创造了极为有利的条件。

2. 它打破时间维度，为师生之间搭建了行之有效的沟通平台，有利于加强互动，增强信任，提高教学效率。传统课堂一节课约 50 分钟，为了在有效的时间内完成教授任务，教师无法与学生进行大量点对点的互动沟通，想要了解学生的学习情况和掌握程度，需要通过阶段性摸底和总结才能得出。这种串联式的反馈关系，实施起来较为烦琐与缓慢。而网上教学因其不受课时的限制，则为师生点对点的互动提供了方便。在网上，教师可实时向学生发送提前准备好的问题进行摸底，学生可及时向教师反馈未掌握的知识节点。后台的数据分析可以零延时地了解每个学生的学习程度，还可以快速了解每个学生知识掌握的情况。这些都有利于提高教学效率和教学质量。

3. 它打破传统教学模式，加快了教学变革的步伐。首先，是教与学模式的改变。传统教学模式师生之间或多或少地存在着主观、刻板、单一的认知从属关系，因此，常常会出现教师"一言堂"的现象。而线上教学，由于注重为师生提供全面、多维的立体平台，强调师生的双向互动，所以，教学中充满认知、讨论、分享的气氛，"一言堂"的现象为之一扫。其次，促进了教学相长。传统教学中，知识基本上是通过课堂教师教授和图书馆查阅先关资料获取的，因此教师作为主导传播方，在教学中变成了绝对权威。而线上全方位立体化教学模式则打破这一壁垒，网络检索，信息的快速获取为学生打开了知识的大门，犹如赋予了每人一部百科全书，学生不仅可以通过网络对于所学知识点的准确性进行第一时间验证，还可以利用网络对于知识进行全方位地了解，有时甚至会对教师提出"超纲"发问，为师生互教互学、教学相长创造了条件。再次，传统教学评价体系发生了根本性的变化。传统课堂的教学成果评价，主要是通过学生的综合表现以及定期不定期的测评和作业完成情况进行评价和打分的。应该说，这种评价具有一定的参考价值。后疫情时代线上教育评价，则是在借鉴原有评价的基础上，重点地进

行互联网大数据的科学分析，既通过网络，纵向观察历届学生有关知识的掌握情况，横向参考其他院校同一专业学生学习情况，并对之进行多方位的比较和评判，从而找出教学中存在的问题和差距，为今后的教学改革提供依据，同时使学生依照此法找出彼此之间的优劣与差距，找出自身改进提升的方向。这种教学评价体系，打破了传统评价依靠打分的刻板认知，既有利于明确今后教学改革的方向，又有利于学生确立自身的奋斗目标，真正体现了教学评价的指向和引导作用。

三、积极推进后疫情时代的教育变革

一年多来，疫情发展的形势告诉我们，后疫情时代将是一个持续的充满普遍性与不确定性的历史阶段。一些国家疫情持续蔓延，一些地方出现毒株变异、疫情二次反弹，国际上疫情输入难以根绝的事实，表明了抗疫斗争的长期性、复杂性和艰巨性。我们必须根据时势的发展思考和推进教育变革。

1. 强化学校的网络平台建设，全面研究制订线上教学与线下教学同步建设与同步发展的完整体系。要继续协调互联网公司依照教学要求研发能够满足教学要求的网络信息平台，使之更丰富、更便捷、更实用。同时要在加强教学管理的同时，研究建立线上线下教学相互联结、适时转换的机制，灵活地开展线上或线下教学，使之相互促进，相互发展，以适应后疫情时代复杂多变的形势要求。

2. 加强师资培训，建立一支适应线上、线下教学的师资队伍。疫情下的网络教育，向教师队伍提出了新的更高的要求。院校应结合实际，针对教师水平参差不齐，运用信息技术能力高低有异的状况，重点提高教师的网络操作能力和线上教学的设计把控能力，以保障线上教学的顺利进行和教学水平的不断提高。从长远讲，则要建设线上线下教学"双过硬"的师资队伍，为后疫情时代的教育教学改革和发展奠定基础。

3. 拓展教学思路，打造精品课堂。课堂是实现教学目标的重要途径。打造精品课堂，是提高教育、教学质量的不二选择。后疫情时代要求我们，不仅要持续打造传统意义上的精品课堂，而且要着力打造网上的精品课堂。网上精品课堂较之传统的精品课堂，为师生营造出了一个良好的网络教学生态，其主要特点是开放、共享，不受任何限制地自主选择相关知识补给，教师也通过网络授课不断地充实和提升自己，在互动中提高教与学的主动性和积极性。就课堂评价而言，网上精品课堂的出现，与点击数量的多少有直接关系，它反映了教学的需求，因而更具备客观性、广泛性、认同性和推广性。实践中，只要我们不断致力于精品课堂的打造，就一定会在提高教学质量上迈出新的步伐。

4. 坚持立德树人，促进育人目标的实现。疫情中的线上教学，是在新冠疫情病毒向人类社会和教育提出严重挑战的形势下进行的，活生生的现实，要求师生站在历史发展、自然变化规律的高度认识现实、理解现实，面对现实，并要求师生弘扬伟大的抗疫强国精神，投身到"停课不停学"的斗争中去，自然而然地将青少年的核心素养和国民素质培养融进了实践，从本质上体现了现代教育的育人目标。例如，学生在网上收看抗疫视频，使他们接收到了鲜活的生命教育、信念教育、科学教育和道德教育；一些学生利用网络思维导图介绍病毒传播的途径，用宣传视频倡导自我防护，用每日打卡约束自身居家学习、居家锻炼等，促进了他们正确的世界观、人生观、价值观的形成。再如，通过线上教学评价，学生们摆脱了为分数而学的束缚，明确了自身提升的方向，学习目标日益清晰，学习自觉性日益高涨，有力地加快了其成才步伐，促进了他们的健康成长。后疫情时代虽然为教育目标的实现带来了种种挑战，却为我们拓宽了教育视野，看到了现实教育目标的新路径和新前景。我们必须牢记"立德树人"的目标和方向，全力以赴向着这一目标挺进。

5. 坚定信念，持续拓展和推进后疫情时代的教育变革。后疫情时代，"互联网+"教学方式，一旦和经济社会发展中的"互联网+"联系起来，将会使未来教育变革的任务变得更加迫切。例如，如何适应社会经济发展的需要，按需施教，培养社会急需的各类人才；如何开展成人教育包括社区教育，加快社会成员全员化、终身化的学习步伐；如何利用现代信息技术，突破物理空间和人员流动的限制，开辟国际学术交流与合作的新常态，并秉持"人类命运共同体"理念，促进高等教育的国际化等。这些，已经向教育变革发出了急切而深情的呼唤。

四、结语

回顾我国的抗疫斗争，曾经经历了一个由不适应到逐步适应的过程。在党中央的坚强领导下，我国军民万众一心，采取强有力的措施，在短时间内遏制住了疫情的蔓延和发展，改变了经济和社会生活一度出现的下滑、停滞状态，并通过复工复产和"互联网+"等措施，实现了经济发展的正增长和社会生活常态化和正常化，并为今后的发展积累了经验，奠定了基础。疫情中，我国教育也经历了类似的发展过程。通过实行严格的疫情防控，通过灵活采取线上、线下教学相结合的方式，我们不仅基本上保证了各级各类学校的持续运转，而且初步创建了线上、线下互补互进的学习方式，构建了除专业知识和信息技术能力外，包括有关抗疫的时代意识、全球视野、国家情怀、社会责任、公民觉悟等学习内容，进一步明确了育人目标，坚定了促进教育变革的信念。实践告诉我们，面对复杂多变的形势，只要我们迎难而上，克难而进，就一定会披荆斩棘，踏上坦途。让我们坚定信念，不辱使命，积极拓展和推动后疫情时代的教育变革，为人类社会经济与教育事业持续发展做出应有的贡献。

蜀绣文化展示空间设计研究

刘文慧　四川音乐学院成都美术学院

摘要：展示空间是一种活跃的交流手段，这个空间可以形成人们与陈列品进行奇妙互动的氛围和条件，吸引受众主动了解展示所要表达的内涵和文化。蜀绣这种特殊的非物质文化遗产，在空间展示中可以得到意想不到的展示效果和文化交流体验。通过视觉效果和空间互动，蜀绣文化的传播方式表现出巨大的革新。

关键词：蜀绣；文化；空间设计

一、引言

在发展日趋科技化和便捷化的当今社会中，以蜀绣为代表的非物质文化遗产面临着存在艰难的处境。随着社会的高速发展，手工类文明显得愈加珍贵，针对蜀绣本身传承的局限性，我们应当在宣传和传播手段上进行革新，以促进蜀绣文化更加长远的发展。在当今社会的高速运行下，文化宣传和传播的方式也在发生着肉眼可见的变化，空间展示是一种面对大众并且更易将文化内涵传播给受众的一种积极的文化交流方式，它通过各种展示手段与受众进行互动交流，不仅满足人们的文化需求，也在空间和视觉感受上使人们更能接受和理解这种文化内涵。因此，在蜀绣文化宣传这方面，我采用了展示空间这一手段进行文化交流与传播，以期达到良好的文化传播效果。

二、蜀绣文化展示空间背景分析

（一）蜀绣文化历史

著名的天府之国四川在古时被人们称为蜀国，因此当地的绣品也被称为"蜀绣"。当然不仅是蜀绣，苏绣、湘绣、粤绣这三种闻名全国的刺绣也以技艺精湛引起人们的赞赏，这四种刺绣被并列为中国四大名绣。

从古至今，蜀绣在中国一直承担着传承传统文化和四川风俗文化的责任，起源于四川民间的蜀绣由于受民俗习惯、地域环境、艺术文化等各方面的熏陶，经过长期的发展和演变，逐渐形成了严谨细致、光滑平整、构图精准、颜色明快的独特风格。

（二）蜀绣文化传承与保护的意义

蜀绣作为非物质文化遗产的代表之一，承接了中华上下五千年来的历史文明和社会文明，促进蜀绣文化的发展成为现代刺绣界的一个重要问题。

蜀绣作为我国重要的文化遗产之一，需要被中国人和世界所认可，而被认可也就意味着要有新意和足够的吸引力，因此重要的传播手段也是不可或缺的。然而单一的宣传并不能使人们深刻认识到蜀绣发展的重要性和必要性，因此传播方式需要革新，不仅是片面地解释其重要性，更要深入人们的生活，使蜀绣与大众进行亲密接触，让人们从视觉和文化以及互动中正确认识到蜀绣的文化内涵和传承的重大意义。只有蜀绣文化的重要性得到落实，人们对这一历史文化遗产有了正确和深刻的认识，我们才更有可能将蜀绣文化继续传承下去。

（三）蜀绣文化展示空间研究的意义及目的

非物质文化遗产保护与传承既是文化多样性发展的必要过程，又是我国现代可持续发展现状的一个重要保证，是人类历史发展过程中其生活方式、情感和智慧的载体，是一个民族的文化特征、保持民族特性的至关重要的宝贵财富，它蕴藏着民族传统文化的根源。因此，保护工作是意义非凡的，正所谓功在当代，利在万秋。为了使中华民族五千年灿烂文化与文明发扬光大，为了使优秀的传统民族、民间文化艺术在我们这一代包括后代都能传承下去，我们要本着"对历史负责"的态度，坚持努力做好非物质文化遗产的保护工作。只有我们国家把这些优秀的文化遗产发掘出来，并加以开发和利用，才能达到重视"非遗"、保护"非遗"的目的。

蜀绣作为世界上的非物质文化遗产之一在发展上受到了社会和时间的约束，难以得到完整的保存和继承。这个原因造就了蜀绣文化展示空间设计的必要性。蜀绣文化展示空间不仅是为了将蜀绣的相关文化展现出来，更是为了让大众从其根源开始了解蜀绣，接近蜀绣，并产生互动。蜀绣文化展示空间的设计在文化交流方式上突破了蜀绣和大众的距离，使蜀绣和大众产生亲密接触，加深了蜀绣在人们心中的地位和重要性，为蜀绣的进一步传播提供了更加坚固的台阶。所谓传承就是对蜀绣的另一种保护。

三、蜀绣文化展示空间设计

（一）蜀绣文化展示空间的功能分区及应用

展示空间是一种集创新性、互动性和视觉效果为一体的重要传播方式，通过对陈列品的展示以及与受众的沟通，使得大众更加深入其主题，了解其内涵。

蜀绣文化展示空间的原型为四分之一圆，它所代表的意义是中国四大名绣的其中之一。在扇形的基础上加以改造，使不易造型的曲线成为直线，这样可以使空间得到更加充分的利用，也方便了空间内的用材和造型。蜀绣文化展示空间有几个基本功能分区，包括入口处服务台、历史文化长廊、蜀绣作品环形长廊、蜀绣制作体验馆、蜀绣周边产品购买区和休闲区域。同时展示中心也有很多绿色植物，与蜀绣这一源于大自然的恩赐相呼应。

设计的场地大小约为320平方米。入门处左侧为大厅的服务台，可在此进行咨询、领取场地资料等。场所中也不缺乏男女厕所和休闲区域，可为参观者提供便利。进入大门便可看到展示空间设计的亮点——环形的蜀绣作品旋转长廊。这个旋转长廊利用整个圆形的轮廓区别于公共区域，强调重点。环形并有多处开口的旋转型参观长廊不仅通达便利，且节约空间，可供参观者参观结束后自选择路径。蜀绣制作工具展位于场地的一侧，与周边商品购买区域和体验馆相呼应，另外一侧是蜀绣文化历史长廊，整个场地的走向清晰，且流动性很强。

蜀绣文化展示空间内部结构和参展功能区分的不同，我设定了一般浏览路线。整体是一个环形的顺时针流向，通过环形游览路线，人们可以从工具展到历史放映馆、历史文化长廊、作品长廊，步步增进，引起人们浓厚的兴趣和观赏心情。在活动空间这方面，每个功能分区的面积也都对人口流动把握得很好，空间相互交错又不失节奏与规律。办公区间和卫生间放置一处，也方便了参观者的需求。另外，蜀绣体验馆和历史放映室也是整个空间结构中的一个亮点，麻雀虽小，五脏俱全，这个体验馆和放映室不仅可以拉近人们与蜀绣文化的距离，还能在很大程度上对蜀绣进行积极的宣传，让人们更加了解蜀绣文化，且产生更多的主动性来了解我们国家的艺术文化瑰宝。

（二）蜀绣文化展示空间的色调及风格趋向

蜀绣是一种源于自然、源于人们手工劳动的成果。绣品有壮丽辉煌的色彩，也有淡雅清秀的风情。蜀绣文化展示空间没有受到作品色彩的暗示影响，而是利用淡淡的灰白色为装饰主色调，以突出展品的独特色彩，同时避免了展厅的色彩喧宾夺主。在灯光渲染下，灰白色空间和灯光相呼应着形成一个昏黄幽深的空间环境，使得展示重点更加突出，而空间环境更加模糊，以此形成强烈的对比效果。

主展区为蜀绣文化展示空间中从大门往内部观看的角度中的作品长廊。整个场所在灯光的照射下偏暗，白色的墙壁干净大方，放大了人们的视觉效果，营造出一种安谧的文化氛围。在色彩搭配上，降低室内色彩的明度和纯度，可以从视觉效果上很好地提高展品的色彩效果，突出展览品。

（三）蜀绣文化展示空间的装饰材料应用

源于"蜀绣"这一题材，装饰材料上选用了比较硬质的木质和石料，用以衬托蜀绣织品的柔软和鲜亮。墙体则是统一的白色油漆，地面是统一的混凝土。在光源方面，每处方位都有如同聚光灯的聚集光源对展示场所进行强调，而吊顶上散落各处的光源则是补充的效果。

展台使用同一系列的核桃木展示柜，浅色的木纹和抛光质地给人一种干净温和的感觉，很好地融入了展示空间的氛围。核桃木展柜的台面边角藏有低照度的小射灯，可以在不影响展示品的情况下进行对地面和展台轮廓的分散照明。

蜀绣制作工具展的展区结合展台和展架，展架是由镀金金属架定制，从原顶下吊。配置的展示箱也是根据尺寸定制，底座为空心白漆饰面长方体实木底板，玻璃为6毫米超白钢化玻璃。展示箱固定在金属架上，利用高低差来进行展示，既包含着节奏性，又不至于排列顺序千篇一律、烦琐枯燥。而灯光部分除却吊顶造型上的散光之外，还有每个展示箱内底部的自带灯光，可以很清晰地将展示箱内的展品展现在参观者面前。

展厅内的孤岛展示台也是统一，尺寸上为550毫米×550毫米×1500毫米，材质上使用6毫米超白钢化玻璃和混凝土所砌石台，玻璃框架为方钢骨架，冷板压型。纪念品购买区的高柜是定制的桃木展示柜，色调是统一的浅黄色，低调且实用。装饰花盆是陶土盆和白色陶瓷花盆，统一配置黑核桃底纹木质边柜。

蜀绣文化展示空间入口处的服务台是比较有特色的地方，在平面图上，这个部分的服务台呈45°角与大门形成直角，以便区分开办公区、厕所和展览区。材质上，服务台是统一的展示台，唯一不同的一点是，服务台包含储藏功能。墙体内打进去的入墙壁柜是白色桃木材质，同样每个格子里都有小灯棒。服务台上方对应的九盏下吊黑色长筒灯在昏暗的环境中形成了一种特殊的氛围，也强调了分区。

蜀绣文化展示空间最有特色的地方当属展厅中心的蜀绣作品旋转长廊。旋转长廊中展放蜀绣作品的通壁展示柜是浅米色核桃木饰面，结合钢化玻璃。

旋转长廊内部展示台材质为黑色瓷砖，与之对应的多边形灯饰是由聚乙烯塑料制成，地板上的多边形瓷砖与展示台形成颜色的反差。光源主要来自多边形灯饰以及吊顶上的灯带和射灯。

办公室是接待各种人员和办理公务的地方，因此整体色调偏暖，区别于展厅的大方清冷，室内墙体都贴有花纹壁纸，墙壁上有黑核桃木条装饰，地板为木质地板。落地窗也为办公室增添了不少阳光和景色，加上浅色的壁纸，使得整个空间产生出令人舒心的氛围。办公室的办公家具基本都是木制品，风格则是现代简约中式。

卫生间是重要的公共区域之一，地板材质是浅米色抛光瓷砖，墙壁为浅米色油漆饰面，男女厕所分割处的遮挡墙用玛瑙花纹大理石为底做了一面造型墙，增加了卫生间的趣味和审美。

四、蜀绣文化展示空间设计创新

展示空间的设计不但要考虑到空间利用的问题，也包括视觉效果和整体的功能。在蜀绣文化展示空间的设计中，其顶部的白色亚克力板条造型大小、尺度和角度都是要有一定考究的，吊顶散放的灯光必须结合展示台的方位和空间的划分来确定位置，并不是乱放一通，而是利用光感对色彩和造型进行折射、捕捉，运用光感的动态和明暗差异的一些共同特性来烘托展示空间的主题特色，用眼睛感官的瞬间接受来捕捉视觉点，来展现出展示空间所要表达的视觉效果和感受。

关于用材方面，地面大部分使用灰色的混凝土，对应吊顶灰色的油漆饰顶和白漆修饰的墙面，形成一种灰色空间，放大了参观者的距离感，使空间感受变得模糊，增强了空间内展示品的陈列效果，更加突出展示品的特点。不仅陈列台和展示柜结合古今特征，连展厅内所用的桌椅也饱含古典和现代简约的特色，将整个空间主题特色发挥得淋漓尽致。

蜀绣文化展示空间在文化宣传的基础上结合了体验环节和消费环节，因此必须营造一种生活空间的氛围，使人们有种亲切感，可以快速地融入这种文化氛围，通过设计满足人们在蜀绣文化展示空间里的需求，满足人们的活动习惯和审美习惯，使人在这个空间内感觉心情愉悦，乐不思蜀。体验馆综合了从古至今的文化艺术元素，为了让人们更加容易接受蜀绣文化，体验馆内的装潢与体验方式也将现代和古典相结合，既能吸引参观者的兴趣，也能循序渐进代入其中。展厅陈列需要注重的三个方面：艺术文化、展品特色、参观者的适用人群，要适给用消费者留下深刻的印象，就要给他们一种强烈的视觉体验及心灵冲击，刺激参观者的体验以及消费的欲求。

参考文献
[1] 朱华. 蜀绣文化探讨 [J]. 四川丝绸, 2008(4):44-47.
[2] 刘人铭. 蜀绣的传承与保护 [J]. 新课程（下旬）, 2015(4):31.
[3] 郑高杰, 陈明珍. 蜀绣产业的现状及发展前景 [J]. 纺织科技进展, 2009(3).

弗兰克劳埃德赖特与意大利现代建筑

罗珂　四川大学艺术学院环境设计系讲师

摘要：1910 年 1 月，弗兰克·劳埃德·赖特第一次来到意大利，作为一次逃避现实的旅行，佛罗伦萨似乎比欧洲其他城市更适合他。赖特背负着与客户妻子的私奔和离开美国时所遭受的批评，将自己在佛罗伦萨流放了 8 个月时间……在这之后不久赖特在德国出版了他著名的个人作品集 Wasmuthportfolio，这是赖特的作品第一次系统地被介绍到欧洲大陆。

前言

1910 年 1 月，弗兰克·劳埃德·赖特第一次来到意大利，作为一次逃避现实的旅行，佛罗伦萨似乎比欧洲其他城市更适合他。赖特背负着与客户妻子的私奔和离开美国时所遭受的批评，将自己在佛罗伦萨流放了 8 个月时间……在这之后不久赖特在德国出版了他著名的个人作品集 Wasmuthportfolio，这是赖特的作品第一次系统地被介绍到欧洲大陆。

时钟拨转到 1951 年 5 月，在意大利的第一次个展上，赖特再次回到佛罗伦萨。两次访问间隔的四十年间已经发生了巨大的变化，第二次世界大战后的意大利，在美国马歇尔计划援助下，直到最近才从权威主义中解放出来，那时赖特对现代建筑的贡献甚至可能不如他的精神影响力重要。许多年轻而又成熟的意大利建筑师选择了赖特作为他们的精神领袖，以寻求解放的新鲜感和活力。对于这些意大利崇拜者来说，赖特也代表了战后这个年轻的共和国正在努力实现的自由和民主的理想。那么除了他的个人魅力之外，赖特的思想又是在何种程度上以何种方式成了意大利年轻一代建筑表现革新的力量呢？

一、赖特被意大利认识的进程

第二次世界大战之前，意大利对于赖特的工作知之甚少，偶尔出现一些关于欧洲现代主义建筑的讨论曾经把赖特作为美国的案例进行对比，例如 1921 年在意大利出版的《建筑装饰艺术》（Architetturae Art Decorative）一书中。书中一篇文章讨论了关于荷兰现代建筑"立体派"的诞生。这篇文章把赖特和意大利科莫出生的建筑师桑塔伊利亚（Sant'Elia）对未来主义的新兴城市的远见卓识联系在一起，强调了这两个人的工作的前瞻性质，文章最终得出结论：被孤立的"大师"，并把他们定义为真正的现代建筑的先驱。此后一直到 1933 年，在第五届米兰三年展的国际现代建筑展上，赖特被列入十位建筑大师之列。展览策展人格诺梅尼科派卡（Agnolodomenico Pica）再次把赖特和桑塔伊利亚（Sant'Elia）放在同一个位置上，继续把他们看作孤立的先行者。从这个时候开始，意大利学者才真正开始认识和了解这位远在美国的特立独行的建筑师。

1935 年 1 月，出生于意大利那不勒斯的艺术评论家佩西科（Edoardo Persico）发表了他最著名的演讲，题为《建筑预言》。而这个预言家和先知不是别人，正是赖特。佩西科通过长期对欧洲和意大利现代建筑的观察，认为现代建筑已经被简化到了灾难性的地步，以至于只有通过唯一可能的技

术革命才能彰显现代性。相对于将玻璃、钢铁、混凝土作为现代主义完美三位一体特征的潮流，佩西科提出应将重点从技术革命转移到视觉体验的研究上，而赖特正是佩西科认为具备这样特质的建筑师。

"如果我们要定义构造的象征意义，我们必须参照印象派绘画的愿景，参照塞尚的视觉愿景……而赖特可能就是我们新建筑界的塞尚。[1]"

佩西科决定跟随赖特的脚步寻求"超越建筑"的答案，他得出结论：

"现代建筑的命运和它的宣言，就是要追求精神上最根本的自由。"

佩西科对于个人主义及其与集体利益的关系的解释与赖特提出的把人从暴政的影响中解放出来的建议不谋而合。在佩西科演讲的同年（1935 年），赖特把包含这个观念的讲稿交给他的儿子，让他在由法国建筑师协会在罗马组织的国际建筑大会上以他父亲的名义宣读，旨在强调在他的广亩城市计划（Broadacre Cityscheme）中所探讨的主题。

学界对赖特作品的兴趣越来越大。《现代建筑》以《建筑与民主》（Architecture and Democracy）为标题，出版了赖特有影响力的普林斯顿大学讲座汇编，其中包括了佩西科 1935 年讲座的摘录。1946 年，朱莉亚·维洛内西写下了《赖特的时代》，由阿方索·加托和朱莉亚·维洛内西编辑的有机建筑（Organic Architecture）以《民主建筑》（L'architetturadellademocrazia）为题收录了 1939 年赖特在伦敦做的四次讲座。另外还有布鲁诺·塞维出版于 1950 年的著作《迈向有机建筑》，这些工作造就了传播赖特和其他美国建筑师影响意大利现代建筑程碑式的意义。然而，直到《大都会》（Metron）杂志的创刊以及有机建筑协会的成立之后才真正推动了赖特和有机建筑理念在意大利建筑文化创新中的产生巨大影响力。

有机建筑协会于 1945 年 7 月 15 日正式成立并运作了五年，对于有机建筑协会来说，有机概念是一个抽象的概念，与"寻找现实"和社会理想的定义有关。但对于塞维来说，有机不是最有价值的部分，而是那些更加人性化的设计动机。因为他们允许个人发现精神的统一性，从而塑造了一个新的个性和一种新的文化。有机建筑协会的"原则宣言"发表在第二期《大都会》上。该组织号召其成员在理性主义和有机思想之间架起一座桥梁，将有机认同视为"理性主义的发展和成熟"。

在他的《走向有机建筑》（Versoun'architetetura Organica）中，塞维进一步讨论了有机建筑的理想和首席代表——弗兰克·劳埃德·赖特（Frank Lloyd Wright）。这本书对意大利建筑师来说特别有用，他们"从政治强权

中解脱出来，现在可以回到现实，从一个荒诞的人造的世界中脱离出来，从而模糊建筑和生活的界限"[2]。

塞维的目标是将"有机"这个词从被赖特推广的语言定义中拯救回来，从而重新确立其建筑意义。而有机主义的发展则依赖于他透过赖特的天才发现了重要的营养。

二、赖特在意大利被广为接受

1947年，《大都会》发表了朱利奥·卡罗·阿尔甘（Giulio Carlo Argan）的文章"内向的人"（关于赖特的介绍），开创了批判研究赖特工作的新阶段。这篇文章提升了赖特的公众形象和影响力，并在20世纪50年代的前半个世纪，推动意大利建筑真正进入了赖特时代。阿尔甘的著作为有机建筑的支持者们提供了一种新方法来替代唯心主义美学的原则。他对赖特的良好评价是后来在佛罗伦萨斯特罗齐（Palazzo Strozzi）举行的赖特个展上创造活跃气氛的关键因素。这次展览不仅是赖特在意大利成功的顶峰，而且至今仍是意大利建筑师集体记忆中史诗般的时刻。

该展览在市长Marco Fabiani的主持下在佛罗伦萨举行，并通过意大利艺术史研究所（ItalianItalianodi Storiade Arte）工作室主任拉格甘蒂的倡议，把展览场地放在了斯特罗奇宫（Palazzo Strozzi），也就是艺术史研究所的总部所在地。时任外交部部长的卡尔·斯福尔扎伯爵领导了展览的荣誉委员会。另外还有一个技术委员会和一个执行委员会，都由拉格甘蒂和塞维担任主席。列入如此多的知名人士给赖特在佛罗伦萨的展览带来了一定的重要性。赖特本人也加入了前期工作。抵达佛罗伦萨后，赖特应萨莫娜的邀请，在展览开幕前的几天前往威尼斯。在那里，他于6月21日在道奇宫（Palazzo Ducale）的佩嘉迪大厅（Saladei Pregadi）获得了威尼斯建筑学院的荣誉学位。

赖特的展览在意大利获得了空前的关注，他们把他看作"20世纪最伟大的艺术天才和最后一个先驱者"。有一天我们会骄傲地对我们的孩子说：我们在1951年认识赖特。《大都会》杂志主编的致辞对赖特也极尽赞美之词："你的作品是你的天才和民主生活的结晶。我们拜倒在你的才华面前，追随你的脚步捍卫民主和自由的权利。意大利以他最爱的儿子的牺牲，驱散了法西斯的黑夜建立了新的共和国……因此，你作为意大利和美国友谊的象征。这是比任何政治协议都更强有力的纽带。我们高兴地见证了这一刻。上帝保佑你。"[3]关于展览最持久的评论来自于朱塞佩·萨莫娜（Giuseppe Samona）和吉斯塔·尼科·法索拉（Giusta Nicco Fasola）。萨莫娜的评论激起了赖特的热情，他甚至激动地回应："你对我工作的非凡评价的英文翻译刚刚收到，我很欣慰，这是我一生中第一次对这项工作的性质有了全面了解。"[4]

萨莫娜感兴趣的是赖特的诗意是如何通过视觉表达的，而不是指室内设计的方式，但房子是"居住的"这种微妙的描述使赖特的建筑具有了令人信服的统一性，在美国风（Usonian）住宅项目中出现的一系列草原风格的房子就明显地呈现出了这种统一性。然而，萨莫娜说，赖特的统一思想是基于与自然的合一，以及居住者和建筑材料的内在和谐。萨莫娜直觉地认为赖特真正的现代性存在于他的作品的空间和材料的连续性中，这些作品被一个完整的建筑概念所包围，这个概念始于环绕着房子的外部环境，并结合使用者的需求而综合完成。

三、赖特对意大利建筑师的影响

威尼斯建筑学院在扩大赖特对意大利年轻一代建筑师的影响力方面，作出了重要的推动作用。1948年，校长萨莫娜，召唤塞维（Zevi）到威尼斯，任命他为威尼斯建筑学院艺术史和建筑风格史专业的学科带头人。紧接着招募具备和佛朗科·阿尔比尼（Franco Albini）一样水准的其他"被孤立"的建筑师，包括来自米兰BBPR建筑师事务所的班菲（Gian Luigi Banfi），贝尔焦约索（Lodovico Barbianodi Belgiojoso）等人。

塞维（Zevi）倾向于赖特和有机建筑的宣传在威尼斯建筑学院找到了受众，威尼斯建筑学院因此成为意大利现代主义建筑新思想的创新工厂。当20世纪60年代后半期学校开始解散的时候，卡罗·斯卡帕（Carlo Scarpa）引用一个他认为是威尼斯建筑学院指明灯的名字，开玩笑说："对于一个完美的建筑学院来说，需要赖特指导设计，柯布西耶教授城市规划，阿尔托传授建筑室内设计，迈耶讲解技术和构造原理，最后萨莫娜让整个机制运转起来。[5]"

毫无疑问，卡洛·斯卡帕（Carlo Scarpa）是对赖特在意大利的声望施加最大影响力的建筑师。他以一种慎重的尊重来看待赖特，并且运用了赖特最为原始的方法来发展他自己的技巧。在20世纪50年代，斯卡帕找到了一种方法将赖特的设计动机和设计原则导入到自己的方法论中去（并没有减少阿尔瓦·阿尔托设计方法他对的影响）。作为一名大学教授，斯卡帕在指导对赖特的学习中培养了许多优秀的学生，其中一些人经常通过去美国旅行，去完善他们的理解。

斯卡帕的两座建筑物最能说明赖特对他产生的影响：艺术书籍馆（1950年）和委内瑞拉馆（1954～1956年），两座建筑都位于威尼斯双年展的城堡花园。艺术书籍馆曾受到《大都会》杂志的盛赞，称其为"晴空霹雳"和"威尼斯最好的建筑师"造就的纯净的"壮举"。建筑以西塔里埃森（Taliesin West）的手法建造，并受到赖特在加利福尼亚和内华达之间的太浩湖畔所做的实验小屋（LakeTahoe Experimental Cabin，1922年）设计的影响，但也是斯卡帕独特属性的展示。艺术书籍馆的线形空间结构向外伸展，将室内外连为一体，成了有机建筑最重要的空间设计之一。据布鲁斯坦所说，斯卡帕的委内瑞拉馆是现代建筑中最著名的建筑之一，它构成了"赖特建筑对斯卡帕工作直接影响的印记和确凿证据"。这个项目诗意地暗示了赖特和斯卡帕之间的动态对话，其中，斯卡帕巧妙地吸取了赖特芝加哥联合教堂的经验。

另外，还有大量的意大利建筑师作品都能寻找到赖特主义所带来影响的蛛丝马迹。在他们的建筑之中，通常以方形和三角形式表现出非常强烈的赖特几何构成。

赖特曾经获得过一个机会在威尼斯大运河旁为马斯尔家族的继承人安吉罗·马斯尔（Angelo Masieri）建造一栋纪念他的学生公寓。但是在威尼斯学界保守派，杰出的威尼斯传统捍卫者（意大利知识分子和 Cederna，Quaroni，Papini 和 Bellonci 等建筑师）的抗议下，引发了威尼斯人对赖特的设计可能对威尼斯古城风貌产生破坏的担忧，导致了 20 世纪意大利建筑所经历过的最喧嚣的争吵之一。方案最终在公众的抵制下没有获准实施。但是正是通过这次引起广泛关注的争论让赖特的有机建筑概念通过威尼斯建筑学院、有机建筑协会以及各种媒体广为传播，不但在意大利培养了大批有机建筑的信徒，并且通过意大利学者的进一步挖掘，完善和丰富了有机建筑和现代主义的定义，意大利建筑师首先间接地吸收了赖特的美学形式，然后再将他的形式专门化为自己的语言形成了独具特色的意大利现代主义建筑文化。

赖特的现代主义设计思想就像一个巨大的宝库，被意大利建筑师反复研究和选择性接受，并在此基础上发展出自己的理论。例如，赖特对斯卡帕的影响，通过斯卡帕在威尼斯建筑学院的教学延续到了他的学生中。在斯卡帕的理解下，赖特对于光线和材质的运用方法与意大利建筑传统产生了奇妙的共鸣。在斯卡帕的作品中，哪怕是最廉价的材料也能开口说话。作为斯卡帕的学生，马里奥·博塔（Mario Botta）可能是受到斯卡帕影响最深的建筑师，他在对材质本身叙事语言的敏感性上与斯卡帕有很多相似

点。而后来这一影响又通过博塔影响了意大利提契诺学派（Ticino School）诞生了新理性主义（Neo-Rationalist）运动，从而产生了更广泛的影响，使得以赖特有机建筑的理念为基础的思考在欧洲得到发展，给欧洲建筑师在关于建筑和环境关系的问题上带来了不少启发。在瑞士以及北欧，我们看到彼得·卒姆托（Peter Zumthor）的作品矗立于自然环境中，展现出与环境绝妙而复杂的关系，尽管卒姆托称之为"强调体验"，但我们立刻就能联想到赖特对于强调建筑和环境直接矛盾对立关系的解释。

在当时欧洲大陆普遍推崇的以包豪斯为代表现代主义设计革命背景下，赖特以其独特的方式表达了自己对传统精神回归以及对现代性的解释。和包豪斯不一样，他的现代主义观点并没有强烈的阶级革命色彩，并不主张彻底推翻手工艺传统而全面倒向工业文明，也没有试图通过新技术和新材料的运用来彰显现代性。如果说赖特的思想与近几年来重新被重视和关注的北欧建筑有某种相似性的话，通过研究赖特以及他所影响的 20 世纪后半叶的建筑师来反思包豪斯以后的现代主义建筑设计或许就成为可能。

参考文献
[1] persico' slecturewaspublishedinCasabellal02-3(1936).
[2] EnricoTedeschi, reviewofZevi' sbook, Metron, no.I(1945):59-64.
[3] "MessaggioaFrankLloydWright" Metron, nos.41~42(1951):20.
[4] Wrighttosamona, 20March1952, inPfeiffer, ed., LetterstoArchitects, 191.
[5] QuotedinBrusatin, CarloScarp .

正交胶合木在未来绿色建筑当中的应用研究

韩翊　广西艺术学院建筑艺术学院

摘要：以环保、可持续发展、人文社会需求为未来展望，对新型木质建筑材料在未来绿色建筑空间功能需求中可能出现的问题提出对策建议。本文通过对新型木质建材的特性分析，剖析以 CLT 为主要建筑建材的前提下，在未来绿色建筑及摩天大楼当中的可能性以及可能实现的人文、环境效应。

关键词：CLT；绿色建筑

一、CLT 的现代应用

绿色建筑指本身及其使用过程在生命周期中，如选址、设计、建设、运营维护、翻新拆除等各阶段结达成环境友善与资源有效运用的一种建筑。绿建筑在过去是指"消耗最少地球资源，制造最少废弃物"的建筑物，而现在扩大为，为生态节能、减废、健康的建筑物。目前全球最大的挑战就是气候的变化，20 世纪后半期是地球有史以来城市化最集中的时期，密集高城市化、高建密度已成为当今城市发展的一大特点[1]。快速发展城市人口密度也随之增加，人口的增长意味着需要更多的住宅、办公建筑的增加去满足人口容量，但是建筑物带来的环境问题也日益严峻。建筑物约排放了全球三分之一的温室气体，所以，在保证建筑使用性能的基础下，建筑早期的设计到实际施工以及选材的考量都关系到一个建筑能否被定义为绿色建筑。现主要从绿色建筑的选材进行分析。

（一）CLT 在绿色建筑中的特性

1. 建造前期

在目前建筑中，大部分建筑物为高耗能建筑。在同数量级的加工材料消耗及污染排放量中，钢材的消耗远远高于木质建材。首先，CLT 在前期建材加工中，根据 BIM 图纸的导入对结构进行铣型、钻孔、金属零部件连接，通过计算机数控生产线进行加工，测量计算制作出适合现场装建的尺寸，与传统制作工艺相比，不仅大大提高了工人的工作效率，还使得原本必须有经验丰富的匠人操作才能完成的工序更加简便化[2]；其次，木质建材特有的轻便特性，使得在运输的过程中极大地减少人力物力的消耗，且 CLT 的生产周期环保，不产生三废排放。

2. 建造中期

当建造所需木材被送达场地，如同拼积木般快速按照计算进行快速安装，以及使用零部件的连接，装配率达到 90% 以上。建筑内部设施安装相对混凝土和钢材更为简便，用螺钉就可将电缆管线等固定。因为快速的施工过程，以及使用轻型电力设备就可施工，CLT 相互间的损坏程度比别的材料小，且不用在混凝土和钢材结构上钻孔，使设备的损耗较小。

3. 建造后期

由于木质材质的优势在 CLT 中得以保留和提升，使 CLT 材质的建造建筑后期能源消耗有所降低。木质材料的隔音性使得在后期室内装修中得以减少隔音材质的使用，木质材质保温性使得在炎热夏天或者寒冷的冬天起到一定的温度调节作用，在一定程度上可减少空调、暖气的使用率，减少温室气体的排出。且 CLT 属于生物质材料，拆卸之后可重新回收利用。

（二）木质摩天大楼的可行性

现代城市的标志和风景就是一座座的高楼大厦，这些用钢筋混凝土建成的"建筑森林"非常壮观，但是却冰冷，缺少了人情味。许多国家相继着手于"绿色设计""绿色建筑"的研究，从不同角度探索符合绿色、生态、低碳要求的建筑环境。而木质建材所带来的自然情感成为它的特色之一。在过去的建筑史里，木材承担了大部分人类建筑的主要承重结构，但是随着城市化的发展，建筑楼层逐渐提高以满足人口的承载，但是传统的木材在此时就以逐渐无法满足建造需求而被钢筋混凝土替代。但是随着木材的进步以及新型木质建材的产生让人们对它有所改观。如何将木材这古老的建筑材质重新融入现代化城市建筑当中成为有力的担当值得思考。

CLT 材质的加工革新与人们环保意识的增强，在某种意义上激励了木质摩天大楼的尝试，木质限高的逐渐改变，也改变了人们对于"木材不适合高楼建筑"的观念。然而相较于传统的木质材料，CLT 材料强度更大，抗形变能力强。CLT 材料的耐火性在实际建造中可满足消防保证，在高楼中使用的木材都很厚，很巨大，难以燃烧，通常可与典型的非可燃建筑重型建筑组件相媲美。除了木质本身的耐火性，其他方式的辅助也为其安全性增加保证。在一般的木质建筑的表面都会涂上防火漆，且根据相关规定，达到一定高度规模的建筑必须配备自动灭火系统，无论是在何种建筑材质中都不可避免地出现火灾的风险。但是其耐火时间之长可让人有足够的时间报警及救援。CLT 的剪切强度为设计师提供了许多木材的新用途。其中包括宽预制楼板、单层墙和较高的楼板高度。与其他木质建材一样，CLT 可以暴露在建筑内部，提供木质材质特有的木质美学属性。CLT 面板在根据"国际建筑规范"为住宅、公共建筑提供具有成本效益的建筑解决方案方面具有巨大潜力。2015 年，CLT 被纳入"国际建筑规范"（IBC），此外，所有类型的建筑，包括 IV 型建筑，都允许使用 CLT 墙和地板。由于建筑法规的改变和对材料的态度转变，使木质摩天大楼将成为现实。

二、结语

在现有的建筑使用中也开始逐渐普及，同时兼顾环保和山林活化，在未来的建筑中的应用普及也成为可能，成为兼顾环境、需求、文化的绿色建筑。CLT 的可替代性，以及材质的普及和原材料的来源合理性在未来的绿色建筑中拥有更深远的意义。

参考文献

[1] 张帆，郝培尧.浅析我国高度密度城市的绿化构想 [J].山西建筑，2007.

[2] 唐松，吴建，刘金根，王蒙.论现代建筑中木质材料的应用及前景 [J].材料研究，2019.

2021 第五届中建杯西部"5+2"环境艺术设计双年展组委会

主办单位

中国中建设计集团有限公司

中国建筑装饰协会

四川大学

四川美术学院

四川省美术家协会

重庆市美术家协会

承办单位

四川大学艺术学院

联合发起单位

四川美术学院

西安美术学院

云南艺术学院

广西艺术学院

四川大学

顾问委员会

孙福春　中国中建设计集团有限公司董事长

刘晓一　中国建筑装饰协会会长

梁　斌　四川大学副校长

庞茂琨　四川美术学院校长

朱尽晖　西安美术学院校长

郭　浩　云南艺术学院校长

李　兵　四川省文联党组副书记

黄宗贤　四川大学艺术学院学术院长

组织委员会

主任

熊　伟　四川大学艺术学院党委书记

张宇锋　中国中建设计集团有限公司总经济师

　　　　中建城镇规划发展有限公司董事长

副主任

陈劲松　云南艺术学院副校长

潘召南　四川美术学院创作科研处处长 / 教授

何　宇　四川大学艺术学院院长

孙晓勇　国家建筑装饰行业科学技术奖办公室主任

　　　　中国建筑装饰协会设计分会执行秘书长

林　海　广西艺术学院建筑艺术学院院长

周维娜　西安美术学院建筑环境艺术系主任

杨为渝　四川音乐学院成都美术学院执行院长

麦贤敏　西南民族大学建筑学院院长

屈立丰　西华大学美术与设计学院院长

支锦亦　西南交通大学建筑与设计学院副院长

骆　娜　中建城镇规划发展有限公司副总经理

周炯焱　四川大学艺术学院环境设计系 / 副教授

成员

熊伟　李异文　莫敷建　黄红春　骆娜　杨春锁　续昕　高芸　萧有志
夏文静　Loredana Rea　高小勇　何浩　王飚　胡剑忠　孙大江
黄磊　胡大勇　李群　罗德泉　李刚　傅璟　万国　舒悦　项勇
董庆帅　费飞　毕飞　向斌　赵会　杨宏涛　蔡安宁　丁子容　张玉红
张晓鹏　廖茇　孙晓萌

2021 第五届中建杯西部"5+2"环境艺术设计双年展
成果集编委会

四川大学艺术学院 编

主　编

何宇　周炯焱

副主编

潘召南　张宇锋　孙晓勇　续昕

编　委

周维娜　林海　李异文　熊伟　杨梅　莫敷建　黄红春　骆娜
赵宇龙　国跃　段禹农　杨春锁　万征　赵志红　高芸　萧有志
夏文静　Loredana Rea　高小勇　何浩　王飚　胡剑忠　孙大江
黄磊　胡大勇　李群　罗德泉　李刚　傅璟　万国　舒悦　项勇
董庆帅　费飞　毕飞　向斌　赵会　杨宏涛　蔡安宁　丁子容
张玉红　张晓鹏　廖茇　孙晓萌　许亮　鲁苗　林建力　罗珂　吕君楠

2021 第五届中建杯西部 "5+2" 环境艺术设计双年展
作品评审专家名单

初评专家名单

潘召南	四川美术学院创作科研处处长 / 教授
张宇锋	中国中建设计集团有限公司 / 总经济师
	中建城镇规划发展有限公司 / 董事长
孙晓勇	国家建筑装饰行业科学技术奖办公室主任
	中国建筑装饰协会设计分会执行秘书长
张　月	清华大学美术学院 / 教授
周维娜	西安美术学院建筑环境艺术设计系主任 / 教授
段禹农	四川大学艺术学院环境设计系 / 教授
龙国跃	四川美术学院 / 教授
李　群	新疆师范大学美术学院艺术设计系 / 教授
孙大江	四川农业大学园林规划室主任 / 教授
玉潘亮	广西艺术学院建筑艺术学院建筑系主任 / 教授
杨春锁	云南艺术学院环境艺术设计系 / 副教授
周炯焱	四川大学艺术学院环境设计系 / 副教授
胡剑忠	西南交通大学艺术设计系副主任 / 副教授
万　国	成都大学美术与设计学院环境设计系主任 / 副教授
舒　悦	西华大学美术与设计学院环境设计系主任 / 副教授
李　刚	西南民族大学建筑学院环境设计系主任
唐　毅	四川音乐学院成都美术学院环境艺术系景观规划与设计
	教研室主任
杨宏涛	贵州理工学院环境设计教研室负责人
高　鲲	著名资深景观设计专家
李　剑	中国建筑分会室内设计分会理事

终评专家名单

潘召南	四川美术学院创作科研处处长 / 教授
张宇锋	中国中建设计集团有限公司 / 总经济师
	中建城镇规划发展有限公司 / 董事长
孙晓勇	国家建筑装饰行业科学技术奖办公室主任
	中国建筑装饰协会设计分会执行秘书长
张　月	清华大学美术学院 / 教授
周维娜	西安美术学院建筑环境艺术设计系主任 / 教授
莫敷建	广西艺术学院建筑艺术学院副院长 / 教授
杨春锁	云南艺术学院环境艺术设计系 / 副教授
周炯焱	四川大学艺术学院环境设计系 / 副教授
张　静	中国建筑西南设计研究院有限公司景观院总建筑师
严　君	四川省建筑设计研究院有限公司建筑装饰所所长
彭　彤	中国建筑学会室内设计分会理事

2021 第五届中建杯西部 "5+2" 环境艺术设计双年展
论文评审专家名单

王　娟	西安美术学院建筑环境艺术设计系 / 教授
万　征	四川大学艺术学院环境设计系 / 教授
赵一舟	四川美术学院 / 副教授
谭　晖	四川美术学院 / 副教授
胡月文	西安美术学院建筑环境艺术设计系 / 副教授
杨　霞	云南艺术学院环境艺术设计系 / 副教授
谷永丽	云南艺术学院环境艺术设计系 / 副教授
钟云燕	广西艺术学院建筑艺术学院建筑系 / 副教授
李　林	广西艺术学院建筑艺术学院建筑系 / 副教授
胡剑忠	西南交通大学艺术设计系 / 副教授
唐莉英	西南交通大学艺术设计系 / 副教授
鲁　苗	四川大学艺术学院环境设计系 / 副教授

评审委员会工作组

续昕 林建力 吕君楠 冯雨晨 向贤美 王静 赵晨羽 谈霞霞
廖瑞年 韩欣雨 姚锦钰 王洺冰 罗文昆 冯婕 王秋月 黄小珊
刘彦余 唐久惠 刘秋含 梁雨棋 魏颖慧 黄越 吴茜茜 朱琳

书籍设计及视觉形象设计

许亮 侯孟伶 黄喆 罗琪瑶 韦敏 何嘉卓 谢嘉颖 陈家喻
杜昌林 梅筱琛 向根玉